QIXIANG SEPU
SHIZHAN BAODIAN

气相色谱 实战宝典

仪器信息网 组织编写

徐明全 张艳丽 主编

杜振霞 主审

U0231188

化学工业出版社

·北京·

内 容 简 介

《气相色谱实战宝典》以解决用户实际问题为初衷，以仪器信息网社区（https://www.instrument.com.cn/）海量精华内容为基础，针对气相色谱分析中出现的常见问题，结合农残检测、食品、化工、医药、环境保护等方面的实际应用，共精选了近 200 个问题，经过专家的梳理、加工，由最常见的仪器问题、解决方法和资深用户的经验组成。包括：仪器管理与各系统相关问题，仪器故障排查及维护保养，气相色谱分析样品前处理方法，气相色谱分析常见问题及解决方法，综合应用问题等。

《气相色谱实战宝典》可供从事色谱分析，尤其是化工分析、农残分析、环境监测、水质分析等方面的技术人员学习参考，也可作为高等学校化学及相关专业的参考书。

图书在版编目（CIP）数据

气相色谱实战宝典 / 仪器信息网组织编写；徐明全，
张艳丽主编. —北京：化学工业出版社，2021.6（2023.1 重印）
　ISBN 978-7-122-39053-0

　Ⅰ.①气⋯　Ⅱ.①仪⋯　②徐⋯　③张⋯　Ⅲ.①气相色
谱　Ⅳ.①O657.7

　中国版本图书馆 CIP 数据核字（2021）第 079647 号

责任编辑：杜进祥　马泽林　　　　　　　　　文字编辑：陈小滔　于潘芬
责任校对：张雨彤　　　　　　　　　　　　　装帧设计：刘丽华

出版发行：化学工业出版社（北京市东城区青年湖南街 13 号　邮政编码 100011）
印　　装：北京建宏印刷有限公司
710mm×1000mm　1/16　印张 16½　字数 300 千字　　2023 年 1 月北京第 1 版第 4 次印刷

购书咨询：010-64518888　　　　　　　　　售后服务：010-64518899
网　　址：http://www.cip.com.cn
凡购买本书，如有缺损质量问题，本社销售中心负责调换。

定　　价：68.00 元　　　　　　　　　　　　　　　　　　版权所有　违者必究

本书编写人员

主　　审：杜振霞

主　　编：徐明全　张艳丽

副 主 编：唐海霞　赵　鑫　李亚辉

编写人员（按姓氏笔画排序）：

　　　　　闫华成（山东省石大胜华化工集团）

　　　　　李亚辉（仪器信息网）

　　　　　杨春芳（仪器信息网）

　　　　　何　江（四川省原子能研究院分析测试中心）

　　　　　张艳丽（河南省鹤壁市农产品检验检测中心）

　　　　　张媛媛（仪器信息网）

　　　　　陈　菁（广东省生物制品与药物研究所）

　　　　　赵　鑫（北京信立方科技发展股份有限公司）

　　　　　徐明全（广东省生物制品与药物研究所）

　　　　　唐海霞（北京信立方科技发展股份有限公司）

　　　　　黄凤妹（福建省南平市食品药品检验检测中心）

　　　　　谯应召（山东省化工研究院）

序

    色谱法是分析化学中发展最快、应用最广的分析方法之一，因为其兼具了"分离"与"在线"分析两种功能，可以解决复杂组分的分析问题。色谱学经过一个多世纪的发展，已成为独立的学科，并形成了气相色谱、液相色谱、超临界色谱、亲和色谱和毛细管电泳等分支。其中用于气体、易挥发液体和固体样品定性和定量分析的气相色谱技术，由于其具有分离效率高、分析速度快、样品用量少、选择性好、灵敏度高、操作简单等特点，在石油化工、医药卫生、生物化学、食品分析、环境监测等领域有着广泛的应用，而气相色谱仪器也已成为非常普及的分析仪器。

    对于气相色谱仪的初学者和经验不够丰富的使用者，不仅需要掌握一定理论基础知识，还需要积累一定操作经验，才能很好驾驭仪器本身。为了帮助大家少走弯路，尽量降低由于缺乏经验而误操作导致对仪器的损害，仪器信息网自 2020 年起开始组织业内知名专家、资深用户及专业编辑撰写"实战宝典丛书"。该丛书以解决用户实际问题为初衷，以平台海量精华内容为基础，经过专家的梳理、加工，将最常见的仪器问题、解决方法结合自身实践经验整理成册。

    而其中的《气相色谱实战宝典》则以实用性、实践经验为切入点，较全面地介绍了气相色谱实际应用中注意的事项及遇到故障或不正常现象时，如何分析解决问题。通过学习《气相色谱实战宝典》可以让气相色谱使用人员快速系统了解仪器使用中的问题，通过查阅宝典，快速找到问题所在。本书具有很强的针对性和指导性，不仅非常适合广大分析检测从业人员的需要，而且形式新颖，是一种非常好的尝试。

杜振霞

2021 年 3 月于北京化工大学

前言

色谱法是分析化学中发展最快、应用最广的分析方法之一，作为重要的分离、分析技术，已广泛应用于食品、环境、药品、化工等多个领域。

色谱法是 1906 年由俄国植物学家 Tsweet 创立，气相色谱主要利用物质的沸点、极性及吸附性质的差异来实现混合物的分离。从 1955 年第一台商品气相色谱仪的推出到 1958 年毛细管气相色谱柱的问世，气相色谱技术很快从实验室的研究成果技术变成了常规分析手段。1970 年以来，电子技术特别是计算机技术的发展，使色谱技术如虎添翼；1979 年弹性石英毛细管柱的出现更使气相色谱技术上了一个新台阶。气相色谱技术现在已是一种相当成熟，应用极为广泛的分离、分析复杂混合物的方法。

作为中国第一家科学仪器专业门户网站，仪器信息网一直关注气相色谱新技术及应用进展，为方便用户技术交流、促进用户技能的提升、提高检验检测和科研分析工作者解决问题的能力，仪器信息网特组织业内的专家共同编写《气相色谱实战宝典》一书。

本书主编为徐明全、张艳丽，其中徐明全主要负责本书第一章和第五章的编写，并负责整体内容的组织、统筹策划；张艳丽协助把关，并负责第二章的编写。闫华成、唐海霞负责第一章编写；陈菁、张媛媛参与第二章的编写；黄凤妹、赵鑫负责第三章的编写；何江、李亚辉负责第四章的编写；谯应召、杨春芳负责第五章的编写。全书由北京化工大学杜振霞教授主审。

本书围绕气相色谱分析工作中遇到的常见问题、各种技术难点，通过对仪器信息网网友问题的整理并在结合编写团队自身工作实践经验的基础上，梳理出有针对性和指导性的解决办法编写而成。希望能开阔分析检测人员的视野，满足广大分析检测从业人员的需要。

由于时间仓促，水平有限，书中难免有一些缺点和错误，恳请广大读者批评指正。谢谢大家！

徐明全

2021 年 3 月

目录

27 /

第 2 章

仪器故障排查及维护保养

第 3 章

气相色谱分析样品前处理方法

第 4 章
气相色谱分析中常见问题及解决方法

174 /

第 5 章

综合应用问题

第1章

仪器管理与各系统相关问题

1.1 操作与管理经验

1.1.1 初次使用气相色谱时，容易犯哪些低级的操作错误？

问题描述 初次使用气相色谱时，容易犯的低级错误有哪些？

解 答

（1）进样速度慢 进样速度慢，易造成峰拖尾。气相色谱手动进样时，进样针要快进、快注、快出，这样才能最大程度保证谱图峰形标准，重复性好。

（2）不能及时维护仪器

a. 未及时更换进样垫，造成隔垫漏气，轻则影响分析结果，重则损坏仪器。

b. 未及时更换气化衬管，造成分析结果不准确，分析结果重复性差，严重时还会污染色谱柱。

（3）载气操作失误

a. 打开仪器时，没有提前打开载气阀门、通入载气，轻则仪器不能正常使用，重则损坏仪器。

b. 仪器进行进样口维护、更换色谱柱、关机时，不执行正确的关机步骤，造成载气泄漏。

c. 仪器关机后忘记关闭燃烧气，检测器温度降低后使得检测器积水，损坏仪器。

1.1.2 气相色谱仪处于无人值守状态时如何保证安全运行?

问题描述　使用氢火焰检测器 FID 分析时，每个样品需分析 43min，白天无法完成所有分析任务时，考虑让仪器 24h 运行。但是考虑到氢气、点火状态、无人值守等因素，觉得很不安全，请问大家是如何让仪器通宵分析的?

如果中途关机第二天再开机仪器会有影响吗? 每次开机都重新做标准曲线吗?

解　答　首先允许仪器 24h 开机运行，在很多连续生产的单位，比如化工厂，其分析实验室中的色谱仪基本是 24h 连续运行的。仪器最好不要常关机，关机后再开机，仪器状态会有变化，要想不重新做标准曲线，就需要分析一个质控样或者曲线校核点，假如在误差允许范围内就不需要重新做标准曲线，超过误差范围就需要重新做标准曲线。

FID 所用氢气会和空气燃烧生成水，正常情况下，不会有氢气扩散到实验室内，也可以在批处理运行结束后添加一个关机程序，分析结束后色谱仪降温、关闭氢气。

对于实验人员离岗后氢气泄漏风险的管控：在载气管道铺设时考虑用不锈钢焊接的方式，以确保管路安全；室内安装氢气报警器，与钢瓶气体出口自动切断阀连锁，在氢气泄漏时自动关闭气源。

1.1.3 哪些部件出问题，会导致分析结果的重复性差?

问题描述　在使用气相色谱仪进行分析的过程中，定量重复性显得非常重要，但是往往会遇到重复性不好的情况，哪些部件出问题会导致分析结果重复性差呢?

解　答　在气相色谱仪分析过程中，以下部件出问题，会导致分析结果重复性变差。

（1）气化衬管引起的样品气化不均匀　色谱分流进样口安装不分流衬管时，可能会因为衬管容积而导致重复性变差；衬管中不填装石英棉或石英棉填装位置不正确、填装量不合适时，也会造成样品气化不均匀，导致重复性变差。

（2）进样垫安装不合适　手动进样时，感觉进样毫无阻力，同时拔针时又似乎感觉有气体反冲，这表明进样垫安装过松。在进样后拔出进样针时的少量漏气，造成进样量不稳定，导致重复性变差。进样垫安装过紧也会造成重复性差，进样垫过紧时，进样针比较难插入进样口中进样，还容易造成针头弯折等情况。

进样垫的松紧程度对仪器的重复性，尤其是对毛细管柱的重复性影响较大，对填充柱也会有影响；因为进样垫松紧程度很难定量地描述，还得分析人员自己根据经验把握。

一般在更换新进样垫时，进样口螺母不要旋得过紧，以进样针可以顺利穿透进样垫且感觉不到较大阻力为准。随着使用次数的增加，会出现过松的情况，人们可以在进样垫使用次数的 1/3 时，将进样口螺母旋紧 1/4～1/2 圈。

除了仪器硬件的原因之外，有时候样品预处理对重复性也是有影响的。比如说，溶剂选择不合适，拖尾严重，便会影响重复性。

1.1.4　气相色谱仪操作中有哪些良好的习惯?

问题描述　在气相色谱仪操作过程当中，有哪些良好的习惯可以延长仪器使用寿命、降低故障频率、提高分析准确性?

解　答

（1）按说明书规范操作仪器　验收仪器时，不仅要清点所有零部件是否齐全，还要检查仪器说明书是否齐备，并妥善保存这些资料。在独立操作仪器之前，一定要认真阅读有关说明书，并严格按规程操作。这是做好分析的前提，而且一旦仪器出了问题，也好与厂商交流。特别在保修期内，如果因为操作不当而出现故障或仪器损坏时，则是不在仪器保修范围之内的。

（2）及时更换毛细管柱密封垫　色谱柱的石墨密封垫，尤其是毛细管色谱柱两端的石墨密封垫的漏气是 GC 最常见的故障之一。一定不要在不同的色谱柱上重复使用同一密封垫。即使是同一色谱柱上卸下重新安装时，最好也更换新密封垫，这样能保证更高的工作效率。如果装上色谱柱后发现漏气而再更换密封垫，就要花费更长的时间。即使旧垫仍能使用，也要比原来拧得更紧一些，这时就会存在压断毛细管色谱柱的风险。

（3）使用性能可靠的压力调节阀　也许人们不能控制仪器上装什么阀，但一定要保证钢瓶上一级减压阀的质量。一些质量不好的新阀也会有漏气、压力不稳的现象。所以，经常检漏，随时发现问题是一个好的习惯。如果不注意上述问题，轻则造成气体浪费，重则出现安全问题（损坏设备或者酿成安全事故）。

（4）定期更换进样口隔垫　进样口隔垫漏气是 GC 另一个常见的故障。虽然现在很多色谱仪具有载气泄漏报警功能，但也不能保证可发现所有微小的漏气，更别说没有自动检漏功能的仪器了。比如，一名刚接触 GC/MS（质谱）的操作人员，一昼夜就用光了一瓶氦气，且发现 MS 图上有一些含硅的离子峰。检查各个阀及管路均未发现问题，最后才发现是隔垫使用太久，中间已有一个透光孔，氦气在此处发生泄漏。另外隔垫的老化、降解也会给分析带来干扰。比如其碎屑掉进气化室就可能导致鬼峰。

（5）及时清洗色谱进样器　干净的色谱进样器能避免样品记忆效应的干扰。更换样品时要清洗进样器，用同一样品多次进样时也要用样品本身清洗进样器。一支进样器暂时不用时（比如下班），更要彻底清洗，否则残留在其中的样品可能将针芯粘牢，造成进样器报废。使用自动进样器的用户也应注意此问题，最好根据使用频率、样品性质定期清洗和更换进样器。

（6）保留完整的仪器使用记录　仪器使用记录是仪器的履历，应逐日记录，包括操作者、分析样品及条件、仪器工作状态等等。一旦仪器出现问题，这是查找原因的重要信息。

（7）更换零部件要逐一进行　修理仪器时，不要一次更换多个部件，否则会造成故障原因的判断失误。应该一次更换一个零部件，测试后再更换另一个。这样能更准确地判断故障原因，同时避免不必要的开支。

1.1.5　如何保证气相色谱气体使用的安全性?

问题描述　气相色谱对各种气体（载气和辅助气）的纯度要求较高，气体纯度一般要≥99.99%。气源就是为气相色谱仪提供气体的高压钢瓶或气体发生器，目前市场上有空气压缩机、氢气发生器和氮气发生器，其他气体可以使用钢瓶。如果仪器长期使用较低纯度的气体气源，一旦分析低浓度、高精度要求的样品时，要想恢复仪器的高灵敏度是十分困难的。那么如何在工作中保证气体使用的安全性呢？

解　答　气体中的杂质主要是一些永久气体、低分子有机化合物和水蒸气。分析时，其主要会对分析对象、色谱柱、检测器和色谱图造成影响，影响灵敏度和稳定性以及结果分析，因此所有气体在进入仪器前要严格净化，以保证达到仪器工作所需要的纯度。

仪器工作过程中的废气（隔垫吹扫气，分流放空口、检测器放空口气体和载气）是否要接到室外，视其对室内环境及安全的影响而定。使用可燃性气体时，安全始终是在第一位。

为了保证所用气体的纯化效果和使用安全，需要从气源、使用过程以及尾气排放多方面考虑。

采用什么样的气源，是高压钢瓶还是气体发生器，要视具体情况而定。一般气体厂就能保证供气的质量，成本也相对较低，且实验室更换钢瓶方便，因此最好使用钢瓶。如果使用氢气钢瓶，应将其放在室外或独立气体间以确保安全。如果实验室用气量很大或者存放不方便，推荐使用气体发生器。

空气发生器在使用过程中，空气压缩机直接压缩实验室空气，因此要保证气体的纯化效果。首先要保证实验室环境的清洁，有些压缩机可能会把油带入气体，因此空气压缩机使用前既要除水蒸气还要除有机杂质。使用氢气发生器和氮气发生器，还要注意所用试剂的纯度以及管路是否漏气，水蒸气是其主要杂质。

为除去气体中的杂质，要在气源和仪器之间连接净化装置。如用分子筛或活性炭吸附除去低分子有机化合物，用变色硅胶除去水蒸气。净化用的分子筛、活性炭和硅胶，经过一定时间后，要注意检查和更换，更换后的填料可以重新活化继续使用，但是要注意除去填料中的粉末，避免堵塞气路。

为保证气体的使用安全，还需要考虑废气的排放安全。如隔垫吹扫气、分流放空口和检测器放空口等管路应尽量接到室外（以氢气为载气时，则必须接到室外），避免有毒有害物质污染室内空气，危害操作人员健康。

1.1.6 如何管理多人共用的气相色谱仪？

问题描述　单位有 4 台气相色谱仪（GC），型号分别是北分瑞利 SP3420、安捷伦 6820、瓦里安 450-GC 和安捷伦 7890。由专人来使用气相色谱仪时，规范操作，定期保养维护，气相色谱仪很少出问题。随着单位检测任务的增加，设备操作人员增加到 6 人，多人来操作气相色谱仪时，如何对仪器进行管理，以保障设备的长期稳定运行？

解　答　可以从以下 4 方面进行气相色谱仪的使用管理，以达到设备正常运行的目的。

（1）培训使用人员，提高操作人员技能水平　气相色谱仪有很多故障是由不按规范操作造成的，如进样垫拧得太松，会微漏，小漏基线会波动，大漏会报警；拧得太紧，进样针会扎断等。使用人员上岗前，要经过基础知识的系统培训。可以将很多常见故障写进培训教材里，出现故障后照教材操作就能解决问题。

（2）指定设备管理人员，明确设备管理职责　对设备进行编号，把每台设备分给相应人员。设置设备管理员，负责设备检定、期间核查、中期维护、设备报修、设备检查等工作，形成工作记录归档管理制度。设备检查每周一进行，检查氮气压力、空气硅胶与脱水管脱氧管等。

这样做的好处是：可从日常消耗的情况掌握仪器运行状态。进行硅胶检查，防止硅胶失效后对基线造成影响；确保脱水管脱氧管未失效，防止水分进入气相色谱仪对检测器与色谱柱造成损坏等。

（3）做好设备运行和使用记录　使用者要做的是登记所用衬管、进样垫、色谱柱的型号等。使用时每天要检查仪器状态，有问题及时汇报给设备管理人员。仪器使用完毕，要进行衬管、进样针的清洗，拿走所有样品进样瓶，老化色谱柱等工作。一旦形成记录，人们就可以大致推断进样垫、衬管的使用时间，用不用更换，色谱柱型号是否用错，已经用了多长时间，是否快到使用寿命等。

（4）监督人员进行随机检查　科室主任作为设备管理人员与使用人员的监督员，负责随机抽查、巡视仪器与表格填写工作。比如每周一的检查记录是否填写，设备备件更换表是否更新，用完设备的清扫与清洗、老化工作是否完成等。同时监督员也对设备状态进行随机检查，比如氮气压力、硅胶、进样针等，发现异常情况时，请设备管理人员与使用人员同时到场，指出错误并要求改正。

（5）总结

① 操作培训　气相色谱仪操作起来并不难，难的是不按操作规程操作，导致故障经常出现，所以使用培训要重视，要进行系统性色谱知识培训。人员培训好了，使用仪器自然很熟练，故障率将会显著降低。

② 划分职责　多人使用仪器，相互职责不清，交接不清，互相推诿，仪器使

用状态无人知晓，很容易出现故障，对每人进行职责划分，各司其职，职责分明，这样就不会出问题了。

③ 分类管理　气相色谱仪管理人员可分三类，设备管理人员、使用人员、监督人员，缺一不可。设备管理人员负责基础工作；使用人员负责设备使用情况及仪器备件的登记；监督人员对两者进行随机检查，对使用人员的交接进行检查，这样就确保了气相色谱仪的正常运行。

1.2　进样系统的相关问题

1.2.1　如何计算进样针扎入进样口的正确深度？

问题描述　气相色谱进样时，如果用的是毛细管柱进样口，进样针扎入的深度应该控制在多少？是在衬管石英棉之上，还是石英棉之下，还是之间？

解　答　其实进样时针头在衬管中所处的位置不能一概而论。首先需要了解进样口的构造以及每个部件的作用，其次就是了解分析样品的特性，最后再确定实际需要的进样针的规格。

以毛细管柱分流进样口为例。如图1-1所示：进样口由上到下依次经过散热帽、导向器、进样隔垫、衬管、衬管密封 O 型圈、石英棉、分流平板、出口。散热帽起散热、固定的作用；导向器起引导进样针的作用；进样隔垫起密封作用；衬管的作用是保护进样口、减少死体积；衬管密封 O 型圈起密封作用；石英棉的作用就是过滤、使样品气化更加均匀；分流平板的作用是让大流量的气体更好地进入分流流路。进样口外侧连接了三根气路管线，一般分别是载气入口、分流出口、隔垫吹扫出口。

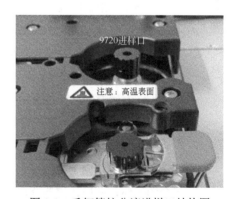

图 1-1　毛细管柱分流进样口结构图

常用的微量进样器规格有 10μL、1μL，进口、国产品牌的都可以，仪器进样口也是各不相同。对于常规分析，建议将针控制在玻璃衬管石英棉上方，对于痕量分析或 1μL 以下的进样量，建议在石英棉中间或者以下的位置进样。

进样器针尖扎入的深度应该如何计算呢？那就要考虑针经过的路径有哪些。如福立 GC9790 系列，针的长度要扣去导向器和进样隔垫的长度之和，对应的石英棉的位置差不多控制在衬管进口 1/3 的位置。

假如低体积的样品在石英棉上方进样，因为石英棉也有一定的吸附作用，样品量（浓度）过低时，有可能被吸附在石英棉上，造成结果失真。

如果需要确定精确进样深度，一是可以咨询厂家工程师，其会给我们一个准确的答复；二是通过自己测量的方式，精确获得进样针针头长度、进样口深度，以指导相关操作。

1.2.2　手动进样需要注意的事项有哪些?

问题描述　气相色谱手动进样操作时有哪些注意事项？怎样才能保证有好的重复性？

解　答　色谱手动进样没有什么诀窍，一定要多用心练、多总结、再验证。

吸取气体样品时，将进样针扎入采气袋或玻璃针筒后，不要抽动进样器，用手挤压气袋或推动针筒，使气体自身的压力推动进样气，进样时快进、快出，注意按住进样器的顶部，防止气压将进样器弹飞。

用微量注射器吸取液体试样时，慢吸液，快排液，这样可以尽可能降低产生气泡的可能。有残液的进样器比较好掌握，因为眼睛可以观察是否有气泡。如果有，则将进样器反转，针尖朝上，等气泡升到顶部时，将针杆轻轻往下拉一点，再向上推，直到针尖有液体出来，不再有气泡即可。无残液的进样器，则不好掌握，因为眼睛不能看到液体是否充满。那么进样前的赶气泡工作是很关键的，进样针插入液面下快速抽放几次，然后缓慢匀速向上抽液体，进样时可不做停留，快进、快出。

色谱进样时，先用洗好的微量进样器抽取约 2 倍进样量的试样，然后垂直拿起，针尖向上，向上准确推到要进样的刻度。用软纸（最好是无尘纸）擦去外面多余的液体，并确认进样器内没有气泡。插入进样口时要快，减少因进样器高温对低沸点样品的影响。注入样品时要迅速，样品注入后可进行短暂的停留（每次停留的时间也要一致），然后快速将进样器抽出。

从误差分析角度来考虑，手动进样产生的误差主要是偶然误差，系统误差可暂时不考虑。因此提高手动进样准确度，主要是要提高操作人员的进样技术。主要需注意以下几点。准：就是一定要保证前后取样量的一致、准确。稳：进样速度和进样时间要稳定，其次进样时间和手动启动时间要尽量稳定不变。快：就是进样要快，启动要快，但是都是在稳定基础之上。

1.2.3 进样口气化衬管填充石英棉的作用是什么？

问题描述 在使用气相色谱的时候，进样口的衬管内常常填充去活的石英棉，石英棉起什么作用呢？可不可以不用呢？

解　答 通过实验来说明石英棉的重要性。首先，衬管不填充石英棉，连续进5针有机氯农药混合标样［包括六六六（BHC）单体、四种滴滴涕（DDT）和五氯硝基苯（PCNB），每种浓度为10μg/L］，色谱条件如下。

色谱柱：HP-5（30m×0.32mm×0.5μm）

进样口：260℃，分流，分流比为5:1

柱温：100℃（1min），8℃/min，230℃（7min）

电子捕获检测器（ECD）：300℃

载气：N_2，1mL/min

尾吹气：N_2，40mL/min

进样体积：1μL

通过六六六单体和五氯硝基苯、四种滴滴涕单体谱图可以明显地看出，连续5次进样的重复性极差。那么，填充去活石英棉以后，结果会怎么样呢。

在衬管中部填充石英棉后，同一标样连续分析6次，进样的重复性很好。

所以，衬管石英棉可加速样品气化，有助于进入气化室的样品分散均匀，防止进样器针尖的歧视现象，从而改善进样的重复性。此外，还可以防止进样垫的残渣堵塞色谱柱，起到保护色谱柱的作用。分流模式下，石英棉填充在衬管的中部，针刚好扎在石英棉的上方。不分流进样时，石英棉填充在衬管底部，这时主要起保护色谱柱的作用。

1.2.4 影响气相色谱进样口衬管寿命的因素有哪些？

问题描述 色谱进样口中小小的衬管是许多色谱使用过程中常出现问题的原因，哪些因素会影响衬管的使用寿命呢？

解　　答　衬管一般由玻璃或石英材料制成，型号很多，适用于不同类型的进样口。衬管是进样口的核心，样品在此气化，随着样品分析次数的增多，未挥发的组分滞留在衬管内，衬管会变脏。当衬管内的污染物积累到一定程度时，会直接影响分析结果，如导致分析结果重现性差，色谱图峰形前伸、拖尾，峰分裂，出现鬼峰等。衬管破损会导致分析结果重现性差，甚至不能正常分析。此时就应该考虑更换衬管。

影响衬管寿命的因素如下。

    a. 样品的性质；

    b. 进样口的温度；

    c. 仪器的日常保养；

    d. 使用不当导致的破损。

1.2.5　如何正确填充气相色谱仪进样口衬管石英棉？

问题描述　气相色谱进样口气化衬管中石英棉具有加速样品快速、均匀气化，改善谱图峰形，过滤杂质，保护色谱柱的作用。但是石英棉填充位置和填充量又对分析结果有影响，那么衬管中石英棉如何填充才是正确的呢？

解　　答　填充时用镊子夹取适量的石英棉，左右折叠形成一个近似圆球，稍有实体感，不怎么蓬松后塞进衬管，用柱状物（可以是微量进样器的针芯）两头按一下，将冒头的石英棉按下去，保证石英棉两端平整。如果一次填充量质量不能满足要求，需要将石英棉取出后弃去，再次填充新的石英棉。

填充石英棉时有以下几点注意事项。

    a. 石英棉填充过程中尽量避免用手接触，防止污染；

    b. 石英棉不要太厚，横向能覆盖衬管，薄薄一层、松散、均匀即可；

    c. 石英棉上表面距离进样针 1～3mm 最佳；

    d. 用镊子夹取石英棉时，尽量一次夹取合适的量，避免石英棉的裁剪，否则会大大增加石英棉纤维的断面，降低石英棉惰性，增加对样品组分的吸附。

1.2.6　气相色谱仪后面的分流捕集阱的作用是什么？

问题描述　气相色谱仪后面的分流捕集阱的作用是什么？一般多久换一次？

解　答　气相色谱分流捕集阱主要有两个作用，一个是在色谱分流模式下吸附分流出去的化合物、有机溶剂，防止直接排放到环境中造成污染或人身伤害；另一个是保护分流流路的电子器件（比如分流电磁阀）不被堵塞或者腐蚀。

分流捕集阱的更换频率一般从几个月到两三年不等。如果分析的样品比较脏、分析频率高、样品沸点高，这时可能需要几个月更换一次。

分流捕集阱的更换属于预防性维护项目，设备管理人员根据色谱仪使用情况在捕集阱失效前进行更换。制订合适的捕集阱更换周期，并根据使用频率、样品类型变化进行相应的调整。

1.2.7　进样口温度过高是否对色谱柱有影响？

问题描述　气相色谱色谱柱可耐的最高温度是280℃，通常设250℃或260℃。若进样口温度设到350℃或380℃，会不会损坏色谱柱？待测试样的沸点高于300℃时，是否可行？

解　答　进样口温度对柱顶端确实有一点影响，但对色谱柱整体影响不大。沸点高于300℃的试样用溶剂稀释后进样，进样口温度在280～320℃范围内即可。

色谱柱所说明的最高使用温度是固定相的耐受温度。进样口温度过高时，会使得安装在进样口内那一段色谱柱的固定相流失，也就是几厘米到十几厘米的长度，这一段对于色谱柱整体的分离效果不会有什么影响。

1.2.8　进样口微漏问题如何解决？

问题描述　更换新的色谱柱并老化，在升温过程中，色谱仪进样口压力在19psi（1psi=6.8948×10^3Pa），一直不能就绪。后来发现在分流比为10∶1时，进样口压力达不到，分流比分别为15∶1、20∶1、50∶1时压力都能达到。安捷伦工程师说是微漏，按照其要求换隔垫、O型圈、石墨垫，重新安装之后问题并未解决，应该怎么办？

解　答　从描述的现象来看逻辑上是压力控制的问题。低分流比有问题而高分流比相对正常说明在两个方面可能存在问题，一是微漏，原因包括进样隔垫、色谱柱石墨密封垫、衬管O型圈、分流平板垫圈出问题等；二是色谱柱规格设置不正确，比如实际色谱柱规格是 25m，设置成 30m 或者色谱柱截取过长，实际长度与原来的标称长度相差太多。色谱柱规格设置不对的话，虽然不会造成漏气，但是会导致计算的流速和实际的不相符，导致压力不能就绪。

所以当电子流量控制的色谱仪出现压力无法就绪时可以按照以下步骤进行排查。

a．检查方法设置和实际色谱柱是否一样；

b．拆下进样口连接色谱柱的螺母，检查分流平板的垫圈是否在平板之下；

c．接 b，检查进样口色谱柱接头，是否有细小的保温棉碎屑、石墨碎屑；

d．关闭隔垫吹扫，看是否正常。

1.2.9　不小心进了氢氧化钠，是否会损坏色谱柱?

问题描述　气相色谱是液体直接进样，如果操作不小心，溶液里可能混进了少量氢氧化钠，这样会损坏色谱柱吗？

解　　答　气相色谱中因为误操作，样品中混入了少量氢氧化钠时，一般对仪器没有太大影响。一是因为浓度低，进入仪器的量很少；二是因为色谱进样口有气化衬管，衬管中填充有石英棉，能起到很好的过滤作用，氢氧化钠不会进入色谱柱。只需要在误操作后，尽快将色谱仪降温、关机，取出气化衬管清洗、更换石英棉，更换进样隔垫即可。如果色谱基线不正常，可以用正常样品冲洗两次即可正常。

如果气相色谱进了质量浓度高于 5%的氢氧化钠，则需要在更换衬管、进样隔垫的基础上，检查进样口分流平板，清洗进样口隔垫螺帽、导针孔，检查分流捕集阱。这种气相色谱误操作应尽量做到及时发现、及时处理，避免仪器损坏的扩大。

1.3　分离系统的相关问题

1.3.1　气相色谱仪不同程序升温对色谱峰形状有什么影响?

问题描述　在色谱分析中，人们希望色谱峰尖锐且峰形对称，分离度好。多数分析人员会照搬标准上的条件或同行现成的程序升温条件，但是这些程序升温条件适合自己的气相色谱仪吗？柱温的高低与程序升温的条件，对色谱峰有何影响呢？

解　答　将有机磷标液作为待测试样，在两个检测中心，分别用安捷伦 7890A 和瓦里安 450-GC 作为研究对象，通过优化色谱升温条件，得到谱图峰形最佳的设置。

（1）有机磷混标溶液峰形改善的研究

① 相同的程序升温条件　相同的程序升温，同样型号的色谱柱（长度一样，但柱内径与膜厚不同），色谱峰会有何不同？两家检测中心的两款色谱仪的对比如下。

A 检测中心：安捷伦 7890A，火焰光度检测器 FPD，DB-1701 色谱柱（30m×0.53mm×1.0μm），进样口温度 220℃，检测器温度 250℃。程序升温：150℃保持 2min，以 8℃/min 升到 250℃，保持 5.0min，共 19.5min，结果见图 1-2。

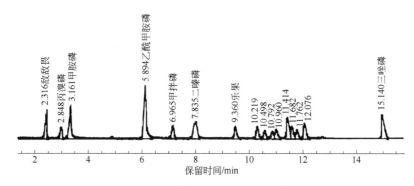

图 1-2　安捷伦气相有机磷标液

B 检测中心：瓦里安 450-GC，FPD 检测器，DB-1701 色谱柱（30m×0.25mm×0.25μm），进样口温度 220℃，检测器温度 250℃。程序升温：150℃保持 2min，以 8℃/min 升到 250℃，保持 5.0min，共 19.5min，结果见图 1-3。

其中图 1-2 的峰形很好，特别前三个（敌敌畏、丙溴磷、甲胺磷）峰尖锐匀称；图 1-3 中，前三个敌敌畏、丙溴磷、甲胺磷峰峰形展宽、拖尾，分离度不好。

② 不同的程序升温条件　为了改善瓦里安 450-GC 色谱峰的峰形，进行以下柱箱温度试验。

a. 色谱柱初温降低到 100℃：色谱柱初温由 150℃降低到 100℃。程序升温：100℃保持 1min，以 8℃/min 升到 250℃，保持 10.0min，共 29.75min，结果见图 1-4。

b. 色谱柱初温降低到 80℃：柱温由 100℃降到 80℃，程序升温：80℃保持 1min，以 8℃/min 升到 250℃，保持 6.0min，共 28.25min，结果见图 1-5。

从图 1-4 可以看出，敌敌畏在第 7min 处出峰，三个峰分离度较好但峰展宽和峰拖尾的现象并未改善；从图 1-5 中可以看出，敌敌畏在第 9min 处出峰，分离度较好，峰形也稍有改善，但拖尾的改善效果并不明显。

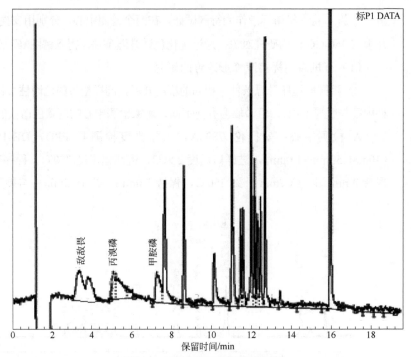

图 1-3　瓦里安气相有机磷标液

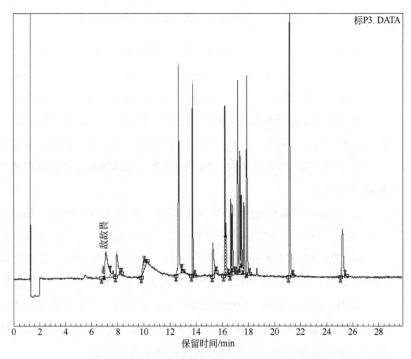

图 1-4　色谱柱初温 100℃混标液

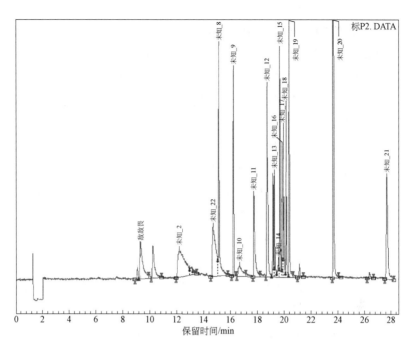

图 1-5　色谱柱初温 80℃混标液

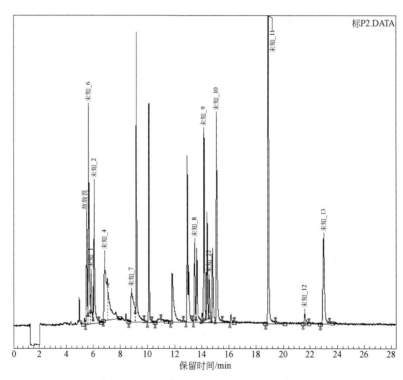

图 1-6　瓦里安气相多阶程序升温时标液

c. 多阶程序升温　继续对上面的程序升温条件进行优化，从单阶程序升温改为多阶程序升温，条件如下：80℃保持1min，以20℃/min上升到130℃，再以5℃/min上升到200℃，再以15℃/min上升到250℃，保持11min，结果见图1-6。

从图1-6能够看出，各组分能够分离，而且不同的程序升温速率使整个色谱图显得紧凑。

（2）结论　在开发一个新方法时，气相色谱的温度条件一般会照搬标准或者照抄同行业的温度条件，但要看色谱柱是否相同，气相色谱型号是否相同，即使完全一样，也要在自己的仪器上进行多次实验，找到最优化的方法。

① 柱温的选择　柱温是气相色谱重要的操作条件，柱温改变，对柱效率、分离度 R、选择性以及色谱柱的稳定性都有影响。柱温低有利于分配和组分的分离，但柱温过低，被测组分可能在柱中冷凝或其传质阻力增加，使色谱峰扩展，甚至拖尾。柱温高有利于传质，但柱温过高时，分配系数变小，不利于分离。所以要通过实验选择最佳柱温，既要使物质完全分离，又不使峰形扩展、拖尾。

② 程序升温的选择　当被分析组分的沸点范围很宽时，用同一柱温往往会造成低沸点组分分离效果不好，高沸点组分峰形扁平。若采用程序升温的办法，就能使高沸点及低沸点组分都能获得满意结果。从图1-6可以看出，三阶程序升温不仅使各组分能够分离，而且不同的程序升温速率可以使整个色谱图显得紧凑，让大部分组分在较短时间集中出峰，缩短检测时间。

1.3.2　哪些原因会造成 GC 柱箱温度不能就绪？

问题描述　岛津 GC-2014 色谱仪柱温总不稳定，刚显示准备就绪，下一秒就又变为未就绪，老是反复怎么办？

解　答　气相色谱仪柱箱温度不能平衡或者平衡时间长时，一般可以从以下三个方面排查。

① 看柱箱设定温度和环境温度的温度差　一般，色谱仪要求柱箱温度下限为室温+5℃，在使用时多将柱箱程序升温或使用温度下限设置为室温10℃以上，这样能够保证控温正常。当柱箱温度设定接近室温时，因为热平衡，柱箱温度需要很长时间才能平衡，甚至不能平衡。

对于上述原因，可以通过修改柱箱温度设置的方式进行排查和解决。

② 柱箱控温问题　柱箱中，一般在色谱柱后侧、散热风扇前面有一个铂电阻，

用于检测柱箱温度，当铂电阻上面有积尘或者出现故障时，有可能导致测量不准，进而导致柱箱控温不好。不过由这种问题导致柱箱温度不能就绪的可能性较小。

③ 色谱柱箱后开门控制故障　色谱柱箱背部有一个散热后开门，通过电机调整后开门开度与柱箱加热控制系统配合，完成柱箱内热平衡。当后开门电机调节出现故障，或者柱箱后开门被卡住时，就会造成温控程序执行失效或执行不到位，进而导致色谱柱箱温度无法就绪。

如果是后开门电机故障，则需要进行更换。大部分色谱厂家会派工程师上门处理这种问题。

1.3.3　如何正确安装毛细管色谱柱？

问题描述　色谱柱对分离效果的影响很大，如何正确安装毛细管色谱柱，是色谱分析需要关注的一个问题。那么如何正确安装毛细管色谱柱呢？

解　答

（1）检查色谱用气体过滤器、载气、进样垫和衬管等　安装毛细管色谱柱前，检查进样垫和气体过滤器，保证辅助气和检测器用气通畅、有效。如果以前分离分析过沸点较高的化合物，还需要清洗进样口衬管。

（2）安装螺母和石墨垫　新色谱柱两端无前后之分，在色谱柱的两端装上相应的螺母和石墨垫，然后将色谱柱两端切平，切割色谱柱时尽量用专用工具或陶瓷刀。如果有条件，切割完后可用放大镜进行检查，以确认切口没有毛边或不平的切割面，断面与色谱柱壁垂直。

（3）色谱柱在进样口端安装　通常来说，色谱柱的顶端应保持在进样口衬管的中下部，当进样针穿过隔垫完全插入进样口后，针尖与衬管中的色谱柱顶端相差1～2cm，是较为理想的状态。各个公司、不同型号的色谱仪对安装长度都有明确的要求，有的还配有专用量具，在安装时要严格按照仪器要求。色谱柱安装长度不对的话，会对分析准确性、重复性有很大影响。从色谱柱架上取出需要连接的足够长度的色谱柱，并按步骤（2）切割色谱柱，后连接到进样口。避免用力弯曲压挤毛细管柱，并小心不要让标记牌等有锋利边缘的物品与色谱柱接触、摩擦，以防柱身断裂或受损。进样口端色谱柱装好后，用手把连接螺母拧上，用手拧紧后再用扳手拧1/4～1/2圈。

（4）接通载气　载气必须为高纯氮气或氢气，纯度达99.999%，使用极性柱（如

FFAP、PEG-20M 等）时，载气需加脱氧管进一步脱氧，这样可延长色谱柱的使用寿命。当色谱柱与进样口连接好后，接通载气。调节柱前压力以得到合适的载气流速。将色谱柱的另一端（空端），插入装有正己烷的样品瓶中，正常情况下，可以看见瓶中稳定、持续的气泡。如果没有气泡，就要重新检查一下载气装置和流量控制器等是否安装完全或设置正确，并检测一下整个气路有无泄漏。等所有问题解决后，将色谱柱端口从瓶中取出，擦拭干净，保证柱端口无溶剂残留后，再进行下一步安装。

（5）将色谱柱连于检测器上　其安装和所需注意的事项与以上色谱柱与进样口连接[步骤（3）]部分所讲述的大致相同。安装时要注意色谱柱末端要高于尾吹点，或按照色谱仪说明书安装。

（6）进行气体检漏　在色谱柱加热前，要对 GC 系统进行检漏。

（7）色谱柱的老化　色谱柱安装和系统检漏工作完成后，就可以对色谱柱进行老化了。将色谱柱程序升温至使用温度的 30℃以上，恒温 60～180min。这样色谱柱内吸附的组分就会被吹出，避免影响分析。

（8）降温　将色谱柱的温度降低至所需要的温度时，即可进行实际样品的分析。

1.3.4　如何正确选择合适的色谱柱箱温度?

问题描述　色谱柱箱温度，不仅是影响色谱过程的热力学因素，也是影响传质过程的动力学因素。柱温变化，不仅影响柱前端压力、载气流速等，更重要的是也会对物质的分离、分析结果带来影响。那么如何选择最合适的色谱柱箱温度呢？

解　答　气相色谱中，柱温是影响化合物保留时间的重要因素。使用中，应注意柱温的选择，因为以下几个方面均与柱温有关。

（1）色谱柱固定液的寿命　若柱温高于固定液的最高使用温度，则会使固定液随载气流失，不但影响色谱柱的寿命，而且固定液随载气进入检测器，将污染检测器，影响分析结果。

（2）分离效能和分析时间　若柱温过高，则会使各组分的分配系数变小，分离度减小；但若柱温过低，则传质速率显著降低，柱效能下降，而且会延长分析时间。

（3）化合物保留时间　柱温越高，出峰越快，保留时间越小。柱温变化会造成保留时间的重现性不好，从而影响样品组分的定性结果。一般，柱温变化 1%，组分的保留时间变化 5%；如果柱温变化 5%，则组分的保留时间变化 20%。

（4）色谱峰峰形　柱温升高时，正常情况下会导致半峰宽变窄，峰高变高，峰面积不变。但是组分峰高变高，以峰高进行定量时，分析结果可能产生变化；柱温降低，则相反。

所以在柱温选择时需要从以下几方面出发。

首先，应保证柱温不高于固定液的最高使用温度，即色谱柱的最高耐受温度，避免固定液流失而影响色谱柱柱效和使用寿命。

其次，选择合适的柱温，柱温的选择以使难分离的两组分达到预期的分离效果，峰形正常而分析时间较短为宜，一般柱温应比试样中各组分的平均沸点低20～30℃，通过实验决定。对于沸点范围较宽的试样，应采用程序升温，按预定的升温速率随时间线性或非线性地增加温度。一般升温速率是成线性的。

最后，特别是要保证仪器柱温控制的稳定性、均匀性，以及实际温度与预设温度之间的一致性。一般气相色谱仪柱温控温精度为±0.1℃，有些厂家的可达到±0.01℃。

1.3.5 柱箱不升温时如何排查解决？

问题描述 安捷伦 4890D 柱箱不升温，报警（WARN：OVEN SHUT OFF），按 OVEN TEMP ON 键启动柱箱加热，会再次出现 WARN：OVEN SHUT OFF，显示温度为室温。进样口、检测器温度设定和显示正常，为什么？

解　答 所显示的报警信息 WARN：OVEN SHUT OFF 表示柱箱停止加热，可能是柱箱门没有关。确认柱箱门关闭后，通过 OVEN TEMP ON 键再次启动柱箱加热。从问题描述来看，铂电阻应该没有问题，如果是柱箱铂电阻故障，温度显示会不稳定，上下乱跳，也可能是负值。

因此需要排查两个问题：一是柱箱加热有没有单独的供电保险丝，如果有的话检查保险丝是否完好，如果没有忽略；二是检查柱箱加热的电热丝是否接触良好、有无断路，可以用万用表测量电阻大小，如果电阻为几百欧姆则属于正常，如果显示断路或电阻值非常大那就可以确定是电热丝的问题了。

1.3.6 什么原因会造成毛细管柱断裂？

问题描述 两台气相色谱仪，使用不到 20 天，可是两台仪器的色谱柱（SE-30）几乎在同一时间断裂，且断裂位置位于色谱柱中间。色谱仪曾做过老化，老化温度为 270℃。操作方法为厂家调试仪器时培训所教。个人觉得使用方法及使用条件正常（因为跟厂家调试操作方法及使用条件一致），异常点为：柱箱升温时，色谱柱气压表的压力会随温度升高而变大。

可能是什么原因造成色谱柱断裂？

解　答　上述柱箱升温时色谱柱压力会升高属于正常现象，如果色谱柱流量设定的是恒流模式，那么温度升高后需要提高柱压力来保证色谱柱流量的稳定。

常见的毛细管柱断裂原因大致有以下几种。

（1）柱子本身质量有问题　看一看是不是正规大牌厂家的色谱柱，如果是，色谱柱本身具有缺陷的可能性还是比较小的。

（2）受到比较大的外力损伤　这可能发生在安装过程中，比如色谱柱不小心被割柱刀、陶瓷片或者其他锐器划到，造成暗伤，在高温或震动时发生断裂；也可能是由在运输过程中的野蛮装卸、转移造成的。

（3）安装的时候装得太紧　这种情况的断裂一般出现在检测器端或进样口端的密封螺帽根部。

（4）高温时开柱箱门　这会造成柱子脆化断裂，这种属于典型的误操作和危险操作，可能性比较小。

1.4　信号检测器系统的相关问题

1.4.1　如何排查气相色谱 FID 自动熄火问题？

问题描述　实验中将 DB-624 色谱柱，换成顶空进样套装，进样后突然熄火了。序列进行中无法点火，于是中止序列，重新进样后再次熄火。熄火后仪器会自动点火三次，但一直无法点着。重新安装色谱柱，然后重走序列，三分多钟时再次熄火。之后在 FID 口上一直用脉冲点火器点火，仍然点不着，也没有"噗噗"的点火动静。最后几次试机，连调用方法点火也点不着了。

解　答

（1）解决方案　故障在更换色谱柱后出现，推测是色谱柱更换后造成的检测器喷嘴堵塞。关机，拆下喷嘴检查发现小孔可见，没什么异常。安装好后，不接色谱柱点火，发现能够正常点火。安装色谱柱检测器端后点火失败。更换新的 FID 检测喷嘴，重新点火成功，测试样品一切正常。

（2）原因分析　安捷伦色谱 FID 喷嘴是不分柱径大小的。分析可能是原来的喷嘴使用时间较长，喷嘴管内部可能有污垢使孔径变细。更换的 DB-624 色谱柱柱径是 0.53mm，比较粗。色谱柱是深入到 FID 喷嘴里的，喷嘴管内部有污垢使孔径变细后，导致氢气不能很好地从色谱柱外侧和喷嘴管内部之间的缝隙通过，氢空比不合适造成不能正常点火。

（3）FID 无法正常点火故障的排查思路　FID 点火不成功的原因有很多，可以按照以下步骤逐步排查。

第一步，先确认设备是否真的没有点着火，可以准备一块干净的玻璃片，放在检测器上方 2mm 处，观察是否有水雾生成，有则说明设备已点着火，反之则没有。如果确认已点着火，则说明设备硬件可能存在故障。

第二步，如果经过确认没点着火，首先检查气源压力是否正常，检查设备氢空比是否正常，一般为 1∶10。检测器点火困难时可适当调大氢气流量，至设定值的 1.5～2 倍，待点火正常后，再恢复正常比值；检查尾吹气流量是否设置过大，一般尾吹气设置为 30mL/min 左右（满足氢气∶尾吹+柱流量∶空气=1∶1∶10 的关系）；检查色谱柱流量是否设置过大，大口径色谱柱流量设置过大一般易造成火焰吹灭。

第三步，氢空比、尾吹气检查正常后依然无法正常点火，检查点火线圈是否存在故障。检查方法为：当设备点火时，检查点火线圈是否发红，检测器是否有噗噗的声音。

如果点火线圈不发红，检测器没有噗噗声，一般可判断为点火线圈故障，更换点火线圈即可。如果点火线圈发红，检测器有噗噗声，此时可判断为点火线圈位置存在故障，排除方法有以下几种。

a. 在点火线圈发红时可用手掌轻轻地在检测器上方煽动或向点火线圈方向轻轻吹气，促使氢气与点火线圈接触，使点火成功。

b. 用尖头镊子轻轻往外挑出点火线圈，使点火线圈露出，注意此方法只能外挑，不能往里按。

如果点火线圈发红，在检测器上方轻轻煽动也没有噗噗声，这时检查喷嘴是否堵住，如果堵住，用 Φ0.25 的细钢丝捅开即可。

第四步，以上原因排除后依然点不着火，可以查看在设备点火时基线是否有波动，如果基线没有波动，则检查信号传输线与收集极是否接触良好，信号传输线与收集极接触不良会导致 FID 点火困难。

第五步，检查工作站点火阈值设置是否正常，一般点火阈值设置为 1.0～
2.0pA，阈值设置过高会造成设备误认为点火不成功，导致点火困难。

1.4.2　空气对气相色谱 FID 点火有什么影响?

问题描述　安捷伦 FID 正常点火后，柱温 50℃信号值为 8 左右，但是更换了一瓶
空气后，柱温 290℃信号值 5，柱温降至 50℃，火熄灭。换回原来空气，信号值
正常。又更换不同的满瓶空气，还是失败。之后换了高纯空气，问题还是没有解
决。是什么问题呢?

解　答　从问题描述来看，可能是空气纯度的问题。钢瓶气一般都是比较稳定
的，柱箱温度的高低和点火是否成功没有关系，不过色谱柱安装的长度是否合适
倒是与点火是否成功有比较直接的关系。将空气接到其他设备上能正常运作，放
在安捷伦的仪器上就不正常，怀疑有可能是安捷伦的 EPC 空气气路上控制的比例
阀有问题。另外，安捷伦 FID 有一个默认点火补偿值，一般出厂是 2，意思就是
信号低于 2 的时候，仪器会认为没有点上火，自动熄火。可以向安捷伦公司的色
谱工程师咨询一下，对原因进行确认。

空气纯度对于色谱仪点火的影响，主要有以下三个方面：一是空气不纯，带
有有机物时，会造成色谱基线噪声偏大；二是空气水分偏高时，会导致基线噪声
偏大，甚至检测器积水不能点火；三是如果用的是合成空气，氮氧比不对时，影
响色谱仪的灵敏度。

就算空气纯度没有问题，空气流量设定偏高、偏低也会对点火以及样品分析
造成影响。

1.4.3　气相色谱中误把空气作载气时如何处理?

问题描述　更换色谱仪载气气源时因为操作疏忽，误将高纯氮气更换为高纯空气，
ECD 基线噪声保持在 70 万～80 万 Hz。仪器在 80℃下运行 13h 后才发现，如何
处理仪器才能正常使用?

解　答
（1）误操作后仪器的处理　将所有仪器降温、关机，更换正确的高纯氮气瓶。

把色谱仪后面的氮气管路断开放空，用高纯氮气冲洗 10min 左右。更换色谱仪的脱烃脱氧管，所有管路接好后进行检漏，然后开机。

开机 1h 后，基线开始往下降。开机 5h 后，基线恢复正常，降到误操作前的 200Hz 左右，做实际样品加标回收合格。

（2）色谱载气更换注意事项　载气对于气相色谱仪来说至关重要，载气纯度或类型使用不当，或影响分析结果，或对色谱检测器、色谱柱造成不可逆损伤，造成巨大的损失。比如：对氧敏感的 wax 色谱柱通入空气后固定相快速流失，就算处理后柱效也会大大降低；如果误将氮气或空气作为热导检测器 TCD 载气，则很有可能烧坏检测器铼-钨丝。

在高压气体钢瓶接收和更换时一定要做好审核确认。接收时确认气体种类、气体规格；更换时确认好气体类型，打开阀门前再次确认；更换气瓶投用 1h 内要检查钢瓶和仪器状态，是否有漏气、仪器基线是否正常。以从操作环节尽可能减少误操作的可能，降低设备损坏或安全事故的风险。

如果有条件，氢气、空气、氮气分开存贮，从源头消除混用的可能。

1.4.4　ECD 操作过程中的注意事项有哪些?

问题描述　ECD 被广泛应用在电负性物质的检测中，其中包括有机氯和菊酯类的农残检测，三氯甲烷和四氯甲烷的检测等，那么在实际工作中使用 ECD 时，有哪些注意事项呢？

解　　答

（1）保持整个气路系统的洁净　ECD 对杂质十分敏感，故使用中每一环节均要考虑是否带入污染杂质，气路必须安装脱水管、脱氧管。外来杂质进入 ECD 池，将出现两种异常情况：一是放射源表面污染，使放射源电离能力下降，从而使直流电压和恒频率方式 ECD 基流下降或恒电流方式中基频增高，二是杂质直接俘获 ECD 中的电子，使基流下降或基频增高。两者最终均导致灵敏度降低。

（2）防止 ECD 过载　在色谱分析中可能因为进样量大，出现柱过载或检测器过载现象。一般 0.25mm 的 WCOT 柱为每峰小于（2～5）$\times 10^{-8}$g。在用 ECD 作环境样品中痕量污染物的分析时，每峰样品量为 $10^{-13} \sim 10^{-8}$g。这不会引起过载，但对线性范围窄的 ECD 则很容易达到饱和，其表现为峰高不再增加，而半峰宽增大，此亦称 ECD 过载。显然它必将给定量带来很大的误差。这时必须用溶剂将样品稀释至 ECD 的线性范围以内，之后再测定。

（3）安全问题　由于 ECD 是放射性检测器，且检测的物质大多有害，使用过程中的安全问题就格外重要，可从以下几方面做好安全防护。

a．检测器出口应放空到室外，放空口在避风、防水和非人行道处；

b．ECD 的拆卸必须经培训并有处理放射性物质许可证时才可操作，否则不可拆卸，防止放射源泄露；

c．定期进行工作环境辐射检测。

1.4.5　ECD 辐射性强不强？如何控制？

问题描述　在用气相色谱的 ECD 时，发现 ECD 排气口的胶管因为老化漏气，导致 ECD 的尾气一直没有排到室外，而是留在了室内。而且实验室窗户也没有打开，空气肯定被污染了，辐射是不是很大，有人一直待在实验室做实验，对身体是不是有很大影响，有什么补救方法吗？

解　答　对于提到的排气管线老化的问题，短期内应当没有什么问题。微量的辐射对身体没有多大伤害，其辐射量还不足 X 射线的十分之一，所以不用顾虑。但是以后需养成良好的工作习惯，不用的时候将后边的排气管夹起来，用的时候再将管线打开，这样对检测器自身而言也是比较好的。

由于气相色谱仪 ECD 中可能含有放射性的 ^{63}Ni，这种物质会对人体造成一定的危害，因此在使用或对它进行维护的时候一定要小心谨慎。检测器的流出物必须放空至实验室环境之外，气相色谱仪上方要安装有万向抽风罩，色谱室要定时开窗通风。一般来说，对 ECD 的维护操作通常是热清洗（高温烘烤）以及对气体纯度的要求。ECD 尽量不要自己拆卸，有问题时可返厂维修。检测器的拆卸操作只能由经过培训并取得处理放射性物质执照的人员进行。

在除了热清洗以外的其他清洗操作中，很可能泄漏痕量的放射性 ^{63}Ni，导致接触可能有害的 β 和 X 辐射。虽然 β 粒子在这个能级上几乎没有穿透力——皮肤表层或几张纸便可阻止其大部分，但是，一旦同位素被咽下或吸入，对人体的危害是比较大的。

相关补救方法如下。

① **热清洗法**　通常轻度污染常用热清洗法。首先确保气路系统不漏和无污染，卸下色谱柱，用闷头螺帽将柱接检测器的接头堵死。调氮气尾吹气至 50～

60mL/min，检测器温度升至 350℃，柱温 250℃，保持 4～8h。最后，降温至操作温度，观察基频是否下降至正常值。如有效但还不够，可重复处理。

② 热水蒸气洗　将原柱卸下，换一根未涂固定液的短毛细管柱，通氮气，保持通常流速。检测器、气化室温度和柱温分别升为 300～350℃、200℃和 150℃。用微量注射器从进样口每次注入 10～15μL 去离子水，连续注射，共注射 50～100次。利用热水蒸气流清洗 ECD 池。该法可清除大多数污染，但花费时间长，清洗一次需 1～2 天，现在已较少使用。

③ 氢烘烤　近来比较常用的方法。只需将载气或尾吹气换成氢气，调流速至 30～40mL/min。气化室温度和柱温为室温，将检测器温度升至 300～350℃，保持 18～24h，使污染物在高温下与氢作用而被除去。氢烘烤结束，将系统调回至原状态，稳定数小时即可。

1.4.6　如何解决 FPD 不出峰的问题?

问题描述　在农药残留例行检测分析过程中，有人就遇到了这样一个问题。在下班前完成样品前处理、标液配制工作，把标液、样品序列建好后，放入样品盘，开始有机磷样品进样。第二天早上准备处理谱图时发现，竟然没有出峰。色谱是毛细管色谱柱，FPD 检测器，那么是什么原因导致出现这个问题呢？

解　答

（1）自我排查

a. 排查所建方法、序列是否有问题，经检查无问题，正常进样。

b. 排查氮气，经检查氮气压力、流量正常，无漏气现象。

c. 排查进样垫、O 型圈、衬管，发现完好无损。在开机状态下检查进样垫、O 型圈、衬管时要注意安全防护，小心烫伤。

d. 排查色谱柱，检查色谱柱是否接得不合适。打开柱温箱后，发现色谱柱连接检测器的连接头上，有白色粉末状腐蚀物，用手轻触色谱柱即断，柱接头腐蚀，初步断定为由氢气发生器返碱所致。

e. 重安色谱柱，用酒精棉签擦洗检测器接口，直至擦洗的棉签无黑色。色谱柱无法安装上，猜测可能是色谱柱被腐蚀后断在了里面，造成堵塞。先用截取下的废弃色谱柱疏通，结果不理想；又用细钢丝疏通，太粗了不适用；最后用废弃的进样针疏通，终于把里边的堵塞物清理干净。截去色谱柱前端 10cm 左右，重新接上色谱柱，并检查色谱柱接进样口一端是否无误。单针进样，分别进 1 针丙酮、11 种有机磷标液，观察响应值、出峰情况，发现依然没有信号。

与工程师沟通后检查氢气管路、EPC 无问题，FPD 点火正常，怀疑上次氢气发生器返碱致检测器损坏，报修后等待工程师上门维修。

（2）工程师排查　厂家工程师上门维修，详细记录的工程师排查步骤如下。

a. 测量气体，测量氮气、氢气、氧气的流量，经检测正常。拆卸进样口，检查衬管与内壁，正常无问题。

b. 更换 FPD：拆卸下两根色谱柱及检测器，发现检测器有腐蚀现象，更换检测器。进甲基对硫磷标液，查看响应值。开机后响应值有所提高，但没有以前高，检查流量正常，怀疑氢气发生器有问题。

c. 更换氢气发生器：更换成另一台气相色谱的氢气发生器后，响应值基本持平，无太大变化。

d. 更换新的石英棉衬管：排除了其他原因，更换新的石英棉衬管，峰高 600，峰面积 9300。重新换回氢气发生器，再次进甲基对硫磷峰面积 9300，可以确认不是氢气发生器的问题。在更换 FPD 和玻璃棉衬管后问题终于得到解决。

（3）总结　通过这次仪器故障排查，现总结如下。

a. 进样前应先单针进样，观察仪器响应值，如果连溶剂峰都不出，可能是仪器不正常，要及时查找原因。

b. 出现问题后应按气流、进样口、检测器等顺序排查，及早找出问题，及时解决，以免影响检测任务。

c. 每天都要对仪器进行检查，避免返碱这种重大事故的再次发生。

d. 响应度降低后，要先换衬管，再老化柱子。切柱头，也能提高响应度。

e. 出现问题后如果无法准确判断故障原因，应以先简后难、先小后大、成本先低后高的顺序排查，以避免不必要的时间和成本损失。

f. 氢气发生器选择加纯水的，而不是加碱液的，为防止返碱，氢气出口再加脱水管脱氧管，既可以保证氢气纯度，又可以防止碱液进入气相色谱。

第 2 章
仪器故障排查及
维护保养

2.1　气路系统的排查及维护保养

2.1.1　日常工作中如何维护气体发生器？

问题描述　气体发生器，包括氮气发生器、氢气发生器和空气发生器等。它的问题常常有一定的干扰性和隐蔽性。日常工作中怎么才能快速地判断出可能是气体发生器的故障呢？如何进行维护？除了维护还要注意什么？

解　答

（1）气体发生器问题的特点

① 干扰性　气相色谱仪出现不出峰、基线高、鬼峰多等情况时，分析人员首先想到的是气相色谱发生故障。基线突然一直下落，首先考虑是不是进样垫、石墨垫漏气了？排查一大圈后，再去找气体发生器的原因。

② 隐蔽性　气体发生器的净化管很多是装在仪器内部或后面的，要通过仪器

检修通道，或是将仪器搬动移位，才能观察到变色硅胶等由正常的蓝色变成粉红色。此时气相色谱仪往往已经罢工了，费了许多周折才发现问题所在。

（2）快速地判断出可能是气体发生器的故障

a．基线比正常时高很多，而且不会随着时间推移而下降，这时，气源质量可能有问题。

b．FID 等检测器点着火，如果将空气流量减小能点着，恢复初始设定值又灭火。

c．压力忽高忽低，上下飘动，不能稳定下来。这里要与色谱端漏气相甄别，气相色谱仪漏气主要表现是压力上不去。

（3）快速地进行维护　气体发生器常见的三种净化填料是活性炭、变色硅胶和分子筛。

① 活性炭　一般实验室活性炭的更换周期是三个月，个别实验室环境空气质量较差，可能两个月或是更短时间就需要进行更换。活性炭的日常保存最好是封口后，放在干燥皿中，因为活性炭吸附力强，范围大，容易失活。活性炭成本较低，一次性使用，不建议高温活化后重复使用。

② 变色硅胶　气体发生器内置式的变色硅胶，只有变色硅胶全部变红了，才可以从顶端发现，有部分变红的情况就需要引起高度重视了。此时需要将变色硅胶放入瓷盘中，在 120℃下烘烤 4～5h。重新装入变色硅胶后，在旁边记个小标签：某年某月某日进行更换。维修、维护记录虽然写上了，可能不经常去翻动它，会忘记上次更换的日期，养成每隔 3～5 天去检查气体发生器变色硅胶的习惯，也可以定期进行检查，比如每周一进行检查，这样可以及时发现问题，解决问题。

③ 分子筛　更换频率小于变色硅胶，大约变色硅胶更换两三次，分子筛更换一次，同样放入瓷盘中，于 500℃下烘烤 5h。实验室分子筛也要备用 1～2 份，最好密封好后放置干燥皿中保存。

（4）其他措施

a．实验室经常通风，可以大大减少挥发性物质的污染。

b．保持实验室清洁，不能长时间把进样小瓶放在进样盘上，进完样品后就应及时把进样瓶拿掉。

c．用锡箔纸等将气体发生器的通气孔轻轻盖住，防止灰尘落入。

d．更换电解液：一段时间以后，电解液变脏，将旧电解液抽出，换新电解液。

e．备用气路，虽然现在很多实验室用气体发生器，但不排除气体发生器出现故障，样品又急需处理的情况，此时可以更换备用钢瓶气路。

f．气相色谱仪不能正常工作了，按照由远及近的思路排查，气体发生器一般与气相色谱仪有一定距离，故先对气体发生器进行排查，再对气相色谱仪各个部位进行检查，由远及近的排查思路可以及时发现载气不足、氢气泄漏等问题，及时保护气相色谱仪和人身安全。

例如，气相色谱法检测有机氯农药时，前 5 个样品正常，后面的样品不出峰了，此时先检查氮气发生器的压力表数值是不是正常；管路有没有漏气，比较大的漏气一般有吱吱声，微漏就用检漏液去检查；电解液是不是在刻度线以上，大概需要花 2～5min。然后再有条不紊地排查气相色谱仪上的故障。

g. 天气和湿度对气体发生器影响较大，变色硅胶的主要作用是脱除空气中的水分，北方天气干燥，变色硅胶使用周期可能长些。南方天气潮湿，空气中水分含量高，变色硅胶很容易变色，这就需要实验室经常除湿（空调调整为除湿模式）。

2.1.2　氮气发生器电解质渗漏时是如何被发现并维修的？

问题描述　气相色谱仪常用的载气是氮气，氮气有高压钢瓶与氮气发生器，如果氮气发生器电解液渗漏如何维修？

解　答

（1）出现故障的现象及处理过程

a. 开机后仪器正常，但显示基线上万。仪器连续进土壤样品，几十个样品后，基线上万了，而且基线一直向上飘。本以为色谱柱等处污染了，换一下进样针，老化一下色谱柱，再进溶剂清洗一下，就可以恢复正常。

b. 老化后，基线平些了，但还很高，而且后端还向上漂移，见图 2-1。

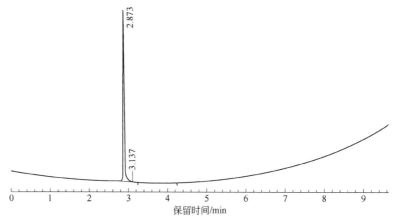

图 2-1　老化色谱柱后，基线仍向上漂移

c. 检查氮气发生器。感觉问题出在气源上，查看发现氮气发生器背部的变色硅胶并没有变色，流量、压力等显示正常。

气相色谱还在运行，为了探明究竟，关闭氮气发生器，拆开检查一下，连接上钢瓶备用气路。在拆开氮气发生器与气相色谱仪连接气路的瞬间，从气路里冒出一摊水（连接气路里有水）。

气相色谱的气路是不能进水的，进气端都会装脱水脱烃脱氧管，保证是 99.999% 的高纯度氮气。有水分进入的话，轻则很快使脱水脱烃脱氧管失效，损坏色谱柱，重则大量水汽在气相色谱仪中长期滞留，可能会导致短路、烧毁电子元件等严重事故。毛细管柱和脱水脱烃脱氧管的价格昂贵，如果算上维修费等，经济损失更大。

万幸发现得早，从发现基线异常到老化清洗，不超过两个小时，换上钢瓶气后，气相色谱基线慢慢下落，趋于正常。

打开氮气发生器顶盖后，取出变色硅胶，下半部分已经变成红色，而且粘连成块。机箱内部源源不断渗出黄色液体，这个液体不是水，而是电解液，呈强碱性，这应该是电解液泄漏。

d. 故障原因是其中一个垫片磨损，密封性不好。与仪器厂家沟通后，换掉磨损的配件，氮气发生器的故障解决。

（2）小结　无论何种仪器的操作和维护都要认真仔细，此次气体发生器故障虽小，但隐患很大，气体发生器的使用比其他仪器要更小心，如果发现有异常，千万不能拖延和将就，立即检查和维护，避免造成大的经济损失或酿成事故。

2.1.3　空气发生器压力为零的原因是什么？如何解决？

问题描述　空气发生器是气相色谱仪常用的设备，当它的压力为零时，由哪些原因所致，如何解决？

解　答

（1）故障原因

① 连接气相色谱仪的气路漏气。

② 压缩机不工作或行程开关不工作。

③ 压力触发装置漏气。

④ 空气发生器内部气路漏气。

（2）实际案例　当对各岗位设备运行和环境卫生情况进行巡检时，人们发现了一台正在运行的气相色谱（当天没有分析任务），但空气、氮气发生器压力不正常，空气和氮气的压力只能维持在 0.3MPa，压力下降，因为氮气也来自空气发生器，现在空气发生器的压力降到 0.3MPa，所以氮气的压力也一定跟着降到 0.3MPa。根据判断，决定对空气发生器进行处理。

① 压力为零　首先将空气发生器后面的出口用封头堵上，然后重新开启自动空气源，表现出来的现象是电源开关指示灯是亮的（表明正常），但是空气发生器没有任何声音（表明是压缩机没有启动），空气发生器压力为零。

② 行程开关　经检查，空气发生器的电源部分和压缩机主机没有问题，可能是压力控制系统出了问题，也可能是压缩机前面的行程开关出了问题，使空气发生器一直处于停运状态（查看压缩机前面的行程开关）。

a. 行程开关的工作原理：利用生产机械运动部件的碰撞使其触头动作，来实现接通或分断控制电路，达到一定控制目的。在空气发生器中，行程开关就是用来控制压缩机启动或停止的。仪器刚启动时，由于压力小于某一设定压力（一般是 0.4MPa），其电路是连接状态，随着压缩机的工作，压力越来越高，当到达 0.4MPa 以后，行程开关在压力作用下，弹簧发生变形，最后使电路断开。

b. 行程开关的拆卸更换：打开空气发生器机箱，找到行程开关，使用工具将它拆下来，然后换上一个新的行程开关。

开始试机，接上插头，打开电源开关，压缩机就嗡嗡地开始工作，当仪器的压力要超过 0.4MPa 时，立即停机，并通过后面的空气出口排出一些压力，再使用压力调节旋钮将压力调整到 0.4MPa。再开机，空气发生器将压力稳稳地控制在 0.4MPa，再过了 2min 左右，又听见啪的一声，空气压缩机自动停了下来，这说明行程开关起作用了，空气发生器恢复正常。

（3）总结　空气发生器压力为零，是由行程开关损坏，无法控制压力所致，更换行程开关后，压力恢复正常。同时人们也应认识到工作中还要加强仪器设备的巡检工作。如果巡检不及时或者不仔细，很长时间都没有发现空气发生器的故障的话，空气的压力会逐渐降低到零，这样的话氮气发生器在无空气来源的情况下会发生什么后果不得而知，但会对运行着的气相色谱仪和色谱柱造成损坏。

2.1.4　日常工作中怎样维护空气发生器?

问题描述　气相色谱对各种气体（载气和辅助气）的纯度要求较高，气体纯度一般要求≥99.99%。气源就是为气相色谱仪提供气体的高压钢瓶或气体发生器，气体中的杂质主要是一些永久气体、低分子有机化合物和水蒸气，分析时，会对分析对象、仪器系统、色谱柱、检测器和色谱图产生影响，影响灵敏度和稳定性以及结果分析，因此气体在进入仪器前要严格净化，保证仪器工作所需要的纯度，这就需要在日常工作中维护空气发生器。

解　答

（1）空气发生器的维护保养

① 硅胶　吸水后会变成粉红色，可通过热脱附方式将水分除去，脱附再生的温度应不超过120℃，否则会因显色剂逐步氧化而失去显色作用，硅胶在120℃下，烘烤2h。

② 分子筛　放在马弗炉里，500℃烘烤5h，在更换三次硅胶后，进行分子筛的更换。

③ 活性炭　一般分为干燥、高温炭化及活化三个阶段。温度将达到800～900℃，为避免活性炭的氧化，一般在抽真空或惰性气体下进行。操作复杂时建议直接更换。

（2）空气发生器维护的实际案例　先检查净化管，更换里面的干燥剂，以及管路的密封垫等。对空气过滤器（老式）进行超声处理，新式空气过滤器的过滤海绵取下来洗干净后再安装上。开启机器后检查压力上升是否正常稳定（0.4MPa），是否漏气，是否正常排气，运行声音是否正常，风扇运转、电磁阀的启动和关闭是否正常，电源是否可靠等。最后连接气相色谱仪，实际观察FID的信号，基线噪声，基线平稳的情况。

a．检查净化管；

b．清洗、清理空气过滤器（超声清洗）；

c．LGA-5000W空气发生器（新式，泵运行是间歇式的）进气口的过滤器，是海绵的，同时可以降低噪声。把里面海绵清理后，开启机器后检查压力上升，使仪器恢复正常。

2.1.5　日常工作中怎样维护氢气发生器？

问题描述　气相色谱对各种气体（载气和辅助气）的纯度要求较高，气体纯度一般要求≥99.99%。气体中的杂质主要是一些永久气体、低分子有机化合物和水蒸气，气体在进入仪器前要严格净化，保证仪器工作所需要的纯度，这就需要在日常工作中维护氢气发生器。

解　答

（1）氢气发生器的维护保养

① 硅胶　硅胶吸水后会变为粉红色，可通过热脱附方式将水分除去，脱附再生的温度应不超过 120℃，否则会因显色剂逐步氧化而失去显色作用。硅胶在 120℃下，烘烤 2h。

② 分子筛　放在马弗炉里，500℃烘烤 5h，在更换三次硅胶后，进行分子筛的更换。

③ 更换电解液　配制 10%的 KOH 电解液，称取 160gKOH，加纯水 1.6L。电解液一年更换一次，更换时要把旧电解液倒出，用纯水清洗电解池。

（2）氢气发生器维护的实际案例　先检查净化管，更换里面的干燥剂（参考空气发生器的维护保养），以及管路的密封垫等。检查空置缓冲管里面是否有水，是否有返碱情况。把原来的旧电解液抽出来，将纯净水注入电解池，放掉清洗后的废水，反复两次。途中开启片刻氢气发生器，以使清洗效果更好。

① 抽气放掉旧电解液　放出来的电解液发黄，有黑色的渣滓，可能是因为长时间未更换电解液了。一般一年需要更换一次。

② 配制 10%的 KOH 电解液　对于圆桶式氢气发生器（LGHA-500G 氢空一体机）电解池，称取 160gKOH 加 1.6L 纯水。对于板式氢气发生器（LGH-500B 型）的电解池，取 100gKOH 加 800g 纯水。然后把新配制的电解液加入电解池。（注：应该使用塑料漏斗。）

③ 开机　观察氢气流量是否能在短时间内归零，压力是否能够达到 0.3MPa。

④ 检查　是否有漏气，仪器运行声音是否正常等。

2.1.6　气相色谱仪哪些地方容易漏气？如何检测？

问题描述　气相色谱仪的气路系统，是一个载气或辅助气连续流动的密闭系统，是气相色谱仪的重要组成部分。气相色谱分析中的大部分故障，由气路部分漏气造成。那么，如何检测气路系统是否漏气？哪些部位容易漏气？

解　答　众所周知，气相色谱是以气体为载体进行分离分析的技术手段，在气相色谱体系中如果密封出了问题（漏气），将会对检测结果与系统本身造成很大影响。如果漏气了，气相色谱图有什么变化呢？漏气，一般分为载气漏气和辅助气漏气。

（1）漏气时色谱图的变化

① 载气漏气时色谱图的变化

a．基线变化：基线不稳定；基线噪声大，可能是载气流速过大或漏气；基线正弦波动，可能是载气流量不稳定，除检查气源外，也要排查是否漏气；恒温操作时，基线无规则波动或向一个方向漂移，出现这些现象时可先排查载气是否漏气；基线不能调零，对于热导池检测器，可能是由漏气导致热导丝没有完全泡在氢气中，热导丝失去平衡或已被烧坏。

b．色谱峰变化：峰形变小、保留时间正常，载气在色谱柱后漏气或进样器、进样垫在进样时漏气；峰形变小、保留时间变大，从进样器到检测器的气路间有漏气，或进样垫连续漏气；在排除手动进样技术的前提下，多次进样重复性差（保留时间、峰面积以及定量结果）。

② 辅助气漏气时色谱图的变化　一般表现为色谱峰响应降低甚至没有响应等。如当 FID 运行时，氢气源和空气源控制失调、流量不稳定，都可能导致恒温操作时基线出现无规则波动。

（2）漏气的主要部件

① 载气漏气的主要部件

a．流量太大调不小时：流量控制阀后气路有泄漏；流量控制阀损坏。

b．流量太小调不大时：如听到明显的漏气声，则在有声音处查漏；

无明显漏气声，钢瓶高压阀压力正常，如柱前压太低且钢瓶低压不能正常调节，则说明减压阀坏或漏气，其他情况说明气路有堵塞。

c．流量调节后不稳定，在钢瓶压力正常、柱温正常的前提下，可能气路阀前面漏气；气路阀内部漏气。

② 辅助气漏气的主要部件　如 FID 点不着火，最简单的原因，可能是氮气、氢气和空气的配比不当或氢气漏气。如流量不正常（流量太大调不小、太小调不大或流量不稳定），可参看气路出现漏气的地方，绝大部分是气路接头处，检查气路接头时，有以下几种情况可能导致漏气：

a．接头密合处有污物；

b．接头垫片不合适；

c．气路连接头没有拧紧；

d．气路阀件内部松动、脱落或有污物，也常导致漏气；一般气路中间漏气问题较少，偶尔也有管路折断漏气。

（3）气路漏气的检测方法

① 严重漏气　当气源打开并稳定后，听到明显的漏气声（如丝丝声），说明气路大漏。此时应将流路的流量开大，在漏气声出现的管路接头附近，用肥皂水查漏。

② 一般漏气　堵住气路出口，观察气路中的转子流量计，转子能慢慢降到零，则不漏气，否则漏气。或者观察系统压力表，打开气源，调节输出压力在 0.3～0.6MPa，等气路稳定后，堵住气路出口，再关闭气源总阀，半小时内如果压力表有明显的下降，说明这部分漏气。

发生漏气时应分段检测，逐步查漏。如气源到转子流量计或压力表之间气路筛查，可参照上面的方法，堵住转子流量计或压力表出口，转子不降到零或压力表有下降，再用肥皂水查漏。对一些细小精密部件如检测器等，可堵住出口并加压调大气流，泡在乙醇里，有气泡冒出处为漏气处。

2.1.7　气相基线漂移严重时，怎么解决？

问题描述　做二硫化碳中的苯系物，用空白的二硫化碳色谱纯试剂走出来的色谱图。进了 5 针，5 针的基线重复性都不行，基线漂移比较严重。

解　答　用二硫化碳中的苯系物标液走的 4 针。结果依然和空白的二硫化碳溶液走的色谱图一样。基线漂移严重，基线重复性不好。做低浓度样品或者检出限的时候，不能定性也不能定量。

（1）分析原因

a. 首先怀疑试剂中含有水，水对 FID 有些影响。更换试剂厂家，结果一样。

b. 接着怀疑是进样口的进样隔垫在高温下挥发出有机物对谱图产生影响，然后就换上了绿色的耐高温低流失的进样隔垫，结果还是不行。

c. 然后又怀疑是进样口脏了，把进样口的适配器和衬管外的气化室内壁全部都用丙酮擦洗后，并未发现明显的污渍，用洗耳球将其吹干，装回去开机测试，依然不行。

d. 后面就请了工程师，工程师来后，觉得是分流出口的冷凝管和捕集阱吸附样品蒸气饱和了导致的污染，工程师取下捕集阱注入丙酮清洗烘干后，装回去，故障依旧。

e. 继续找原因，又认为是载气不纯。但是旁边那台气相的基线好好的，因为是集中供气，载气都来自同一瓶。载气的纯度没有问题，怀疑是检测器，但是做顶空时，用另一个进样口进样，基线也是好好的。那说明检测器也是好的。

f. 这样一来，问题肯定来自进样口，但是进样口很多地方都排查了。又想会不会是色谱柱的原因，结果又买了新的色谱柱，故障依旧。

g. 该排查的地方都排查完了，还是没有找到原因。查了进样口的结构图，发现就剩进样口的分子筛过滤器（图 2-2）没有检查了。在申请工程师的同意后，小心翼翼地将配件箱的新分子筛过滤器换上后，基线非常平稳，重复性也很好，如图 2-3 所示。

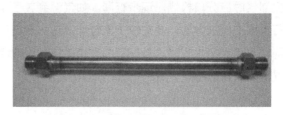

图 2-2   进样口载气流路的分子筛过滤器

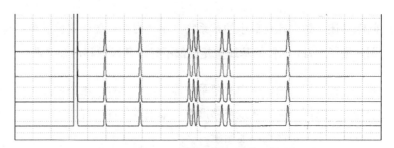

图 2-3   更换分子筛过滤器后的四次谱图

（2）问题总结

造成上述现象的原因，是多人使用一台仪器，使用的人缺乏相关气相色谱理论知识，盲目地按照标准去做，想当然地去设置一些分析参数，导致仪器中部分配件过早失效。某进样口曾经被进过大体积的样品，使用的不分流，不设置分流比。导致样品在衬管中气化后，没有进入色谱柱的样品蒸气无法从分流出口排出，反而倒灌进了载气的管路。因为是不分流，分流出口的电磁阀在进样的时候是关闭的，又没有设置分流比，也就没有设置分流电磁阀打开的时间。只有载气管路是一直通着的，所以排不出去的样品蒸气就倒灌进了载气管路中的分子筛过滤器，造成载气的污染。

2.1.8 ECD基线漂移和FID总是出现的诡异倒峰怎么排除?

问题描述 ECD基线漂移,岛津GC-2014双FID总是出现诡异的倒峰。这两个故障如何排除?它们产生的原因是什么?

解　答

(1) ECD基线漂移

① 故障现象　岛津GC-2030ECD(EX),做六六六滴滴涕时,基线漂移特别严重,高达200mV以上,并且出峰时间后延(图2-4)。

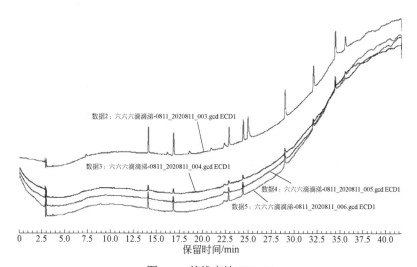

数据2: 六六六滴滴涕-0811_2020811_003.gcd ECD1

数据3: 六六六滴滴涕-0811_2020811_004.gcd ECD1

数据4: 六六六滴滴涕-0811_2020811_005.gcd ECD1

数据5: 六六六滴滴涕-0811_2020811_006.gcd ECD1

保留时间/min

图2-4　基线高达200mV

② 判断问题　仪器比较新,平时使用也不频繁,进样口的进样垫和衬管都维护过,老化过色谱柱,也更换过色谱柱,高温老化过ECD,但是均没有效果。拆下检测器端接头检查(图2-5)。

在拆下检测器接头的一瞬间,听到"扑哧"一声气体压力外泄的声音。这就很奇怪了,ECD正常是与大气相通的,不应该带有正压。这说明可能气流不畅或者尾吹气失控了。

检测器接头

ECD-EX使用43mm的标尺

图 2-5　检查检测器端

对比了一下接头的长度，是符合标尺要求的。然后接回色谱柱，把 ECD 废气出口管路插入水中，观察气泡以检查出口的流量。废气管较长，末端接在了排风装置上，结果发现废气管末端并无气泡冒出。使用一小段管路代替原来的管路，再次检查，气泡是正常的，说明流量控制没有问题，而原来长的管路中间有不通畅的地方。顺着管路检查，果然，中间一处管路被弯折成锐角，导致气路不畅，检测器端的气体正压也正是因此而来（图 2-6）。可能是用户在整理管路时，不注意将其弯折所致。

将此段管路重新伸直，气泡检查正常。然后做样分析，ECD 尾吹气流通正常后，不仅基线漂移大大减小，并且出峰时间正常（图 2-7）。

③ 原因剖析　为什么气流不畅后，基线会向上漂移？正常的基线上漂主要来自程序升温造成的柱流失物质增加，而气流不畅使得检测器处柱流失物质浓度较正常时增大很多，所以信号升高很大。

为什么出峰会延后？当柱出口压力变大时，柱流量将变小。正常情况下，色谱柱末端为大气压。而上述问题发生期间，色谱柱末端有一定正压，这就使得柱流量和线速度均比预设值要小，也就使得出峰延后了。

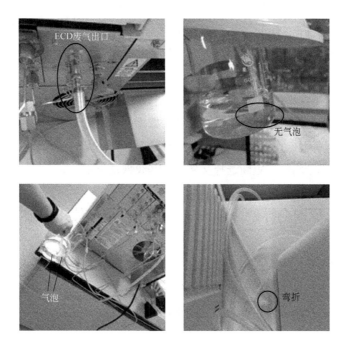

图 2-6　气路弯折

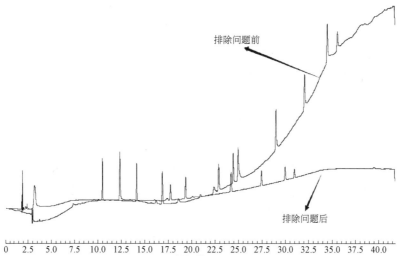

图 2-7　基线恢复正常

（2）FID 诡异的倒峰

① 故障现象　GC-2014 双 FID，做样总是出现诡异的倒峰。

② 现场判断　查看用户色谱图，先是不进样空跑程序升温，在 4min、7.6min、11.5min、14min 左右各有一个倒峰。FID 不进样也出倒峰，确实奇怪。查看进溶

剂的谱图，7.6min左右的基线是先上去再下来，其他时间的倒峰是相似的。将谱图对比可发现，倒峰出现的几个位置是固定的，并且强度大小也都接近。FID采集的图谱总是会扣减一个固定的信号。

③原因剖析　用户平时总是使用单次进样，在样品注册时，因为粗心，选择了一个基线数据文件。而这个基线数据文件正好与形成的倒峰相吻合。所以不进样全是倒峰，而进溶剂时，因为溶剂抵扣了一部分，所以基线是先上升又下降的，其余部分相同。重新选择文件后，基线恢复正常。

2.1.9　什么原因会导致 AOC-20i 自动进样器在使用中报警或报错?

问题描述　自动进样器使用现在已较为普遍，节省了大量人工成本和时间成本，也使得结果更加稳定。今天来剖析一下岛津 AOC-20i 自动进样器在使用中的常见报警或报错以及相应的应对措施。

解　答

（1）报警信息"OP"　当前门打开时，AOC 上显示"OP"，即"OPEN"。
严格来说这不算个错误，可以说是个提示。当打开门检查或者操作完成后，关上门，再点一下 RESET 即可恢复正常。如果不能恢复，可能为传感器故障。

（2）报警信息"-11"　通常，当把 AOC-20i 从支架上取下来时，AOC 上即显示"-11"，并报"AOC 安装位置错误"。当把自动进样器重新装回后，按 RESET，也会恢复正常。如果不能恢复，可能为安装位置传感器故障。

（3）故障信息"-01"　当自动进样器不能识别样品架时，会显示"-01"，并报"样品架错误"。首先确认样品架是否放置。放置后按 RESET 即可恢复正常。如果仍报，有可能为传感器被灰尘掩盖，可以使用洗耳球吹扫狭缝。如吹扫后仍故障，则可能为传感器硬件故障。

（4）故障信息"-02"　当进样针架整体下降，上升时不能返回到初始位置时，AOC 将会出现"-02"，并报"AOC 针架错误"。
不能上升到初始位置，可能的原因为进样垫拧得过紧导致针扎入后不能拔出，或者针架整体滑杆有脏污。处理措施为：按照操作要求，将进样垫拧紧后再松开半圈；清洗滑杆。如果仍报错，有可能为初始传感器硬件故障。

（5）故障信息"-03"　针杆不能回到初始位置时，AOC 会出现"-03"，并报"AOC 柱塞杆错误"。

最可能的原因是进样针杆与针内壁有脏污，导致阻力太大。措施是洗针或更换新针。如果仍无效，则可能为传感器硬件故障。

2.2　进样与进样系统的排查及维护保养

2.2.1　顶空配置错误和托盘初始化故障如何解决?

问题描述　顶空分析，是指取样品基质（液体和固体）上方的气相部分进行色谱分析，最早出现在 1939 年，后来与专门分析气体或样品蒸气的 GC 结合，即 GC 顶空进样，如今顶空进样已经成为一种应用普遍且重要的 GC 进样技术。

顶空进样是通过样品基质上方的气体成分来测定这些组分在原样品中的含量的，是一种间接分析方法。它是基于一定条件下，气相和凝聚相（液相和固相）之间存在着分配平衡，因此气相的组成能反映凝聚相的组成。顶空连接气相色谱仪后，容易出现顶空配置错误和托盘初始化故障，如何解决?

解　答

（1）顶空配置错误

① 出现故障　GC-2010plus 连接顶空 HS-10，配置后就报错"自动进样器配置错误"。检查后，发现 Labsolutions 工作站为硬加密，而 HS-10 内嵌软件为软加密。Labsolutions 软件能正常进入，在配置的左边"自动进样器"中，HS-10 也可选，说明软件问题不大。双击 HS-10 查看设置信息，没发现异常。点确定后，即报错"自动进样器配置错误"。

② 解决办法　查看用户之前正常使用时所做的数据文件中所保存的配置信息（具体方法是打开数据文件后，点击菜单栏——方法——显示分析条件——系统配置），如图 2-8 所示。

图 2-8　软件操作

与正常的配置相比，现在配置中缺少附加流量 APCI，原来，用户上次维修其他故障时将 APCI 去掉了，然后没有加回来。加上 APCI 后，配置不再报错，使用正常。附加流量 APCI 在配置时是比较容易被忽视的一个单元，使用顶空时需要注意。

（2）托盘初始化故障

① 出现故障　另一台顶空 HS-20 进样器，开机自检时报错："样品瓶托盘未正常运行，未完成驱动系统运行，0x1302"。观察初始化过程发现，在进行样品瓶托盘初始化时，系统不能正确定位，而是反复旋转，直到报错。拆下样品瓶托盘后，检查码盘，发现码盘上有褶皱，其可能为故障原因。

② 解决办法　旧码盘为带贴膜使用，厂家后期改变了设计，新码盘正反两面有两张保护膜，需要非常小心地取下保护膜，注意不要刮伤黑色刻痕处。用两个螺丝固定码盘的位置，安装完成后手动旋转马达，码盘须在左边黑色编码器的中间通过。更换新品后试验正常。

2.2.2　如何解决岛津自动进样器 AOC-20i+s 抓放的错误

问题描述　气相色谱进样器的作用，是将样品直接或经过特殊处理后，引入气相色谱仪的气化室，样品再进入色谱柱分析。自动进样器用于液体样品的进样时，可以实现自动化操作，降低人为的进样误差，减少人工操作成本，适用于批量样品的分析。实际使用中，自动进样器容易出现抓放错误，如何解决？

解　答

（1）自动进样器抓放错误　由于仪器搬迁，曾拆下 GC-2014 气相色谱仪的自动进样盘，当时岛津工程师将另一台 GC-2010 自动进样器校正后，我自己经过验证没有发现问题，所以就放松了对这台气相色谱仪的警惕，没有进行验证。结果当开启使用时出现了错误，这个旋转臂能正确抓取样品瓶却不能顺利放到进样导轨上的位置——样品瓶被放到导轨壁上，下不去。

（2）解决办法

a. 按面板上 OPTION 键。

b. 关闭自动进样器：按下主机面板上的 OPTION 键，将 AOC POWER 设定为 OFF，按 ENTER 确认。

c. 初始化自动进样器：同时按住自动进样器上的 FUNCTION 和 MONITOR 键，然后在仪器控制面板 OPTION 里打开自动进样器电源，就是将 AOC POWER 设为 ON，然后按 ENTER 确认。

d. 校准：接着在主机面板上再次按下 OPTION 键，再按屏幕下面的 PF3 键，将 RACK POSITION 设定改为 1，按 ENTER 确认。完成后，在进样盘的 1 号位置放一个 1.5mL 样品瓶。

按下自动进样器上的 FUNCTION，用三个箭头键将数字改为 94，按 ENTER 确认，输入抓取位置为 001，按 ENTER 确认，再次按下自动进样器上的 FUNCTION，用三个箭头键将数字改为 78，按 ENTER 确认。然后拉动旋转臂，移动到已放好样品瓶的 1 号位置上方。

e. 调整。自动进样器上三个键所代表的意思如下，SAMPLE WASH：上；SOLVENT WASH：停；NUMBER OF INJECTIONS：下。使用三个键调节旋转臂抓放样品瓶，调节完毕后，将 FUNCTION 值设为 001，按 ENTER 确认。

f. 调节成功：到这里，这次校正也就结束了。但是重新开始试验，样品瓶仍不能正确放入进样导轨中。经过多次试验发现，原来在调节旋转臂与进样导轨交接时，角度不能太正，要偏转一点点，这也是 GC-2010 与 GC-2014 进样盘不同之处，当时工程师也没注意到这个特殊情况，所以才会出现 GC-2010 校正成功、GC-2014 校正失败的情况。

2.2.3　如何拆卸岛津 AOC-20i 自动进样器？

问题描述　自动进样器用于液体样品的进样，可以实现自动化操作，降低人为进样误差，减少人工操作成本，适用于批量样品的分析。自动进样器出现故障时如何进行拆卸？

解　答

（1）取下样品架　首先从气相上取下 AOC-20i 自动进样器和样品架。将自动进样器整体翻过来，拆掉背面的六个螺丝。

（2）打开小盖板　取下小盖板后，可以看到样品瓶传感器（作用是检查是不是有溶剂瓶、废液瓶和样品瓶）和样品架马达的齿轮。

（3）取下前面板　马达齿轮与样品架齿轮咬合从而使样品架左右移动。抓住红色区域向上小心地取下前面板，注意中间位置的卡扣。

2.2.4 气相色谱进样重复性差，为什么？怎么解决？

问题描述　在使用气相色谱仪进行分析的过程中，必须要保证进样的重复性，才能保证分析的精密度和准确性。有哪些原因会导致进样重复性差？

解　答　可对进样重复性造成影响的有以下几种因素：衬管、进样垫、样品溶剂等。

（1）衬管　对于仪器重复性在采用 FID 进行分析时，采用毛细管柱分流进样，样品的重复性总是不好，进行了以下排查。

① 色谱柱的安装　因为仪器进行过保养，所以首先怀疑毛细管柱没有装好，重新测量了毛细管柱装入的长度和位置，并重新进行了分析。

② 反装衬管　取出衬管之后，发现使用的是不分流衬管，于是将不分流衬管反装（细头朝上），并重新测定了重复性，效果依然不理想。

③ 更换衬管　考虑了毛细管柱安装和衬管使用的情况，另外考虑了分流比不稳定的原因，但是一番折腾之后，没有效果。最终还是将问题回归到样品的气化上，可能是由气化不均匀等造成的重复性不好——因为在另外一台同样的仪器上，使用的是螺旋形分流衬管，重复性一直很好。接下来，换了直通型的分流衬管，并加装了石英棉，重复性结果如下：RSD 在 3%以内。

④ 总结　仪器的重复性不好，首先归结于衬管使用的不合适：将衬管由不分流衬管反装作为分流衬管使用，效果不明显；通过与其他仪器的对比，对衬管加装石英棉，改变气化室气化效果，从而改进了重复性。

（2）进样垫安装对于仪器重复性的影响　用 ECD 做一个两组分样品的含量测定时，重复进样得到的样品含量差别较大，进样时感觉毫无阻力，同时拔针时似乎又有气体反冲的感觉，稍稍紧了四分之一圈进样帽，重新进样，重复性良好，由此可知进样垫过松会造成重复性差。

进样垫过紧也会造成重复性差，而且进样垫过紧时，进样针（主要是 1μL）比较难插入进样垫中，还容易造成针头弯折等情况。

总而言之，进样垫的松紧程度对仪器的重复性，尤其是毛细管柱的重复性影响较大，填充柱也会有影响；因为这个原因很难定量描述，还得分析人员自己根据经验把握。

（3）样品溶剂对于仪器重复性的影响　在分析样品时，除了仪器硬件的原因之外，有时候样品处理对重复性也是有影响的。比如说，溶剂选择不合适时拖尾严重，会影响重复性。实际上，溶质峰（细峰）积分面积的 RSD 在 3%以内，但是溶质峰的峰形重复性不好，将溶剂由烷烃更改为醇类之后，整体的重复性，不管是峰面积还是峰形，都会好很多，分离度也不错。实际上，对于重复性而言，很多时候原因并不在于仪器本身的性能上，也有可能是由溶剂使用不当所致。

2.2.5 从进样口结构剖析进样口压力不稳的原因是什么？

问题描述　进样口压力不稳是很多人遇到过的问题，以岛津 GC-2010plus 的分流/不分流进样口（SPL）为例，分享一下遇到过的造成进样口压力不稳的因素。

解　答

（1）进样口结构　图 2-9 是岛津 GC-2010plus 用户使用说明书中的 SPL 进样口结构。

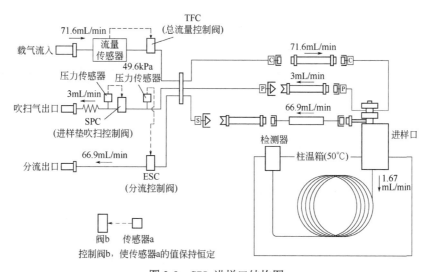

图 2-9　SPL 进样口结构图

总流量控制阀和流量传感器控制总流量经分子筛到达进样口，然后分为三路。

a．柱流量。一般色谱柱堵塞并不会影响压力控制。

b．吹扫流量经捕集阱，在后部的吹扫电磁阀及阻尼控制下，保持一定流量（常见 3mL/min）从吹扫出口流出，压力传感器在吹扫流路上。

c. 分流流量经缓冲管、捕集阱，在分流电磁阀的控制下，从分流出口流出。分流电磁阀调节以维持进样口压力稳定。

衬管部分细节如图 2-10 所示：总流量中的分流流量加柱流量由衬管上方向下流动，到达衬管底部，经分流口适配器的狭缝，在进样口内壁和衬管之间向上流动，经分流口流出。

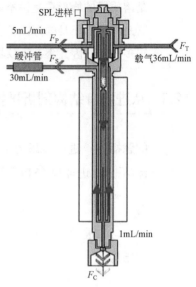

图 2-10 衬管

（2）造成压力不稳的因素　了解了进样口的结构，就不难理解下述造成压力不稳定的因素。

① 漏气　较大的漏气可能直接导致压力不能上升，而较小的漏气则有可能导致 AFC 流量控制器不能正常调节，从而造成压力来回波动，不能稳定。比如进样垫泄漏，衬管 O 型圈老化，色谱柱进样端接口密封不好，维护了流路中的某个耗材或零件之后未能正确拧紧等。

② 分流流路中存在堵塞情况　比较多见，严重的时候可能会造成进样口压力高于设定值，不下降。如疏于维护进样口，衬管中有较多隔垫碎屑或不挥发杂质，分流适配器的凹槽被堵住，进样口和分流缓冲管之间堵塞，缓冲管堵塞，捕集阱堵塞等，此需要分段检查，进行清洗或更换。

③ 吹扫流路不通畅　可能导致压力不稳定，因为进样口的压力传感器就设置在吹扫路中。需拆下检查是否通畅，必要时进行清洗。

④ 流路管线阻尼变化　当接入了顶空等周边设备时，流路管线阻尼变化，从而可能造成压力调节异常。通常可以通过更改调节参数加以解决。

⑤ 方法或色谱柱不匹配　比如大口径柱使用了不分流衬管并且用标配的"S"的标尺量了长度。结果造成分流不畅，继而导致压力波动。

⑥ 硬件方面的故障　通常是电磁阀或 AFC 流量控制器故障。比如阀本身控制不良，或者 AFC 上控制电路板故障等。

（3）小结　造成进样口压力不稳的因素中，最常见的就是漏或者堵，做好仪器日常维护，定期更换耗材，清洗管路，可以避免相当一部分问题。

2.2.6 怎样对顶空进样器进行泄漏测试？

问题描述 岛津 HS-10 顶空进样器具有检查泄漏的测试功能，可以用来诊断 HS-10 内部管路的密封情况。在做样重复性不佳、出峰面积小时，可以考虑使用此功能进行基本的判断。

解 答

（1）准备工作 LabSolutions 工作站，HS-10 Leak Check 软件（在高版本的 LabSolutions 工作站中，可以在图 2-11 中的路径找到，将相关的四个文件复制即可以使用），一个压紧的空瓶。

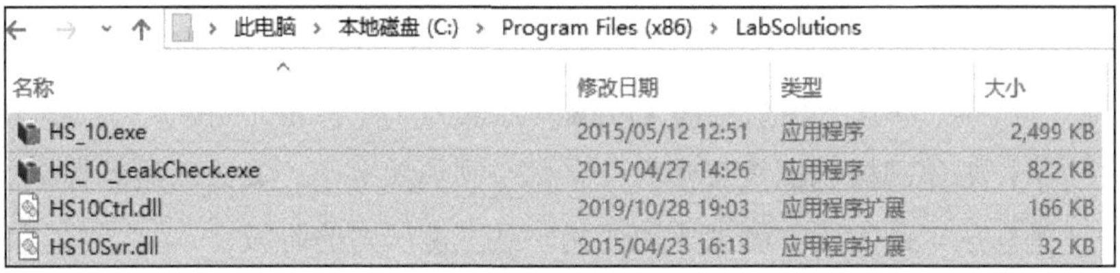
此电脑 › 本地磁盘 (C:) › Program Files (x86) › LabSolutions

名称	修改日期	类型	大小
HS_10.exe	2015/05/12 12:51	应用程序	2,499 KB
HS_10_LeakCheck.exe	2015/04/27 14:26	应用程序	822 KB
HS10Ctrl.dll	2019/10/28 19:03	应用程序扩展	166 KB
HS10Svr.dll	2015/04/23 16:13	应用程序扩展	32 KB

图 2-11 所需软件

要注意的是，如果 HS-10 是内嵌于 LabSolutions 工作站中的，需要在工作站的系统配置中去掉“HS-10”项，但是务必加入“AUX-APC”项；如果 HS-10 是由单独软件控制的，则只在系统配置中加入“AUX-APC”项即可。

（2）测试步骤 启动 GC，确认 AUX-APC 供气正常。双击 HS_10_LeakCheck.exe 图标。

然后点“Connect”，点击列表中出现的序列号连接仪器。连接后序列号显示在右上角。开始测试之前，确认以下三个条件。

a．在 1 号位置上放置压好的空瓶。

b．AUX-APC 压力设置高于 300kPa。

c．恒温炉（Oven）实际温度低于 40℃（否则“Start”键为灰色）。然后点“Start”。仪器将自动进 1 号瓶，并运行三个阶段。

第一阶段：加压（Pressurizing），时间 2min。

如果 2min 内压力达不到 200kPa，则会判定为泄漏，程序将中断。此阶段流路图如图 2-12 所示。加压阀（Pressurizing Valve）控制氮气经压力传感器、定量环、进样针，向空瓶中充入。排空阀（Vent Valve）关闭。

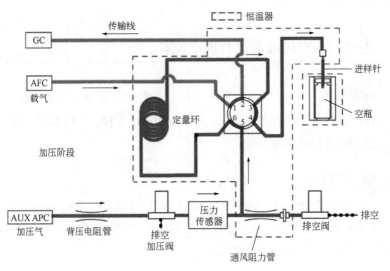

图 2-12　加压流路图

第二阶段：压力平衡（Equalbrating），时间 2min（图 2-13）。此阶段流路图如下：加压阀控制氮气直接排空。排空阀仍然关闭。其余粗线条标记的气路部分保持憋压。此阶段不测试压力变化，是平衡压力的阶段。

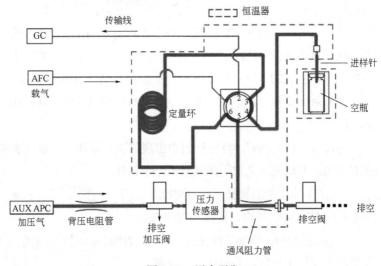

图 2-13　压力平衡

第三阶段：检查（Check），时间 2min。此阶段流路图同第二阶段。压力传感器监视 2min 内压力下降值。如果有 5kPa 以上的压降，会判定为泄漏；如果小于 5kPa，判定不泄漏。检查程序自动结束，瓶子退出。

如果发生泄漏：通常可能的原因有以下几个。

a. 瓶子未压紧。

b. 管路连接处（如定量环）有泄漏。

c. 针破损。

（3）小结　HS-10 泄漏测试的原理其实比较简单，即通过加压后憋压，检查一段时间内的压降来判断是否有泄漏。

2.2.7　什么原因会造成 GC 进样口压力波动?

问题描述　岛津 GC-2014，SPL 进样口，现象是进样口压力波动，设置为120kPa，实际值在 115~125kPa 波动，不能稳定，总流量是稳定的。此故障常见原因有：条件设置不合理；分流捕集管或缓冲管堵塞；分流阀故障等。

解　　答

（1）案例一　首先检查条件，使用的色谱柱为 30m×0.25mm，总流量50mL/min，柱压 120kPa，并无不合理之处。

检查进样口管路，查看 C（总流量）和 P（吹扫流量）管路是否通畅，正常。检查进样垫和分流衬管，均新换过，正常。进样口衬管外的不锈钢壁也无杂物。拆下 SPL 毛细柱适配器，发现狭缝有些脏，清除后，安装观察，仍不正常。

将分流流路的捕集管拆下检查，发现没有严重污染的迹象。换成新的，故障仍存在。检查分流流路的缓冲管（是分析难挥发物时较容易污染的一段管路），拆下后检查，发现是比较通畅的。更换分流电磁阀，无效。更换 AFC 整体，也无效。

在交谈中，用户提到平时做的样品常温下是固态，用乙醇溶解之后进样，故障后用户自己洗过缓冲管，所以缓冲管才不那么堵。这时想到，另一个很可能堵塞的地方，就是进样器和缓冲管的接口管路。用洗耳球吹，能通气，但是和另一路正常的比起来，不算通畅。于是使用细的工具扎入，果然清理出很多样品残渣。最后使用乙醇清洗干净，复原，压力正常。

（2）案例二　岛津 GC-2014C，SPL 进样口。现象也是进样口压力波动。检查进样口 C（总流量）和 P（吹扫流量）管路、进样器和缓冲管接口、缓冲管、捕集管等都没有发现问题；进样垫为新换的，衬管干净。但是，使用的色谱柱是

0.53mm 内径的，且又是不分流衬管，所用是标准的 SPL 标尺。岛津 GC-2014 分流衬管与不分流衬管如图 2-14 所示。

那么问题很可能出在这里。当使用 0.53mm 柱，且用不分流衬管时，进样口端伸入长度应调整为 15mm，而不是标尺的 34mm。因为不分流衬管的下部口径变细，当大口径柱子伸入长度较长时，可能会导致总流量降低，从而压力调节不稳定。换为分流衬管或者下拉至 15mm 长度后，压力可以稳定。

图 2-14　衬管

（3）小结　遇到的两个问题，虽然表面上都是压力波动，但一个是因为样品性质问题和相关维护不足，另一个则是未按照厂家规范要求，使用的衬管、色谱柱和标尺不匹配造成的。可见有些故障原因本身就具有多样性。

2.3　分离系统的排查及维护保养

2.3.1　有机磷色谱柱保护小妙招有哪些？

问题描述　气相色谱柱是气相色谱仪的核心部件之一。有机磷农药多用中等极性色谱柱来进行分离，但是用一段时间后，色谱柱会有一定污染，而色谱柱的失效是不可逆的，所以需要对色谱柱进行保护，那么保护色谱柱的小妙招有什么呢？

解　答

（1）色谱柱的问题——易污染　气相色谱仪检测样品中有机磷农药残留时，NY/T 761—2008《蔬菜和水果中有机磷、有机氯、拟除虫菊酯和氨基甲酸酯类农药多残留的测定》是个非常经典而常用的方法。可是应用这个前处理方法时，检测有机磷农药残留的样品没有净化，所以对进样系统和色谱柱的污染也比较大。而有机磷农药对污染比较敏感，比如氧乐果、乙酰甲胺磷等极性较强的农药不但会影响响应值，甚至可能不出峰。

色谱柱污染后，由于多是不易挥发的污染物，老化往往没有什么效果，只能切割色谱柱。但是色谱柱切割到一定程度就会影响分离度。比如色谱柱切割两米后发现，毒死蜱和甲基对硫磷就分不开了。这种时候就只能在配标液的时候进行分组，当样品被检出，无法判断是哪一种农药残留时，有个小妙招，可以很好地对色谱柱进行保护，还可以增加分离度，降低判定的难度。

（2）保护妙招——安装预柱　在色谱柱的进样口接 2m 的保护柱，用色谱柱接头工具，将分离度差的色谱柱，从接检测器端截了 2m，接在色谱柱的进样口端。连接很简单，从接头两端把要连接的色谱柱插入就好，插紧后，再使劲拉下色谱柱，确认已连接好；再把色谱柱正常接入仪器进样口。

试用后，发现 2m 的保护柱能够很好地保护柱子，除了能够很好地分开毒死蜱和甲基对硫磷外，还可以排除在检测花菜和包菜时的氧乐果、乙酰甲胺磷或者甲胺磷的假阳性峰。而用了大约半年后农药的响应普遍变小，更换衬管或清洗进样口，响应也不能恢复。故将 2m 的保护柱整体更换。更换后，响应恢复，而且农药的保留时间基本保持一致。

综上所述，加 2m 的保护柱和在衬管中加少许的玻璃毛可以很好地保护色谱柱。而且整体更换保护柱，可使农药维持稳定的保留时间，方便定性，且不用频繁老化色谱柱，节省不少时间。

2.3.2　如何清洗分流出口管路污染?

问题描述　当分流出口管路被污染时，常会造成样品色谱特征的变化，如导致峰不对称、峰面积差异大等。例如安捷伦的 7890A 气相色谱仪，配备了 7693 液体自动进样器和分流/不分流进样口，检测器为 FID+ECD，主要用来进行农药含量检测。做样时发现一个成熟的已经做过多次的样品，内标法中标品峰面积百分比差异很大（因为是单一目标物和单一内标，所以面积百分比直接关系着面积比），相邻几针从最低 40% 跳到最高 47%，根本不能使用，可能是分流出口管路污染了。分流出口管路污染后如何清洗？

解　　答

①　换进样垫　由于峰面积差异大，那很可能是进样垫出问题了，随即换上新的进样垫，进样后发现故障依旧，峰面积还是差异大。

②　换 O 型圈　换新的，故障依旧。

③　清洗分流平板　检查分流平板，拆开后发现分流平板接头处有很多白色粉末，像是玻璃面碎屑。这些白色粉末可能导致进样口轻微漏气，进而导致平行性差，可用棉签擦拭清理。

发现分流平板很脏了，更换一个新的。可是清理更换后，故障依旧；此时可考虑更换石墨垫。

④ 更换新的石墨垫　难道是进样口石墨垫漏气了？随即更换了一个新的石墨垫，进样后故障依旧。而且，峰面积忽大忽小，后来溶剂峰居然没有了，原有出峰位置只有一个很小很小的峰，而目标峰和面积峰确是有的。

⑤ 检查色谱柱　通过仪器面板进行进样口和分流出口捕集阱漏气检查，都通过。进样口该换的都已换，是否色谱柱有问题呢？拆下检测器端色谱柱，放入洗针瓶中，打开柱流速，正常，有气泡，说明色谱柱没断。

⑥ 更换色谱柱　再次检查进样口，发现了问题，色谱柱插入石墨垫太长，柱头在衬管中部，这样会导致分流时，低沸点的溶剂直接从分流出口跑了。沸点稍高的样品中内标会部分进入到色谱柱，导致溶剂峰消失。为了排除色谱柱有微裂微漏情况，随即更换了根色谱柱，溶剂峰是出来了，可故障依旧。

⑦ 更换进样针　峰面积差异大，那也可能是进样针有问题，取下推杆发现推杆确实脏了。直接换了个新针测试，故障依旧。

⑧ 清理进样口　准备再次检查下进样口，发现进样口下方有很小的进样垫碎屑，用棉签可以捅出不少。莫非是碎屑挡住了进样垫吹扫？为了排除进样垫吹扫被碎屑堵上的可能，拆下进样垫吹扫的电磁阀端，进行反吹。

⑨ 清洗气管接头　反吹后，仪器又提示压力未就绪，这时发现压力高于设定值，降不下去了。设置的 15.15psi，实际有 16.24psi，在压力波动时看各个模块的流量，分流出口流量不稳定，因为分流出口流量不稳，导致进到色谱柱的样品量不同，所以导致面积比有差异。通过设置进样口和分流比，仪器能自动调节压力和流量，那问题很可能出在分流出口管线上。

取下进样盘，抱下进样塔，拆下盖子。拧下进样口分流出口铜管的螺母后，发现铜管像卡死在分流出口接头上。慢慢地拧松管子，取下来后，发现管子接头处都黑了。

⑩ 清理分流出口接口　由于在仪器上不好清理接口，因此直接取下进样口，用削细的棉签杆、棉花、细线等清理接口。顺便更换了一个分流出口捕集阱（没没用的，从后进样口拆了一个），并换上一段新的分流出口铜管。一步一步慢慢装回仪器，注意别忘记插进样口的加热包传感器线缆，装回进样盘，装好进样塔，开机，设置好序列，进样。压力很稳，进样后压力只有 0.02psi 的波动，然后很快稳定。初步看了几针，面积比很好（面积百分比以 0.02% 的幅度波动），最后再汇总统计，10 针样品的面积比 RSD 在 0.2%，完全没问题。至此故障才排除。

2.3.3 色谱柱设置不当，或者坏掉了，该怎么判断并处理？

问题描述 色谱工作者常会碰到这样的问题，当分离不好的时候，是由色谱柱内径设置不当引起的，还是由色谱柱失效引起的，什么时候该换色谱柱，这些都该怎么判断并处理？

解　答

（1）色谱柱内径设置不当引起峰重合

① 峰重合　做蔬菜中有机氯残留的检测时，常用 VF-1ms（30m×0.32mm×0.25μm）色谱柱，进标液后发现有农药的峰与其他农药峰重合，检查气相条件与以前一样，柱流量与分流比也没错，氮气流速也正常，想到以前换过 VF-5 柱（30m×0.25mm×0.25μm），是不是柱设置有问题，在仪器面板上找到色谱柱型号，发现将柱内径输错，输成 0.25mm 了，改成 0.32mm 后，出峰正常，峰分离正常。

② 柱内径设置不当　当柱内径设置较小时，出峰时间提前，出峰较快，但峰有重合现象；内径较大时，出峰时间延后，分离较好，但从方法中看不出区别，柱流量均为 2mL/min，载气流量为 28mL/min，但出峰情况有较大区别。

（2）色谱柱失效

① 故障现象　瓦里安 450-GC，自动进样器，ECD 与 PFPD 检测器。DB-1701（30m×0.25mm×0.25μm）、VF-1ms（30m×0.32mm×0.25μm）色谱柱。

DB-1701 色谱柱购买于 2012 年 12 月，用其进行蔬菜中有机磷的检测，已有两年零八个月，每年做近四百个样品，总共做样品近千个，在刚做完的 80 个样品后，进 19 种有机磷标液，峰形难看且出峰很少，进 10 种有机磷只出 4 个峰，看来是柱效下降，又配毒死蜱与甲基对硫磷标液进样，正常情况两个峰相离很近，但能分离，现在只出一个峰，可见色谱柱的分离度也不行。

② 采取措施　换新衬管，老化色谱柱。卸下检测器端，以 5℃/min 的速率进行老化过夜，重新进以上两种不同标液，19 种、10 种标液出峰情况与上面一样，无多大效果，将色谱柱两端各截去 1.5m，安好进样，仍然是上面的情况。会不会是气相条件影响柱效，更换一根新购买的 DB-1701 柱，相同的标液小瓶，相同的气相条件，看出峰情况。

从结果看，用新 DB-1701 柱子时，以上三种标液出峰峰形尖锐，分离度好，由此判断 2012 年的 DB-1701 柱已经失效。

（3）结论 色谱柱安装后，要在仪器上设置色谱柱的型号，以便仪器计算柱压与线性流速。当柱压大且线性流速快时，出峰较快，分离度差；当柱压小且线性流速慢时，出峰较慢，但分离度较好，所以色谱柱型号对峰形与分离度也有影响。

色谱柱使用一段时间后，会受到样品污染，引起柱效下降，分离度降低，最终使得色谱柱失效，对于这种情况，要采取对色谱柱进行老化、割柱头等措施，还要在相同标液、相同气相条件下，与同型号的色谱柱进行峰形对比，来判断是否放弃这根色谱柱。

2.3.4　为什么使用氦载气频繁老化 5A 分子筛色谱柱？

问题描述　直接进样时，样气中水、硫化氢被 5A 分子筛色谱柱吸收，导致色谱柱使用不到一个月就需要老化，如何解决？

解　答

① 最佳的解决方案是技改色谱气路　用十通阀替换六通阀 1，增加一根 1m 长预分离柱，原检测器 EPC 尾吹气用于新增预柱反吹流路（图 2-15），此方法需要购买相关材料器件，由专业技术人员操作完成。

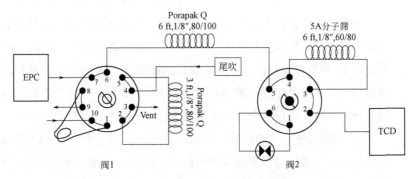

图 2-15　仪器技改方案色谱气路阀图

② 在进样口前串接乙酸锌-硅胶脱硫脱水净化管　此方法简单易行，缺点是净化管中空气不容易置换，导致样气中氩气、氮气组分偏高。

③ 调整阀切时间　首先把柱箱温度从原来的 80℃升高到 95℃，调整阻尼针阀，设置阀 2 为常开进样气，图 2-16 和图 2-17 中 CO_2 快要出峰前的时间为"时间事件"中阀 2 打开时间，H_2S+H_2O 峰出来后的时间为"时间事件"阀 2 关闭时间，重新设置"时间事件"中阀 2 的开/关时间，样气中水和硫化氢组分从检测器分离出来，从而保护 5A 分子筛色谱柱。

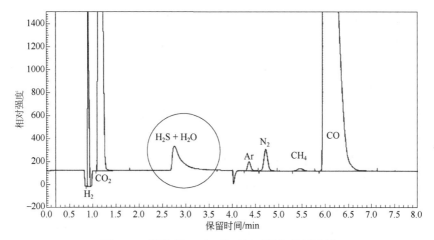

图 2-16　调整阀 2 开、关时间后样气分析谱图

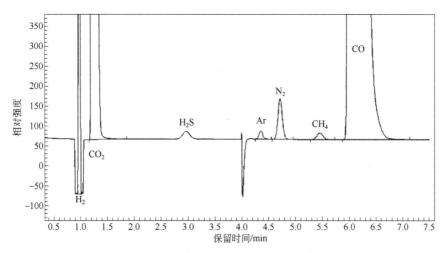

图 2-17　调整阀 2 开、关时间后标气分析谱图

2.3.5 色谱柱污染如何处理?

问题描述 检测防冻液样品后,色谱柱老化了很长时间,但进样的时候还是有峰把分析物的峰都盖住了。纯乙腈、纯氯仿、纯正己烷溶剂进样后,在相同保留时间内都出现了很多杂峰,判断是色谱柱可能被污染了。该如何处理?

解 答 从描述来看可能是污染了,但是不能确定是色谱柱被污染了,可以从以下几方面进行排查。

下面处理步骤中提到的每一个分析样品,均用污染前出峰正常的试样作为分析对象,每次分析不少于两个平行样,以真实反映排查步骤的效果。如果分析样品时问题有所减轻,则需要多次重复进样以最终确认。

① 维护进样口 更换新的进样垫、气化衬管,进样口温度升高 30~50℃。分析样品后如果仍出现相同的杂峰,则进行下一步。

② 色谱柱再生 如果色谱柱是毛细管柱,则将进样口端截去 15cm 左右;如果是填充柱,则卸下进样口端,检查填充柱内的石英棉是否有明显被污染的痕迹。

色谱柱检查完后进行高温老化,设定温度低于最高使用温度 10℃。设定合适的程序升温方法,老化 3~5h。

老化后问题仍不能解决的话则需要清洗进样口,分流进样口还需要清洗分流流路。因为清洗工作需要先将进样口、色谱柱拆卸下来,然后用大量溶剂清洗,因此最好咨询厂家工程师。

进样口清洗后污染仍然不能解决,可以使用溶剂清洗色谱柱。因为溶剂清洗色谱柱需要专用工具,操作也不简单,有条件的话更换一根正常的色谱柱。

下面为溶剂清洗色谱柱的部分知识,供学习参考。

用溶剂清洗毛细管色谱柱的方法,包括将要清洗的色谱柱从 GC 上卸下来,并将几毫升溶剂注入色谱柱中。溶剂清洗装置会连接到有压力的气源(N_2 或 He)上,压力会强制溶剂流过色谱柱。污染物会溶解在溶剂中,并随溶剂反冲出色谱柱。然后将溶剂吹扫出色谱柱,并对色谱柱进行适当的老化。

任何可溶于清洗溶剂的残留物就会从色谱柱中去除。如果仪器分析未卸下色谱柱,就注入大量溶剂,是起不到彻底清洗色谱柱的作用的,也不能从色谱柱中去除所有污染物。毛细管 GC 色谱柱只有具有键合和交联的固定相才可以使用溶剂进行清洗。若使用溶剂清洗非键合的固定相则会严重损坏色谱柱。

建议使用甲醇、二氯甲烷和正己烷，它们在大多数情况下效果不错。也可使用丙酮代替二氯甲烷，以避免使用含氯溶剂。

2.3.6 色谱柱使用过程中哪些因素会影响使用寿命？

问题描述　色谱柱是较贵的耗材。一根色谱柱使用的次数越多，时间越久，其分摊成本就越低，因此采取措施延长色谱柱的使用寿命具有重要意义。那么影响色谱柱使用寿命的主要因素有哪些？

解　答　影响色谱柱使用寿命的主要因素如下。

① 色谱柱破损　石英毛细管柱的聚酰亚胺层，如有少许破损就很难再保护脆弱的石英毛细管。柱箱连续地加热和冷却、柱箱风扇的震动和柱架等都会对毛细管造成应力，最终在色谱柱有弱点处破裂。大内径柱更容易破裂，也就是说，在操作 0.45～0.53mm 的内径柱时，要比 0.18～0.32mm 的内径柱更加小心。

如果已经断裂的色谱柱，仍在高温下连续运行或是作多阶温度程序运行，则很可能损坏色谱柱。因破裂的后半段暴露在高温氧气中，会很快地破坏固定相；而断裂的前半段，由于有载气流过，氧对其影响会小些。如果断裂的色谱柱没有再加热或只暴露在高温或空气中很短时间，则断裂的后半部分不会受到明显损坏，可考虑作为它用。

② 热损坏　超过色谱柱温度上限，会加速损坏色谱柱固定相和管表面，色谱柱的过量流失会使活性组分拖尾，柱效降低。一般热损坏是一个很慢的过程，但氧存在时，会大大加速热损坏。另外在漏气情况下，过热也会加速损坏或永久性损坏色谱柱。

③ 氧损坏　氧是毛细管柱的大敌，在接近室温下，氧不会对色谱柱有太大损坏，但柱温升高时会严重损坏色谱柱。对于极性固定相，即使温度和氧浓度很低，也会发生严重损坏。虽然短时间地暴露在空气中，如注射空气或更换进样垫，不会有太大问题，但也应避免。

气路漏气的地方（如气路、接头和进样器），往往是氧气进入的源头。当色谱柱加热时，就会很快地损坏固定相，会过早地引起固定液的过度流失，致使活性化合物拖尾，降低柱效。在不太严重的情况下，色谱柱还会有一定的分离功能，但柱效已经下降。在严重的情况下，色谱柱就会完全失效。

④ 化学损坏　有少数化合物会使固定相遭到破坏。不挥发性化合物，进入色谱柱常常会降低色谱柱的性能，但是不会破坏固定相，有条件时可以用溶剂冲洗

这些沉积的残留物而使其除去，以恢复色谱柱的性能。

要避免进入色谱柱的主要化合物是无机和矿物碱和酸，这些无机和矿物碱、酸不会挥发，通常积累在色谱柱的前端，如果使其停留在那里就会破坏固定相，使色谱柱过早地大量流失，使活性化合物拖尾，以及柱效下降，其征兆和热损坏及氧损坏类似。

由于化学损坏多发生在色谱柱的前端，所以可把色谱柱的前端切掉 0.5～1m，在比较严重的情况下，可以截去 5m 或更长的一段。使用保护柱可减小色谱柱被损坏的长度，但是需要经常处理或更换保护柱。酸或碱还常常会破坏石英管内的去活表面，因而引起活性化合物的峰形变坏。

⑤ 污染　气相色谱中，毛细管色谱柱被污染是很普遍的问题，不幸的是，它和各种各样常见的故障相似，常常被错误地判断为其他的故障。虽然被污染了的色谱柱并没有损坏，但已失去效能。通常有两种基本类型的污染物——不挥发性污染物和半挥发性污染物。不挥发性污染残留物不能从色谱柱里洗脱出来，而累积在色谱柱里，这样它就使色谱柱涂渍了残留物，因而影响溶质的分配。而且残留物还会和活性化合物相互作用，甚至造成峰的拖尾，减少峰面积。

活性溶质是指那些含有羟基或氨基和一些硫醇基及醛的物质。半挥发性污染物最后会被洗脱出去，但需要几个小时或几天时间，半挥发性污染物和不挥发性残留物一样，会引起峰形变坏和峰面积减小。此外，还常常引起基线不稳定（漂移、噪声增加）或出鬼峰等。

污染物的来源有许多，其中样品是最主要的来源。生物液体和组织、土壤、废水、地下水和类似的含有大量半挥发性物质和不挥发性物质的基体，即使使用净化方法，样品也会含有少许这些物质并带到注射样品中，几次到几百次进样就会造成残留物的积累故障。柱上进样、不分流进样和大口径柱直接进样等进样方法常常会造成上述色谱柱的严重污染。

污染物还会来源于气体管路、净化器、密封垫、进样垫的碎屑或其他与样品可能接触的物质，如样品瓶、溶剂、注射器、移液管等，这些类型的污染物可能会突然性地引起故障。

2.3.7　什么叫色谱柱老化？主要误区是什么？

问题描述　老化色谱柱是气相色谱实验员常做的一个操作，色谱柱没有老化或者老化不完全会引起很多问题，因此很多人养成了遇到问题先老化的习惯。然而实际应用中发现，很多人对老化这一问题存在诸多的误解，有时候老化不仅达不到效果，反而使情况更糟糕。为此，人们对老化的问题进行了一些归纳总结，逐一进行剖析。

解　　答

（1）老化的基本概念

"老化"一词在不同情况下有不同的含义，操作上也有极大的区别，这是首先必须明确的问题。

① 制备性质的老化　在制备色谱柱的时候，仅仅进行填充或者涂覆是远远不够的，还涉及到赶跑固定相中残留的溶剂和其他被吸附的杂质、去除分子量低和热不稳定的组分、使固定相均匀铺展、使固定相交联固化等多个步骤，这些步骤是制备色谱柱必不可少的，而且一般都在较高柱温下进行，习惯上称为"老化"。这里用"老化"一词具有种植农作物生长、老熟的类似含义。从这一意义上讲，对于一根色谱柱，制备性质的老化操作只会有一次，在色谱柱的整个寿命周期中不存在再次老化的问题。同时，这种老化操作也是十分麻烦的，不同色谱柱都有其特定的温度和时间要求，往往需要多阶的程序升温，进行交联固化操作对温度的控制更为严格，整个过程需要十几个小时甚至数天。

② 净化性质的老化　色谱柱在使用和保存的过程中会因为各种原因而吸附杂质，进而导致基线不稳定、分离选择性发生改变等问题，此时往往升高柱温使杂质脱附。这一操作在形式上与新制备色谱柱的老化过程很相似，因此也称作"老化"，但是在目的上两者是显著不同的，称作"净化"似乎更加合适。根据具体情况的不同，这种净化性质的老化又分为三种：a. 测试复杂样品时，目标物出峰较早，但是仍然要升温到较高的柱温，使其他高沸点组分流出色谱柱；b. 一段时间没有使用后，色谱柱在放置过程中吸附了空气中的杂质，再次使用前需升高温度排出吸附的杂质；c. 色谱柱在长期使用中逐渐积累了大量的污染物（来自载气、管路、样品、固定相自身降解等），需要升高温度运行较长时间，以使污染物完全排出。

（2）老化的主要误区

在明确了上述概念上的区别后，实际应用中的很多误区就能被纠正了。首先应该知道的就是，实验人员日常提到的老化操作，实际上都是净化性质的老化，目的是除去各种污染性的杂质，然后要根据杂质的具体情况选择最合适的老化温度条件。而制备性质的老化，目前是几乎不会用到的，因为现在基本上都使用商品柱，正规厂家的色谱柱在出厂前都是按最佳工艺条件老化好并经过严格测试的，不需要用户自行老化。下面收集了实践中常见的九个误区，逐一进行辨析。

① 新买来的色谱柱一定要老化过后才能用　这句话属于看书不仔细的以讹传讹，早期的色谱书籍里面写的都是：新制备的色谱柱必须老化后才能使用。以前商品柱不多，大部分都是使用人员自己装填填充柱，装填好之后必须自行老化，也就是前面提到的制备性质的老化。而目前普遍使用商品化的毛细管柱，出厂前都是老化并且测试过的，并不需要自行老化。试想一下，新买来的色谱柱打开盒子都能看到测试报告和谱图，要是没有老化好，谱图和测试结果哪来的？

那么是不是新买的色谱柱都能直接用呢？当然不是。运输、贮存过程中，色谱柱会吸附空气中的杂质，直接使用必然基线不平、存在鬼峰，需要进行净化性质的老化操作，也就是把杂质赶跑。但是这种净化性质的老化比较简单，按通常的使用情况进行连接和条件设置即可，柱温为方法要求的最高温度或者略高 10～20℃，至基线平直就好了，通常 1h 左右即可完成。

② 老化色谱柱时一定要断开并关闭检测器　这一说法并不完全正确，要看具体情况。虽然很多教材和专著上都有这种说法，但是要注意，其所说的老化也是特指制备色谱柱时的第一次老化，这时候会有大量固定相的杂质流出，如不断开检测器，则必然造成严重的污染。而对于净化性质的老化，断开检测器不是必须的，特别是对于 FID 这种检测器，老化时完全没有必要断开。因为 FID 是破坏性检测器，并且可以在很高的温度下使用，只要检测器温度略高于柱温，流出物就能完全燃烧掉，不存在冷凝、残留等问题。

不过还是要注意，实际应用中一定要具体问题具体分析，不能一概而论。当色谱柱污染较为严重，并且使用 TCD、MS 类检测器时，还是建议断开检测器进行老化。因为上述检测器属于非破坏性检测器，并且设置的温度往往不能太高，流出的杂质容易产生冷凝和污染。另外，在断开检测器进行老化时，一定要将不用的进样口、检测器等部件在柱箱内的接头堵死，否则流出的污染物会在柱箱四周冷凝，还是有污染检测器、进样口的风险。

③ 老化色谱柱一定要升温到标称的最高使用温度　这一说法同样是针对制备性质的老化操作而言的。聚合物固定相中往往含有一定量的低聚物，热稳定性低于高分子量的聚合物，如果不除去，使用时会严重的流失。因此对于新制备的色谱柱，必须要加热到足够高的温度并且保持足够长的时间，从而保证低聚物完全除去。而对于常规使用过程中进行的净化性质的老化操作，只要在方法要求的最高温度或者略高 10～20℃下跑到基线平直，就说明干扰测定的杂质已经完全被除去了，没必要使用更高的老化温度。经常在极限温度下进行老化是有损色谱柱

寿命的，并且有些厂家存在虚标最高使用温度的问题，切勿盲目地用标称的最高温度老化色谱柱。

④ 老化色谱柱一定要程序升温，并且要多次循环、老化过夜　对于新制备的色谱柱，是必须要逐渐升温老化的，因此往往设置多阶程序升温。因为新色谱柱老化涉及溶剂挥发、交联反应、排出残余低聚物等多个步骤，且每个步骤适宜的温度都不一样，如果一开始就升温到最高温度，结果往往是破坏涂层，导致色谱柱损坏。而对于常规使用，色谱柱的污染只要不是很严重，通常可以直接升温到设定温度，温度稳定后一般只需 20～30min，基线就开始表现出下降的趋势，多数情况下一两个小时后就能老化到基线平直了。如果长时间基线都不降低或者波动仍然很大，就应该考虑是否存在其他问题了，例如载气是否纯净、是否泄漏，除色谱柱外是否还有其他地方污染，检测器是否正常，等等。

至于多次循环的操作，其实是完全没有必要的，因为基线降低且达到平直已经说明色谱柱中的杂质被完全排出了。此时降温后空走一次升温程序，应该得到比较平直的基线，除了柱流失导致的基线少许抬升外，应没有其他杂峰。如果仍然存在明显杂峰或漂移，一般就不是色谱柱的问题了，往往更可能是进样口有污染或者隔垫有流失，此时应排查其他的问题，而不是继续盲目老化色谱柱。

但是同样要注意特殊情况，例如，当色谱柱污染很严重，吸附的杂质非常多时，老化最好要逐渐升温。因为大量杂质在高温作用下快速溢出时有可能破坏固定相的液膜；而且有些物质热稳定性比较差，快速升温时会出现还没来得及挥发就分解碳化的现象，一旦碳化就无法排出色谱柱了。对于分子筛、氧化铝、多孔聚合物等吸附型的色谱柱，高温排出杂质的速度比较慢，老化需要的时间比较长，例如，分子筛柱往往要在 250～280℃下老化 10h 以上才能完全除去吸附的水分。

⑤ 老化时要降低载气流速　这一说法也是针对新制备的色谱柱进行第一次老化而言的。因为刚刚涂覆好的色谱柱，其液膜还未均匀铺展，并且还没有交联固定，此时若使用很高的载气流速则可能导致液膜移动，使其变得厚薄不均，并且较大的载气流速还容易导致未交联的组分挥发损失。而常规使用中的色谱柱，进行净化性质的老化时，按正常条件设置载气流速即可，通常无须进行特别的改动。

⑥ 老化柱子一定要用氮气作载气　氮气是最常用的载气，但不等于只能用氮气作载气。老化的时候也是同样的，多数情况是可以用氢气或者其他载气的，而且往往氢气效果会更好。因为氢气的传质阻力小、线速度较高，有利于低沸点杂质排出色谱柱。但是对于色谱柱尾端与检测器断开的情况，显然不能用氢气作为

载气进行老化，因为氢气排入柱箱内部是十分危险的。对于一些特殊的色谱柱，载气的选择是有特定要求的，例如，分子筛柱用来测微量氧气时，就一定不能用氢气作为载气进行老化，否则会对氧气产生不可逆吸附；又如氧化铝柱表面需要吸附适当的水分才能有适中的分离选择性，因此在老化氧化铝柱时要用含有一定水分的载气。

⑦ 老化色谱柱的时候把进样口温度也设高一点，这样就可以一起老化　从原理上来说，这种做法没有问题，有时候不失为一种偷懒的窍门。当隔垫有少量流失，或者衬管有少量污染的时候，通过提高进样口温度烘烤是可以除去的。但实际做的时候常常会引起很多问题，因为这样进行烘烤时，杂质首先进入了色谱柱，如果保留较强，有污染色谱柱的风险。即使不会永久性污染，杂质排出的速度肯定也要比直接烘烤慢得多。所以在老化色谱柱的时候，进样口温度不应该设置太高。如果进样口存在污染，最好的办法是拆开后用溶剂清洗，然后在烘箱中烘烤干。只有在污染轻微并且短时间内无法进行清洗的时候，才用直接提高进样口温度烘烤的办法，这实属不得已而为之的下策，不宜经常使用。

⑧ 老化的时候打几针溶剂进去，这样可以把脏东西洗出来　注射溶剂有时候对于去除进样口的污染是有效的，但一般需要拆除色谱柱进行操作，此时会把污染物从进样口冲洗到色谱柱里面去，而且大量溶剂进入色谱柱也是不利的。弱极性溶剂，例如甲苯、氯仿等，对于固定相有一定溶解作用；强极性溶剂，例如甲醇、乙醇等，会促进固定相的分解。即使是目前比较先进的交联键合固定相，在大量溶剂的作用下，稳定性也有所降低。特别是在老化色谱柱时，柱温很高，固定相更容易与注入的大量溶剂发生反应。曾经有人试验过，wax 柱在柱温 100℃时注入 0.5μL 甲醇，检测到的柱流失会显著大于空白水平。可以想象，在更高的柱温下注入大量溶剂，对色谱柱的损坏肯定是更大的。

⑨ 老化可以恢复色谱柱的性能，效果不好的时候先老化再说　这一观点是很多实验员的经验总结，因为很多问题都是由没有老化色谱柱造成的，大量问题在色谱柱老化后都能获得改善。但是切勿陷入经验主义、教条主义的误区。再次强调，日常使用中，老化的作用是除去残留在色谱柱中的杂质，因此大部分由杂质残留引起的问题是可以通过老化解决的。其他原因产生的问题却不行。例如，基线漂移大、噪声大的问题有可能是由载气不纯或漏气引起的，此时如果盲目进行老化，反而会进一步损坏色谱柱。色谱柱高温损坏后也会表现为噪声大，这是由固定相分解造成的，此时如果还盲目高温老化，无异于雪上加霜，只会让损坏更加严重。即使是由杂质残留引起的问题，也不是所有残留物都能通过高温除去。

对于无机酸、碱、盐、大分子有机物等沸点极高的残留物，一般只能通过截去柱头来解决，如果盲目高温老化，只会导致固定相进一步分解、残留物碳化等更严重的问题。总之，遇到问题一定要找到关键，认真分析原因，做到对症下药，切不可盲目听信万能偏方。

2.4 检测系统的排查及维护保养

2.4.1 GC 14A 气相色谱仪 TCD 常出现的故障是什么？如何解决？

问题描述 TCD 是气相色谱仪常用检测器之一。但 TCD 故障往往不易准确判断，处理不当还会扩大故障部位。如果排除电路和气路方面的原因，还有 TCD 常见的三种故障现象，如何进行解决？

解　答 岛津 GC-14A 气相色谱仪 TCD 常出现三种故障，如开机后基线不稳，基线调零点不稳定，开机后不能调零等，这三种故障的处理方法如下。

（1）开机后基线不稳，噪声大或基线严重漂移　故障分析：可能是 TCD 被污染，从 TCD 工作时长可粗略推断 TCD 受污染的程度。

处理方法：对于轻微污染，可将 TCD 的气路进口和出口拆下，用 TCD 注射器依次将丙酮、无水乙醇和蒸馏水从进气口反复注入，5～10 次，用吹气球从进气口处缓慢吹气，吹出杂质和残余液体，然后重新装好进、出气口接头。开机后将柱温升到 200℃，检测器温度升到 500℃，通入比分析操作气流大 1～2 倍的载气，直到基线稳定为止。对于严重污染，可将出气口用闷头螺帽和硅橡胶封住，从进气口注满丙酮后封闭进气口，保持 8h 左右，排出废液，然后按上述轻微污染方法处理，一般即可恢复正常。

（2）开机后基线调零点困难，或调整后难以稳定　故障分析：可能是热丝元件引出线接触不良。

处理方法：每根热丝元件引出线都在紧固螺帽处用手触动一下，若基线大幅度摆动，可肯定是引出线接触不良。将 TCD 池体从主机上拆下，修好后，再开机观察并调试。

（3）开机后 TCD 检测器无法调零

故障分析：可能是热丝元件烧断。

处理方法：热丝电阻在 23～28Ω 之间，在主机上部接线架上测量热丝阻值即可。热丝烧断的原因主要有以下两个。

a. 仪器使用时间过长，热丝自然损坏；

b. 操作人员在打开热丝电源前，没有通入载气，或因气路漏气将热丝烧断。热丝烧断只能请维修人员更换。需要说明的是，一旦出现故障，操作人员一定要与维修人员取得联系，共同分析和处理有关故障，切勿自己处理，以免故障扩大。

2.4.2　如何解决气相色谱仪进样器通信错误？

问题描述　2010 年 3 月投用的瓦里安 450-GC，在用了两年后，出现"未找到注射器座传感器"与"进样器通信错误"。2015 年问题越来越严重，一天能出现三四次"进样器通信错误"的信息，而且出现的时间不定，出现报警后，色谱停止工作，每次都需要重启。

解　答

（1）厂家上门维修、技术会诊　经过与天美公司联系，天美公司派工程师上门对进样器进行了检查，也对进样器各部件进行了保养，但不能确定故障原因，只能继续观察使用。天美公司就故障进行内部技术讨论，认为有以下几点可能。

a. 进样器皮带原因，因为皮带使用时间较长，可能会因室温高低出现皮带拉不到位情况；

b. 进样器里三块电路板有问题，某个部件接触不良；

c. 进样器与主板连接的连接线接触不良；

d. 主板上的通信端口接触不良。

（2）更换新的自动进样器和通信线　按照天美公司分析的原因，首先对自动进样器进行排查。天美公司提供一个全新的自动进样器，将自动进样器整套换下来。如果不再出现此类故障，则说明是自动进样器的原因；如果还出现此类故障，则说明主板有问题，可能要换主板。

在新自动进样器安装过程中发现自动进样器的连接线接不上，新自动进样器带的通信线接口不匹配，无法接到气相主板上。然后天美公司提供新的与原主板匹配的通信线。更换新的数据连接线后，用程序升温进行试验，不停进样两周，故障没有出现；用快速程序来试验，恒温程序，进样一天一夜，故障未出现。

但是这样还是无法准确判断通信线或者自动进样器的问题。然后用新的通信线，换回原来使用故障频发的旧自动进样器，同样的条件进行进样试验，故障没有再次出现。

（3）总结　通过此次故障解决，说明三个问题。

一是当故障不好判断时，厂家应该积极面对，拿出切实可行的解决方案，即使这个方案可能是亏钱的，但一旦问题解决，厂家就积累了维修经验，下次就能直奔主题，一下解决问题。

二是客户与厂家要积极配合，多方试验，多做记录，提高动手能力与解决问题的能力，以后再出现这个问题时，客户可提出解决方案，也能节省时间。

三是硬件故障排查时，通过逐个判断的方法最直接有效，不要一次更换多个零部件，不然就算故障解决了也不好准确判断故障原因，还增加运行成本。

2.4.3　衬管对农残响应值有何影响？

问题描述　样品从注射器打进仪器后，样品中的成分在气化过程中，首先要和衬管以及衬管中的石英棉接触，如果衬管和石英棉本身不干净，其附着的杂质则容易与待测物相互作用，使之产生吸附、催化降解等过程，从而直接影响分析结果的稳定性和准确性。不同的衬管对农残响应值有何影响？如何选择合适的衬管？

解　答　衬管有十多种，有直通的，有收口的，有杯状的，有填玻璃棉的，不同的进样口所使用的衬管也不一样，进样口大体上分为：填充柱进样口、闪蒸进样口、柱上进样口、分流/不分流进样口、PTV 大体积进样口，如图 2-18 所示。经常使用的是分流/不分流进样口，本文就分流/不分流进样口的使用和选择进行介绍。

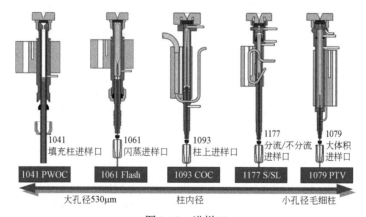

图 2-18　进样口

既然衬管很重要，那么不同厂家的衬管，出峰情况如何，峰响应值会一样吗？以不同衬管的详细试验比对，得到以下谱图。

特别说明一下，此试验不是为证明衬管谁优谁劣，而是提醒读者在遇到类似痕量样品检测时，需要考虑衬管本身的系统因素，适当提高最低检测浓度是比较靠谱的方法，同时如果是检测含硫的农残组分，进样口还需要考虑为纯惰性进样口。

（1）不同厂家不同颜色的衬管　此次试验，选取了四家的衬管：分别是A家，V家，R家，T家。所选取衬管皆为新衬管，第一次进样，进样口为1177S/SL。

（2）不同浓度的出峰情况　选取了6种标液来测试衬管对峰响应值的影响，丙溴磷、乙酰甲胺磷、氧化乐果、乐果、甲基对硫磷、马拉硫磷等，其中重点考查乙酰甲胺磷的出峰情况，其分子式为：$C_4H_{10}NO_3PS$，具有较强活性，配制浓度为1μg/mL，用V家的棕色高惰性衬管进样，6种组分峰形尖锐，出峰齐全；接着配制浓度为50μg/L，同样的衬管进样，乙酰甲胺磷不出峰，其他5种出峰齐全（图2-19）。

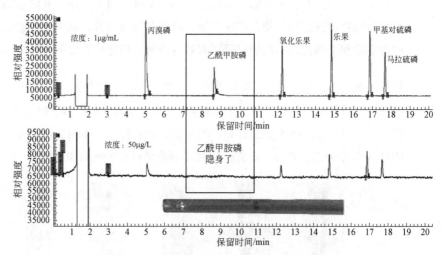

图2-19　V家的棕色衬管，进6种混标的谱图
（1μg/mL时各组分出峰正常，50μg/L时乙酰甲胺磷不出峰）

试验条件如下：PFPD检测器250℃，进样口250℃，柱温初温为100℃，8℃/min升到250℃，保持10min，CP8400自动进样体积1μL。

（3）不同衬管的峰响应　从上面试验可以看出，6种混标浓度为1μg/mL时，峰形尖锐，出峰齐全，当浓度降为 50μg/L 时，乙酰甲胺磷不出峰，那么就以浓度为 50μg/L 为标准，试验各种衬管的峰响应情况。

相同的气相条件下，用不同的衬管进 50μg/L 的 6 种混标，测试的峰响应值如下。

a．A 家白色高惰性衬管，50μg/L 时乙酰甲胺磷出小峰，其他出峰正常。

b．V 家棕色高惰性衬管，1μg/mL 时出峰正常，50μg/L 时乙酰甲胺磷不出峰。

c．V 家石英棉衬管，乙酰甲胺磷与乐果出峰较小，氧化乐果不出峰。

d．R 家蓝色高惰性衬管，50μg/L 时乙酰甲胺磷出小峰，氧化乐果的响应值较小。

e．T 家衬管，50μg/L 时乙酰甲胺磷出峰，与其他家衬管相比，氧化乐果响应值较小。

（4）不同进样口温度的峰响应值　考虑到样品组分可能会在较高气化温度下分解，所以其他气相条件不变，仅仅改变进样口温度，峰高会不会有变化？采用 T 家的衬管，6 种混标浓度为 20μg/L，将进样口温度由 220℃降为 150℃，进样口温度降低后，峰高略小些，如丙溴磷在进样口温度 220℃时，峰高为 24，进样口降为 150℃时，峰高为 20（图 2-20）。

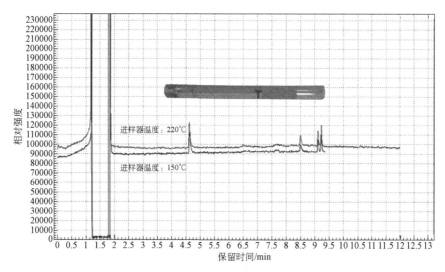

图 2-20　不同进样口温度的色谱图

（5）不同 Tick-Tock 值的峰响应值　采用 T 家衬管，进样口温度为 150℃，调节 Tick-Tock 值，由试验可知，当基线在 120mV 时，乙酰甲胺磷与氧化乐果是不出峰的，把基线调到 60mV 时，这两种组分可以出峰。

（6）总结

a. 由于农药基质不同，即使衬管和气相条件相同，各组分峰自身的响应值相差也较大，比如峰响应值较大的是甲基对硫磷、马拉硫磷、乐果、丙溴磷等，峰响应值不大的是氧化乐果、乙酰甲胺磷等。如果浓度够大，比如为 1μg/mL 时，这 6 种混标都会出峰，但 50μg/L 时，氧化乐果很小，而乙酰甲胺磷就不出峰了。

b. 不同进样口温度对出峰情况影响不大，峰高差别不大，所以改变进样口温度，来提高峰响应，效果不明显。

c. 采用不同的衬管时，各组分峰响应值也各有不同，甲基对硫磷、马拉硫磷、乐果、丙溴磷等 4 种标液，在不同衬管上峰高峰面积相差不大，但是氧化乐果、乙酰甲胺磷有差别，各家的衬管在进 50μg/L 的乙酰甲胺磷时，有的不会出峰，有的可能第 1 针出峰，但第 2 针就不出峰了，氧化乐果的响应与乙酰甲胺磷响应值不同，有的衬管乙酰甲胺磷不出峰，但氧化乐果响应值高，有的衬管乙酰甲胺磷出峰，但氧化乐果响应值较低，所以选择衬管时要根据试验侧重点来选择。

d. 众多衬管选用时，主要还是根据应用的具体情况来选，主要考虑的有衬管的体积、活性和填充物三个因素（表 2-1）。

表 2-1 溶剂的膨胀体积（以二氯甲烷为例）

1177 S/SL 衬管	容量/μL	温度/℃	进样量/μL	溶剂	溶剂膨胀体积/μL
分流-单鹅颈	900	280	1	CH₂Cl₂	390
分流-单鹅颈	900	280	1.5	CH₂Cl₂	585
分流-单鹅颈	900	280	2	CH₂Cl₂	780
1079 PTV 大体积进样衬管	容量/μL	温度/℃	进样量/μL	溶剂	溶剂膨胀体积/μL
直通 3.4mm	454	280	1	CH₂Cl₂	390
直通 3.4mm	454	280	2	CH₂Cl₂	780（已超载）
直通 2mm	157	280	1	CH₂Cl₂	390（已超载）
直通 2mm	157	280	2	CH₂Cl₂	780（已超载）

从体积因素来讲，衬管体积和样品溶剂瞬间气化后的体积变化非常重要，如果衬管体积太小，将会发生样品倒灌和样品损失的情况，这时就出现了即使增大进样量，响应值却没有明显增加的情况，简单讲就是"超载"。

从活性上来讲，市面上的分流/不分流活衬管脱活和不脱活的都有，也有脱活好坏的差异。所以衬管有金色的、蓝色的、无色透明的等，购买之前人们需要问清楚是否是灭活衬管，这很重要。衬管灭活的作用是防止活性样品组分的吸附，尽可能减少热不稳定化合物的降解。

从填充物来讲，填充物常常是灭活的玻璃棉，它的主要作用是增加衬管的表面积，形成扰流线路，有助于样品的均匀气化和挥发性样品组分的保留，同时也有阻挡、隔离进样垫碎屑的作用。对于要求高灵敏度的痕量检测，为减少吸附甚至不填充玻璃棉。

相同条件下，对于 PFPD 检测器，如果调节 Tick-Tock 值，使基线与响应值处于最佳状态，则可以提高峰响应值。

2.4.4 如何解决色谱仪联机故障？

问题描述 安捷伦 7820A 气相色谱仪，出现了一个仪器通信故障。可用电脑上的模拟面板对仪器进行操作，方法可以下载到仪器，但是仪器上的参数上传不到软件，导致仪器就绪之后，软件显示未就绪。而且原来电脑软件上显示实际值和设定值，目前只有设定值，没有实际值了。是不是软件在不经意中被更改了，或者说是电脑中毒了？

解　答 色谱通信故障不能联机是工作中很常见的问题，当出现色谱仪通信故障时，可以按照以下步骤进行排查。

（1）重新启动　关闭工作站软件，重新启动计算机和色谱仪。如果是通信不畅导致的问题，基本可以通过重启来解决。

（2）检查通信设置和系统设置　现在市面上常用的色谱仪通信端口有网口、RS232 串口、串口转 USB 口等。网口检查网络设置、网关设置，串口检查 COM 口的对应是否正确，检查网络驱动、串口驱动是否被禁用或者被更改。在工作中，因为设置问题造成不能联机的故障很多。

如果色谱用计算机安装了杀毒软件、360 卫士等系统工具，则检查与色谱通信相关的插件是否被隔离、禁用或者误删除。色谱用计算机最好不安装这些类型的系统软件，一是影响运行速度，二是很容易出现冲突，进而导致色谱工作站不能正常使用。

（3）检查通信线路　关掉计算机、色谱仪，拔掉电源，将所有通信连线依次重新插拔。这样可以排除因为接触不良、松动导致的通信故障。如果使用了其他转换设备，比如 COM 转 USB 口、USB 转 COM 口、USB 转网口等，则可以更换新的或正常使用的转换设备予以排除。

（4）排查硬件故障　如果从工作站、通信线路、系统设置、插件驱动等方面找不到最终原因，则需要联系仪器厂家工程师以排查电路板的问题。在工程师的指导下，一般都能够最终确认是否是色谱仪硬件的故障。

2.4.5　GC-FPD 测定微量有机硫和有机磷物质时灵敏度异常，如何维修?

问题描述　FPD 在分析含磷、硫的化合物时选择性好和灵敏度高，因此 FPD 被广泛地应用于含磷、硫化合物的检测分析。但是在 FPD 使用过程中，人们经常遇到检测器响应方面的故障，如不能点火、灵敏度降低等。如果灵敏度异常，则如何维修?

解　答　用 FPD 测定有机硫时，检测器内部气体流量较小（140mL 左右），密封问题的影响较大。测定有机磷时，气体流量大（200mL 左右），密封问题的影响较小。

由 FPD 硬件结构推断，可能在漏气的情况下，火焰偏离了检测器内部光轴，即偏离 A 点（图 2-21，怀疑火焰位置会偏高），那么火焰经透镜聚焦之后的光斑就会偏离光电倍增管，造成灵敏度降低。

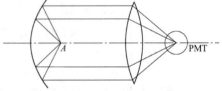

图 2-21　检测器内部示意图

（1）出现故障　使用岛津 GC-2014C，FPD 测定环境空气中微量有机硫化物和有机磷农药残留分析。实验结果表明，有机硫灵敏度较低。

有机硫分析条件如下：色谱柱 Rtx-1 30m×0.53mm×1μm，柱流量 5mL/min，分流进样，分流比 20∶1，进样口温度 200℃，检测器温度 280℃，柱温程序为 40℃恒温，氢气流量 60mL/min，空气流量 80mL/min，样品为 10μg/mL 有机硫（硫化氢、二甲二硫、甲硫醇、甲硫醚），进样体积 1mL。

惰性六通阀进样硫化氢出峰甚小，几乎刚刚检出。虽然有分流比的问题，但是这样的检出能力显然是不正常的。

（2）仪器的检查和诊断　考虑到硫化物分析的特殊性（多种有机硫组分容易产生吸附等问题，检出限会受多种因素影响）、决定先试验有机磷分析项目。

① 测定有机磷　首先将检测器的滤光片更换为 P 滤光片，检查维护进样口、进样垫、衬管，更换色谱柱，有机磷分析条件如下：色谱柱 Rtx-5 30m×0.32mm×0.5μm，柱流量 1.5mL/min，进样方式为不分流进样（进样时间 1min），进样口温度 220℃，检测器温度 290℃，柱温程序为 40℃保持 1min，40℃/min 升至 200℃，

10℃/min 升至 280℃，保持 10min，氢气流量 80mL/min，空气流量 120mL/min，样品为 0.1μg/mL 有机磷混标 1μL。

有机磷出峰色谱图见图 2-22。

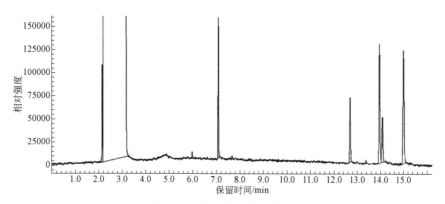

图 2-22　有机磷出峰色谱图

有机磷分析的信噪比较好，检出限也没有问题。至此可以基本排除仪器气源和检测器硬件问题。

岛津的 FPD 灵敏度降低，大部分是由于气源不良，尤其是氢气和空气不良。实验室现在多采用氢气发生器和空气发生器作为气源，发生器往往也会成为污染源。尤其是某些空气发生器，号称无油压缩机，但其实内部就是一个冰箱压缩机，维护不足就会释放油蒸气至空气出口，造成 FPD 灵敏度降低甚至不出峰的故障。氢气发生器维护不足，亦会有类似问题。

FPD 测定微量硫和微量磷时，除滤光片不同外，其他所有电器硬件机构都相同，既然测定有机磷没有问题，那么仪器的电器硬件系统（FPD 放大板、光电倍增管、高压）应该没有大问题。

② 问题发现和处置

a. 换 S 滤光片：将 S 滤光片换回，色谱柱不变动，按照仪器出厂验收的标准方法进样（十二烷硫醇标准品），标准品可以出峰，但灵敏度不高。

多次重复试验过程中，发现了一个问题，仪器点火电平跃变不太正常。FPD 点火之前，进行检测器的零点释放操作，观察输出电平，大致有数百微伏。点火之后再次观察，输出电平只有几万微伏，比正常的点火电平跃变低了一个数量级。

b. 紧固检测器上盖螺栓：用玻璃片检查 FPD 的出口，可以观察到水雾，确认火焰是存在的。困惑之下，试探检查一下检测器的燃烧室部分，拆解检测器上盖的时候，发现上盖的紧固螺栓并未旋紧。旋紧螺栓，再次点火测试，电平跃变幅度正常，达到数十万微伏。

之后进样测试，十二烷硫醇出峰正常。再恢复色谱柱连接，进样微量有机硫样品，出峰正常（关键看 y 轴，10μg/mL 硫化氢的信噪比达到 10000 左右）。

看来是 FPD 检修的时候，没有装配良好，造成检测器密闭不良，进而造成故障。

2.4.6 基线噪声大，检测器内部如何维修？

问题描述 气相色谱基线噪声大是最常见的故障之一，原因有很多，比如空气流量大，火焰抖动；气源不纯，含烃类、硫、磷杂质；进样口玻璃衬管过脏；色谱柱受污染或柱流失严重；样品基质过于复杂；喷嘴过脏等。但有时可能是由检测器内部点火线圈、石英燃烧管造成的，如何进行维修？

解　答 基线噪声大的原因有很多，如果排除了进样口、气体纯度、色谱柱等的原因，则从检测器内部找原因。

（1）出现故障　瓦里安 450-GC，有 ECD、PFPD，100 位自动进样盘。这台气相色谱的基线，ECD 在 1mV 以下，PFPD 在 2mV 以下，但开机后发现 PFPD 基线在 9mV 左右，进丙酮后基线也比较粗大，开始查找原因。

（2）解决方法

a. 衬管受污染或进样垫漏气？更换新的衬管与进样垫，故障依旧存在。

b. 色谱柱已污染？将色谱柱与检测器一端拆下，老化色谱柱后看基线（9～17mV），故障依旧存在。

c. 检查空气与氢气干燥管，氢气干燥管正常，将空气发生器中两支活性炭管中活性炭更换为新的，基线 9～2mV，有效果但不明显。

d. 会不会是空气与氢气配比不对，造成基线粗大。调节空气与氢气配比时，要调 Tick-Tock 值，Tick-Tock 模式说明点火室气体充满的速度较燃烧室更快。解决方法是降低进入点火室气体的流速或增加进入燃烧室气体的气速。

Tick-Tock 的正常操作是：要降低点火室气体充满的速度，在观察基线的同时，慢慢关闭空气 2 流量控制器，直到噪声突然降低。然后，再打开空气 2 流量控制器 1/10 圈或稍多一点。

要提高燃烧室气体的充满速率，逆时针慢慢打开分流阀，同时观察基线。当脉冲变得正常且背景噪声不变时，再旋转分流阀 1/2 圈。

顺时针还是逆时针调 Tick-Tock，要根据实际需要，现在是想基线变小，则应该逆时针旋转，当调到255mV时，针阀已经拧到底，相应值不再降低，咨询工程师后换新的衬管与色谱柱，再调节 Tick-Tock 值，可是依然调不下去。

e．拆卸检测器，再次咨询工程师，其让拆开 PFPD，看看喷嘴是否脏了。

f．更换石英燃烧管，从仪器带的配件 S 光片中取出喷嘴与新的玻璃管，更换下来的玻璃管清洗后仍不透明，已扔掉，换下来的喷嘴等工程师上门后清洗。重新按以上顺序安装，点火成功。稳定一天后，准备调节 Tick-Tock 值。第二天一进气相屋，没有听到啪啪的声音，这是 PFPD 正常工作的声音，检查检测器无电压输出，关机，拧下点火线圈，发现点火线圈断了。

g．更换点火线圈，用手拧上，点火成功。

气相稳定后，要调节 Tick-Tock，可逆时针旋转调到85～86mV。配制敌敌畏标液 1μg/mL，进敌敌畏标液，清除自动归零，显示 32mV，不断进针，查看敌敌畏的峰面积，如果峰面积变小，就顺时针调节以增大峰面积，经过几次调试，敌敌畏的峰面积变大，基线在 2mV 左右，调试成功。

2.4.7　如何检查 FID 放大器电路板?

问题描述　色谱仪安装的是 FID，如何确定是放大器出了故障呢?

解　　答　仪器在不点火并拔去收集极插头时，走基线就可判断和检查放大器是否正常。放大器基线，一般正常情况应该是噪声小于 1pA，漂移应小于 10pA/30min。在没有高阻的情况下，用手指轻触放大器输入端，应出现一个很大的信号，这是最简单粗略判断放大器是否正常的方法。

如果上述检查不正常，则要对电路进一步检查。高阻切换继电器和 AD549 集成运算放大器接线的假焊、虚焊，常常会引起放大器失常，可用小烙铁在各点焊处逐一烫焊来加以判断检查；放大器屏蔽铁盒内电路（主要是高阻）受到潮气将导致噪声增加；收集极离子信号线芯线较细容易碰断，往往造成信号不通和不出峰；极化极对地电压（极化电压）一般在 220～230V（有些产品设计为 250～300V），产生极化电压的高压稳压管损坏，就会使 FID 极化电压不正常，从而导致不出峰或色谱峰畸形，使用万用表测量极化极对地的直流电压就可检查出极化电压是否正常。噪声有时也会来自产生极化电压的高压稳压二极管，判断方法是去掉 220～230V 的极化点压，看噪声是否消除或减小，除了更换高压稳压二极管外，在极化电压230V 上串接一个 300kΩ 电阻，极化极对地再接一个 0.33μF/400V

电容，也可有效地滤掉来自高压稳压二极管的噪声。如果放大器有输出，但调零不起作用，则毛病肯定出在调零电位器或相应的连接线上。

2.4.8　FID 出现基线噪声和漂移问题时，怎么维修？

问题描述　岛津 GC-2014CAF/SPL，FID 噪声大，约 500μV，出峰响应正常，并且偶有基线下漂现象。

解　　答

（1）检查气源

载气为钢瓶氮气，检测器使用的是氢气发生器和空气发生器，检查发现氢气发生器和空气发生器的硅胶净化管大部分都已经变色，于是先拆下净化管，取出硅胶进行再生。再生方法是：使用托盘，将其和硅胶一起放入烘箱中，100℃下烘烤大约 1h。再生后放回，观察基线，噪声仍然没有改善。

（2）考虑进样口和色谱柱

咨询用户得知，进样口的进样垫和衬管换过新的，色谱柱也老化过，基线也没有变化。

（3）检查检测器

GC-2014CAF/SPL 的机型为双 FID，有相同的两套 FID 部件（图 2-23）。

图 2-23　检测器

最容易试的就是收集极，于是把另一路的收集极替换过来，测试，发现噪声明显变好，说明很可能是收集极污染。于是对收集极进行清洗。清洗步骤如下。

a. 仪器降温，关机，取下收集极。收集极见图 2-24，取下固定的六个螺丝见图 2-25。

图 2-24 收集极

图 2-25 取下固定的六个螺丝

b. 取下上部的绝缘陶瓷片，露出收集极的离子线。

c. 收集极拆开的零件如图 2-26 所示。两个陶瓷片将收集筒和离子线夹在中间，陶瓷片起绝缘作用，收集筒所收集到的离子信号由离子线传到放大板，所以收集筒和离子线应该保持干净、无污染，陶瓷片应该保持绝缘良好，否则都可能会导致噪声问题。

d. 将上述零件放入干净的烧杯，加入适当的溶剂进行清洗和超声。清洗、烘干各部件（离子线直接使用溶剂擦拭、晾干即可）后，复原收集极，测试噪声正常。之后用户反映基线漂移问题也未再出现，怀疑可能是由净化管所致。

气源净化管中耗材应该定期维护，收集极也应定期清洗，以避免一些基线问题的发生。

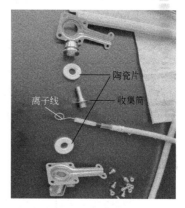

图 2-26 拆开的收集极

2.4.9 FID 点不着火，有哪些原因？

问题描述 气相 FID 的点火一直是个老生常谈的问题，现将 FID 点不着火的几个原因总结如下。

解 答

（1）气体流量不足或纯度低 原因有多个，氢气供气压力不足或控制阀故障；

喷嘴堵塞；色谱柱与检测器端有漏气；色谱柱安装位置太靠上，导致氢气不能从喷嘴喷出；

刚开始使用氢气发生器时，气路中氢气纯度太低。

（2）气体比例失调　现在很多厂家都有一个设定，就是在 FID 点火时会把空气故意放空一部分，目的就是使混合气体中氢气比例变大，容易点火。那么，如果放空阀故障或调节不当，则导致放出的空气少而余下的空气多，也可能导致点火困难。

（3）点火线圈断线或生锈　断线或生锈导致线圈容易理解，也最容易检查，其不能发红或暗红。

（4）喷嘴破裂　喷嘴破裂通常不易被发现，氢气是由喷嘴小口"急速"喷出的，如果喷嘴中间出现破裂，那么将可能导致氢气由喷嘴破裂处散出，氢气不能集中，点火变得困难，即使点着，也可能出现不出峰或出峰小的问题。

（5）氢气流量过大　氢气流量过大比较奇特，在某些仪器上遇到过。氢气的热导率较大，也就是带走热量的能力较强。当氢气过大时，氢气带走了点火线圈上的热量，结果导致线圈暗红，点不着火。

（6）系统误报　很多型号的仪器，系统可以根据信号值来判断点火是否成功，这样的原理有时会造成误报的问题。

例如岛津 GC-2014，氢气和尾吹气均为手动调节阀控制，点火后，如果在软件上选择"点火 OFF"命令，系统的判定是熄火，但是实际上因为气体未关，火是着的。如这时再去点击"点火 ON"命令，是无论如何也不会被系统判断为点着的。这时的解决措施就是，先实际关闭检测器气体，等火真正熄掉，再重新打开检测器气体，重新点火。

2.5　其他排查及维护保养

2.5.1　如何解决 ECD 基线高的问题?

问题描述　ECD 是一种灵敏度高、选择性强的检测器，当它使用时间较长时，样品组分的残留、色谱柱及进样垫流失的物质等均可能残留在 ECD 上，进而造成 ECD 被污染，使基线高。基线高如何解决?

解　答　基线高是气相常见的问题之一，基线高的原因有很多，如载气纯度低、检测器受污染、色谱柱受污染、进样口不干净等。当找到基线高的原因后，如何解决它？

（1）出现故障　瓦里安450-GC，PFPD、ECD，自动进样器。

① 有机磷检测条件　色谱柱DB-1701（30m×0.25mm×0.25μm）；温度80℃保持1min，以20℃/min的速度上升到130℃，再以5℃/min的速度上升到200℃，再以15℃/min的速度上升到250℃，保持11min；进样体积1μL；进样口温度250℃，不分流进样；检测器温度300℃；氮气流速30mL/min；柱流速2mL/min；空气流速17mL/min；氢气流速14mL/min。

② 有机氯的检测条件　色谱柱VF-1ms（30m×0.32mm×0.25μm）；温度80℃保持1min，以15℃/min的速度上升到280℃，保持10min；进样体积1μL；不分流进样；检测器温度300℃；进样口温度250℃，氮气流速28mL/min；柱流速2mL/min。

③ 配制有机磷标液　敌敌畏、毒死蜱、甲基对硫磷0.2μg/mL（图2-27），进正己烷溶剂（图2-28）的有机氯标液（氰戊菊酯、甲氰菊酯、三氟氯氰菊酯）0.2μg/mL（图2-29），进气相色谱测定。

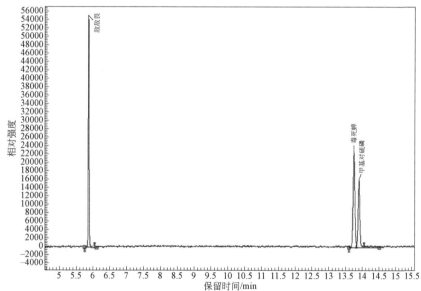

图2-27　敌敌畏、毒死蜱、甲基对硫磷的谱图

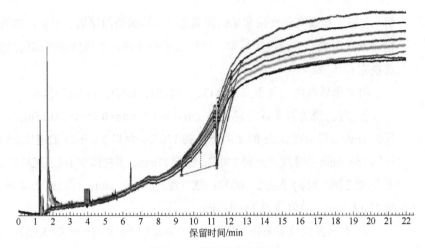

图 2-28　进正己烷的谱图

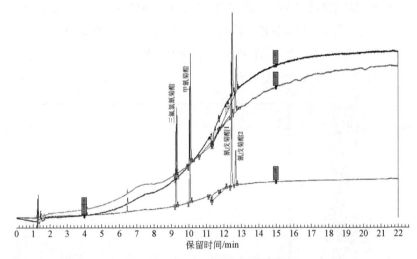

图 2-29　进三种有机氯标液的谱图

由图 2-27~图 2-29 可以看出，有机磷标液出峰正常，无异常，而 ECD 基线高，正己烷的基线高达 220mV，进 8 针后，基线仍高达 150mV，进三种有机氯标液，最高达 700mV，低的也在 150mV。ECD 基线会随程序升温的升高而升高，但基线也会在 10mV 左右漂移，基线高达 150mV 是不正常的。

（2）解决方法

① 检查衬管与进样垫　将衬管与进样垫都换成新的，重新进正己烷，基线有微弱下降，但下降速度小，因而不是它们的原因。

② 更换石墨垫　怀疑色谱柱两端的石墨垫漏气，造成基线高，将石墨垫更换

成新的，进样后基线也有下降，但仍在 100mV 以上，因而也不是它的原因。

③ 检查脱水脱氧管　查看气相色谱使用记录，发现更换了氮气，查看气相色谱上的脱水管，有效标识正常，可是脱氧管全部失效，说明氮气里氧气含量较高，引起 ECD 基线高。

④ 更换氮气与脱氧管　查找原因，确定是由氮气纯度不够引起的，购买新的高纯氮气，并购买脱氧管，之后再老化色谱柱与检测器。

⑤ 老化色谱柱　不接检测器，进样口温度 260℃，程序升温：50℃，保持 1min，5℃/min 升到 300℃，保持 1h，再以 20℃/min 降到 50℃，再升温，如此循环五次。每次后基线都会有所降低。进正己烷与标液，基线正常（图 2-30）。

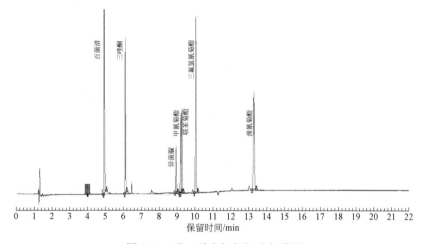

图 2-30　进 7 种有机氯标液色谱图

（3）总结　ECD 基线高，是由氮气纯度低引起的，用了一周时间去解决，给检测人员带来很大麻烦，它让我们学到了什么？

更换氮气供应商时，要慎重，要看其资质还有气体纯度。更换氮气时，一定要做好记录，出现问题时以便于查找，还要检查脱水管与脱氧管。当氮气不纯引起基线高时，要老化色谱柱与检测器，观看基线是否随老化次数逐渐降低，单独老化色谱柱时不接检测器，这样基线才会降到最低。

2.5.2　由多种原因造成的气相色谱仪问题如何解决？

问题描述　气相色谱仪用的时间久了，会出现灵敏度低、稳定性差、器件老化、气流不稳等问题，如果问题较多，那么维修起来就费劲了，有时问题不是由一种原因造成的，而可能是由多个原因造成的，那么如何进行维修？

解　答

（1）报修　瓦里安 450-GC，配有两个检测器 PFPD、ECD，两个进样口，100 位自动进样盘。2011 年购买，其间也有一些小毛病、小问题，通过电话咨询工程师，都能解决。最近出现了两个问题，让人头疼，只有报修。

a．前后两路 EFC21 进样口给 ECD 和 PFPD 使用，其中 ECD 的柱流量达不到设定值，一直出现报警信息，前 EFC21 压力超时，导致样品无法正常检测。

b．用来检测有机磷农药的 PFPD，灵敏度低，具体表现为将乙酰甲胺磷、氧化乐果、亚胺硫磷配成 1.0μg/mL 时不出峰，三唑磷、甲拌磷亚砜、伏杀磷配成 0.4μg/mL 时不出峰，而理想状态是这 6 种配成 0.2～0.4μg/mL 时都应该出峰。

（2）维修 EPC　拨打了 400 电话报修后做 20 多种农药残留，其他正常出峰，只有 6 种不正常，问题解决起来有些困难。

① 维修 EFC21 压力准备超时的问题　先维修柱流量达不到设定值。

a．检查柱参数设置、载气类型，对进样垫、色谱柱两端尺寸及柱密封垫检漏，未发现异常。

b．用电子流量计测量分流出口，无流量流出。怀疑从进样口到笔形过滤器的净化管气路堵塞，或者是 EFC 堵塞。将接笔形过滤器的净化管气路打开，用吸耳球吹气，流路通畅，将进 EFC 的气路螺母打开，看是否有气流进来，气路流通正常，重新安上后，故障依旧。

c．将柱箱门打开，用电子流量计测量进样垫吹扫流量，前后进样口的进样垫吹扫流量均为 1.0mL/min，正常。

d．排除了气路问题，工程师在软件上按原方法的参数重新建了一个方法，下载新方法后，柱流量很快达到设定值，问题解决了，原来是旧方法有问题。把电脑上的 360 杀病毒软件卸载，把新建方法上传到气相色谱仪上，再从气相上下载覆盖到旧方法，再次下载到气相上，一切正常。分析原因可能是原来 Galaxie 软件出现漏洞，或者是 360 杀毒软件可能恶意删除了软件的一些文件，或者修改了方法的文件属性等原因，导致原方法下载时柱流量始终达不到设定值而报错。

② 自动进样器的检查维护

a．针芯针筒维护：卸下进样针，发现针筒口与针芯都有黑色锈斑，其会导致进样针芯下行阻力增大，从而针芯受阻导致进样针芯扎弯的情况发生。

处理办法：把针芯抽出，在超声波清洗器里用溶剂超声针筒，并用滤纸来回摩擦，用丙酮加乙醇清洗，消除锈斑后重新装回。

b. 瓶传感器灵敏度调整：现象是自动进样器的瓶探测光斑（小红点）颜色很浅，几乎看不到了，CP-8400 自动进样器的瓶探测功能是采用光纤反射光探测样品瓶的，当发现在进样位置无瓶时则会提醒无瓶。

处理办法是：将自动进样器打开，检查皮带、齿轮及感应器，调节瓶传感器，让感应器的 6 个灯在有瓶时全亮，无瓶时灯熄灭，完成瓶探测传感器的调整。

（3）维修 PFPD 检测器灵敏度低，部分标液不出峰的问题　PFPD 进样口装的是高惰性棕色衬管，色谱柱是用了一年多的 VF-1701（30m×0.25mm×0.25μm），新进样垫及新石墨垫。

测定有机磷的方法如下。柱温：80℃保持 1min，以 20℃/min 的速度上升到 130℃，再以 5℃/min 上升到 200℃，再以 15℃/min 上升到 250℃，保持 11min。进样体积 1μL，不分流进样；检测器 300℃；进样口温度 250℃；氮气流速 30mL/min；柱流速 1mL/min；空气流速 17mL/min；氢气流速 14mL/min。

a. 把棕色衬管换成新的蓝色衬管，用有机磷方法进 6 种混标（1.0μg/mL），不出峰，说明此状态下，灵敏度不够。

b. PFPD 的检查：关机，降温，拆卸检测器，其结构如图 2-31 所示。检测器组件功能说明如表 2-2 所示。

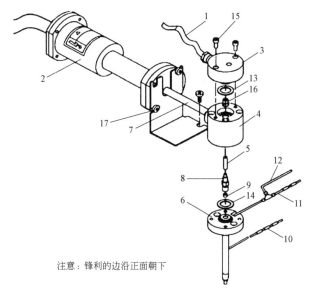

注意：锋利的边沿正面朝下

图 2-31　PFPD 结构图

表 2-2　检测器组件功能说明

序号	描述	功能
1	点火线圈组件	提供点燃火焰的热量
2	光电倍增管（PMT）	将火焰发射的光转化为用于测量的电流
3	点火帽	固定点火线圈并降低来自点火线圈的反射光
4	检测器塔	支持光学部件、石英燃烧室以及点火帽
5	石英燃烧室	一个带有内表面并能使柱馏出物充满其中用于燃烧，传输发射光的石英管
6	检测器座	支持检测器塔，固定色谱柱于检测器上
7	光管	使燃烧区域发出的光通过滤光片和光电倍增管（PMT）
8	燃烧室支持	支持并固定石英燃烧室于检测器塔内
9	燃烧室支持密封圈	密封燃烧室支持与检测器座
10	H_2-Air 中心流速入口	氢气与空气混合物从此进入并从燃烧管之间通过
11	H_2-Air 旁路入口	氢气与空气混合物从此进入并从燃烧管外壁通过并进入点火腔
12	AIR_2 入口	空气 2 从此进入并与外壁气体混合
13	铝垫圈，上	密封点火帽与检测器塔
14	铝垫圈，下	密封检测器塔与检测器座
15	内六角螺丝，9/64″	固定点火帽至检测器塔
16	内六角螺丝，8/32×1 1/2″	固定检测器塔至检测器座
17	十字螺丝，8/32×3/8″	固定光电倍增管组件至支撑隔板

c．PFPD 拆卸检查过程如下。

用 9/64″内六角扳手从点火帽（序号 3）移去两个内六角螺丝（序号 15）。将内六角螺丝放在干净的实验室滤纸上。

用金属镊子从检测器塔（序号 4）上抬起点火帽，将点火帽底部朝上放在一干净表面（如洁净的实验室滤纸上）。此时可看到石英燃烧室（序号 5）的顶端位于检测器塔的中心。

轻轻将石英燃烧室专用取出工具的尖头轻轻用力插入石英燃烧室的顶部，使石英燃烧室套在专用取出工具的尖头而不脱落，然后竖直移出石英燃烧室，放入专用工具的试管中保持洁净。

用金属镊子从检测器塔上移去铝垫圈（序号 13），并将用过的铝垫圈丢弃掉。

从检测器塔的顶部移去将检测器塔固定到检测器座（序号 6）的两个内六角螺丝（序号 16），而且，还要移去固定光电倍增管（PMT）（序号 2）组件支架的十字螺丝（序号 17）。

用一只手握住光电倍增管，另一只手拿住检测器塔，从检测器座上向上轻轻抬起检测器塔，将带有光电倍增管（PMT）的检测器塔放到旁边干净的表面上。

用金属镊子移去底部的铝垫圈（序号14），将用过的铝垫圈丢掉。

更换石英燃烧室，使用石英燃烧室专用套筒工具移走石英燃烧室，同时取下燃烧室支持密封圈（序号9），用新的燃烧室支持密封圈替换掉，同时用新的石英燃烧室替换掉原先的石英燃烧室。

上述拆卸步骤完成后，更换了石英燃烧室，将旧的 2mm 石英燃烧室更换为 3mm 石英燃烧室，旧的石英燃烧室已经有烧蚀模糊状。石英燃烧室与燃烧室支持（序号8）要一起换掉，因为不同内径的石英燃烧室要配不同内径的燃烧室支持，有 2mm 和 3mm 两种规格，做硫时常用 2mm 的，做磷时 2mm 和 3mm 的均适用。

d. 清洗滤光片

首先取下滤光片架上固定滤光片的 C 形夹，用甲醇或异丙醇润湿棉签，拿着滤光片边缘用棉签轻轻擦拭两个镜面。用干的棉签擦去剩余的溶剂，然后滤光片对光检查是否透明洁净，最后把滤光片放入滤光片架并装回 C 形夹。

拿着滤光片的边缘，使其滑入 PMT 套管的凹槽中。务必使滤光片正确地嵌入，使滤光片表面与 PMT 套管边缘平齐。O 型环要合适地嵌入它的凹槽中。

小心地把 PMT 套管与光管接好，上好并紧固手拧螺丝，避免漏光导致噪声大。

e. 检测器端有石墨垫屑堵塞

当上面一切完工时，进样 6 种有机磷（1.0μg/mL）标液，可以出峰，但峰高度小，峰形也较差，按道理说换了石英燃烧管，灵敏度会很快提上去，为何不显著，难道是判断错误吗？工程师们经过商量，准备把色谱柱接检测器端重接一下，发现插检测器端的色谱柱进入很困难，有堵塞现象，判断可能是检测器端有碎屑堵塞，重新拆卸 PFPD，卸下色谱柱，从上向下用废针捅，黑色碎屑掉落在柱箱里，用吸耳球向下吹，用棉签蘸乙醇擦拭，吹干后安装检测器座。此现象告诉人们：在密封色谱柱时不宜拧得过紧，同时尽量避免使用纯石墨的密封垫圈，宜采用 Graphite+VF 材质，不易掉渣，以免堵塞进出口。

当检测器上面不安装，直接安装色谱柱时，可以清楚看到当色谱柱 9.7cm 时，正好与底座的上平面持平，忽然明白为何要求色谱柱接检测器的尺寸要准确，如果短了，柱后死体积增大会有扩散现象；色谱柱伸出的长了，会导致样品可能在燃烧管的上端部位燃烧，火焰不在光窗的中心，样品发光不能全部达到光电倍增光，从而导致灵敏度低。

（4）进标液出峰　再次进 6 种有机磷标液（1.0μg/mL），全部出峰（图 2-32）。

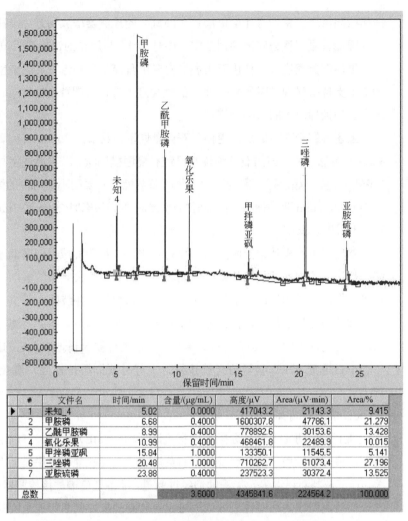

#	文件名	时间/min	含量/(µg/mL)	高度/µV	Area/(µV·min)	Area/%
1	未知_4	5.02	0.0000	417043.2	21143.3	9.415
2	甲胺磷	6.68	0.4000	1600307.8	47786.1	21.279
3	乙酰甲胺磷	8.99	0.4000	778892.6	30153.6	13.428
4	氧化乐果	10.99	0.4000	468461.8	22489.9	10.015
5	甲拌磷亚砜	15.84	1.0000	133350.1	11545.5	5.141
6	三唑磷	20.48	1.0000	710262.7	61073.4	27.196
7	亚胺硫磷	23.88	0.4000	237523.3	30372.4	13.525
总数			3.6000	4345841.6	224564.2	100.000

图 2-32　进 6 种有机磷标液 1.0µg/mL，全部出峰

① 3 种标液 0.4µg/mL 时仍然不出峰　要求的是 6 种标液在 0.4µg/mL 时全部出峰，所以配制了 0.4µg/mL 浓度的标液，发现配成低浓度时，全不出峰。

② 更换色谱柱　进工程师带来的标液，发现有拖尾现象，其与柱子用了一年多，柱效低有关，换了一根才用了半年的色谱柱，进样后发现甲拌磷亚砜、三唑磷、甲胺磷出峰，氧化乐果、乙酰甲胺磷、亚胺硫磷不出峰。

甲拌磷亚砜、三唑磷、甲胺磷均能出峰，而氧化乐果、乙酰甲胺磷、亚胺硫磷不出峰。因为这些磷均含有氨基等极性基团的共性，同样的标样浓度，色谱峰高度差别很大，由此看来色谱柱对这些含氨基团的物质检测，灵敏度影响较大。

（5）调节空气与氢气流速优化　为了让这 3 种标液出峰，需要提高灵敏度。试着调节空气与氢气流速来提高峰响应，空气流速为 17mL/min，将其改为 18mL/min，进样发现峰高小一半，此法不行，将氢气流速 14.0mL/min 改为 13.0mL/min 与 15.0mL/min，峰高小一半，也不行，看来空气流速 17.0mL/min 与氢气流速 14.0mL/min 为最佳流速。

（6）调节 Tick-Tock　Tick-Tock 发生在燃烧混合物在点火室中点燃但不能延烧至燃烧室的时候，因为此时燃烧室还未被燃烧气体混合物充满。优化的检测器性能通常是检测器操作在接近但不是在 Tick-Tock 模式的时候。

调节 Tick-Tock 的目的在于把基线噪声降到最低，而峰响应值最大。调节的方法：逆时针慢慢打开 Air-H_2 针阀，每打开一圈便会有更多燃烧混合物进入燃烧室。随着进入燃烧室燃烧混合物的增多，火焰开始延烧进燃烧室。首先，每 3~4 个脉冲火焰延烧至点火室一次，随着燃气混合物流速增加，变为每隔一个脉冲（Tick-Tock），最后是每个脉冲。随着进入燃烧室的燃烧混合物流速的提高，Tick-Tock 时基线突然升高且不稳定。伴随着检测器脱离 Tick-Tock 模式，基线会升高然后下降，且噪声较小。

将分流阀顺时针关闭，然后逆时针慢慢打开，观察基线，可以在屏幕上将自动归零划掉，清除归零，这时可以看到电压值，当这一电压值稳定时，可进农标农药标液，看出峰是否尖锐高大。

这个过程很缓慢，因为找基线升高然后下降的点时，要慢慢调，一针针试，很费时间，当找到相应点后，脉冲会变得正常且背景噪声不变，此时再旋转分流阀 1/2 圈。这时要划上黑色印迹，方便以后再调节时有个位置可作参考。

（7）维修总结　当一台仪器使用较长时间时，会出现一些问题，一个问题可能是多个因素造成的。

a．柱流量达不到设定值时，很容易想到的是气路堵塞或 EFC 堵塞，或者是 EFC 硬件本身的问题，最后却是 Galaxie 软件可能有漏洞或者是 360 杀毒软件的恶意查杀，导致柱流量不能控制，这种较隐藏故障的判断实属不易。

b．色谱柱会影响峰检测灵敏度。色谱柱用了一段时间后，峰响应值会降低。标液峰响应值高的还能出峰，响应值本来就低的，比如乙酰甲胺磷、氧化乐果、亚胺硫磷等，就不出峰了，这些含有极性较强的氨基基团组分，可能会被色谱柱吸附，从而导致灵敏度低。

c．检测器灵敏度低与石英燃烧管烧蚀模糊程度有关，与进入检测器端有堵塞也有关系。如果样品较多，石英燃烧管基本三年就要换了，会影响检测器的灵敏度，但同时也要检查检测器端接色谱柱时，是否顺畅，有无堵塞现象，因为石墨碎屑的堵塞，燃烧室的氢气、空气比例可能会发生改变，同时样品不能顺利进入检测器，也会引起灵敏度低。

d. 对于 PFPD 来讲，所有的硬件都表现良好，衬管、色谱柱、检测器等都没有问题时，若还想提高峰响应值，就要调节 Tick-Tock，这个很重要。合适的 Tick-Tock 值会让基线噪声降到最低，而峰高达到最大。

e. 此次维修中，因为亚胺硫磷出峰时间较长（25min 左右出峰），要通过进样试，程序升温的时间较长，所遇到的现象也很隐蔽。

2.5.3 气相色谱基线波动异常，如何排除故障？

问题描述　当仅有载气经过气相色谱仪检测器时，色谱图上记录的曲线叫作基线。影响基线噪声的因素很多，如检测器性能、载气纯度、色谱柱污染程度、样品纯度等。气相色谱基线波动异常要从进样口、色谱柱、检测器三个方面考虑。那么当基线波动异常时，如何进行故障排除？

解　答　当基线波动异常时，排除故障遵循从易到难的原则，先从进样口查起，然后是色谱柱，最后是检测器，这样可以节省时间，提高工作效率。

（1）故障描述　2019 年 04 月 28 日白班，交接得知分析磷酸三乙酯（TEP）纯度时，基线波动较大，之后进了一针溶剂，溶剂峰的波动也很明显。交接到白班后，再分析 TEP 纯度，发现波动很大，严重影响了样品本身杂质峰的积分。

（2）原因分析　气相色谱基线波动异常的主要原因大多是杂质多、受污染。而污染源可以从样品、进样口、色谱柱、检测器四个方面考虑。

①　进样口　由于进样垫是进样针首先进入色谱仪的部位，其上面经常会有较为严重的污染；之后样品在衬管内气化进入色谱柱，由于气化不完全等，样品也时常会残留在衬管上。

②　色谱柱　入口（进样口一端）以及出口（检测器一端）时常会有样品残留。

③　检测器　组分经过色谱柱分离后，在喷嘴部分与氢气和尾吹气混合，再经过点火离子化后在收集极富集。因此喷嘴和收集极是经常出现样品残留的部位。

（3）故障维护　按照以上思路进行原因排查。

由于中夜班交接时所进溶剂峰的基线波动也很大，因此排除样品杂质较多的可能，同时交接时说已经维护过检测器，于是基本排除检测器污染的可能。于是对进样口和色谱柱进行了维护。

① 进样口维护过程　将色谱仪进样口、柱温箱以及检测器的温度关闭，待温度下降后，关闭气相色谱仪。将前进样口的自动进样器小心取下，拆开进样口上端，发现进样垫很干净，衬管上的玻璃毛也基本没有样品残留。之后打开柱温箱，用扳手小心将前部的色谱柱拆下后，用色谱工具箱的 L 型螺丝刀将前进样口下部拆开，前进样口的分流平板也较为干净。因此基本排除前进样口污染的可能。

② 色谱柱维护过程　由于进样口没有什么异常，于是怀疑是色谱柱受到了污染。将之前取下的色谱柱，用剪色谱柱的专用小刀片在距离色谱柱后端 30～50mm 处快速划一个小口，之后快速将色谱柱掰断，并且检查色谱柱的横截面是否平整。对前进样口处和检测器处的色谱柱都进行了切割。

切好色谱柱后进行色谱柱的安装。对于检测器一端，首先将色谱柱从其检测器的入口处插到底，然后再稍稍拔出大约 1mm，使色谱柱略低于喷嘴，之后将色谱柱固定好。对于进样口一端，首先使色谱柱高于螺母 4～6mm，然后再将色谱柱固定好。

将进样口和色谱柱都安装好后，再次重启色谱仪，运行样品发现基线恢复正常。

（4）知识拓展　气相色谱的主要部件为进样口、色谱柱以及检测器。故色谱常见问题也基本可以从这三个方面考虑。

① 进样口　对于气相色谱进样口会出现的问题主要有三个，第一个是漏，第二个是堵，第三个是样品残留。

a．出现漏的问题即进样口的密封性出现问题。

进样垫：进样口的进样垫在经受进样针多次扎针后，其进样垫的孔可能会被撑大，因此进样垫需要每隔一段时间进行更换（一般扎 100 多次后）；

衬管外面的 O 型圈，在经历长期的升温、降温后，O 型圈也会导致橡胶老化，密封性降低；

色谱柱的密封垫，密封垫由石墨制成，在多次使用后也会使密封性降低。

b．进样口的第二大问题是堵。

一般当样品存在高沸点组分时，由于排出不及时，停留在进样口的出口，如分流出口，造成堵塞，从而影响分流比和峰型，造成重现性不好。

c．进样口第三大问题是样品残留。

样品残留的地方主要有进样垫、衬管、分流平板、色谱柱前段部分等。

进样垫可以更换，而衬管和分流平板则可以更换或者清洗。衬管的清洗可以用盐酸或者硝酸浸泡 8 小时，清洗烘干后用硅烷化试剂配制成 10%（体积分数）甲苯溶液，浸泡 8h，再依次用甲苯、甲醇清洗。分流平板在使用的时候需保持非常清洁。其清洗首先在溶剂中超声处理，然后烘干，之后用非氯化剂去活化，之后再用溶剂清洗，然后烘干。

② 色谱柱

a. 切割色谱柱柱头：对于色谱柱前段部分有样品残留则可以切断色谱柱前段30～50cm，切割的时候应保持切割的是一个平面。在再次安装色谱柱时，应注意应先将色谱柱用螺母密封垫固定好，且色谱柱应长过石墨的密封垫 4～6mm 再安装到顶。

b. 色谱柱老化：对于色谱柱，常见的问题除了上述的色谱柱前段样品的残留之外，还有色谱柱的老化。当使用一根新色谱柱的时候，需要进行老化，其主要目的是去除键合不够稳定的固定相，让新柱子性能更加稳定。当色谱柱使用一段时间后，有样品或者水分残留在色谱柱上，则也需要对色谱柱进行老化处理来去残留。色谱柱老化时设定的温度一般比它最高的使用温度低 10℃，在该温度下进行高温烘烤。色谱柱老化时，应先用载气如氮气吹扫 2～3 分钟，然后缓慢升温至该老化温度，然后再继续老化 2 小时。与此同时，新柱子在老化的时候不需要接检测器。

③ 检测器　常见问题主要有点火问题。当检测器点火时，若听到"啪"的一声爆鸣声，则说明成功点火。检测器未成功点火时，可以从以下几个方面考虑。

a. 点火丝：当点火丝不发红，说明其腐蚀太严重或者断了，此时需要更换点火丝。

b. 喷嘴：喷嘴堵住了，气体无法进入。判断喷嘴是否堵住的方法为设置一定的氢气流量，并且关闭尾吹气体，当尾吹气的 EPC 依旧检测到有流量时，说明喷嘴发生堵塞现象，此时需要清洗一下喷嘴。

c. 温度：未到设定温度，在做样过程中经常发生由于温度未到设定温度而没有点火成功的现象，此时只要等温度上升即可。

d. 在检测器内由于空气和氢气混合会形成水，因此积水也是检测器的一大问题。因此在关闭氢气和空气后应当维持尾吹气流量，直到检测器降温。

e. 当实验的基线不稳定时，很可能是收集极被污染了。此时，需要清洗收集极，清洗时，应先降温到 100℃ 以下，再将收集极拆开超声，若依旧清洗不干净，则可以用体积分数为 10% 的硝酸浸泡。

（5）日常维护　对于色谱仪的常见易耗品，例如进样口的进样垫、衬管、检测器的喷嘴、收集极等需定期更换、清洗。要养成日常维护的习惯，进样垫、衬管等，要每周检查，色谱柱与检测器要每月检查。

2.5.4　怎样进行气相色谱仪使用前的检查？

问题描述　随着科技的发展，气相色谱仪不断更新，仪器的检定尤为重要。那么，在现行的 JJG 700—2016《气相色谱仪检定规程》指导下，怎样进行气相色谱仪使用前的检查呢？

解　答

（1）检查前的准备工作

a. 了解清楚待检测的具体项目；

b. 明确各个项目的实验条件；

c. 明确项目实验时如何操作能得到原始数据；

d. 明确项目实验的原始数据如何处理能得到检测数据；

e. 明确每项检测项目的达标数据；

f. 保持仪器为正常状态；

g. 核查前维护仪器：清洗进样针，更换老化专用衬管、进样垫；老化待用的色谱柱，氮-磷检测器 NPD 检测前老化铷珠。

（2）检定

现以某厂家气相色谱仪为例，以配备的 ECD 检定说明使用中检查过程。

① 检定所用实验条件及注意事项　检定实验条件参照检定规程，需要注意的是，按照检定规程，使用中检查测定，不需要检定通用技术要求（如外观），不需要检定载气流速稳定性及柱箱温度；需要检定的项目为基线噪声、基线飘移、灵敏度、检测限、定性重复性、定量重复性。参照规程设置实验条件及选用要求的标准物质样品，但是要注意基线噪声和基线飘移都是在不进样的情况下测定的，检测器的检出限（灵敏度）测定，都是在柱温恒温下进行的，如测定 ECD 的检出限时，选用待测样丙体六六六-异辛烷溶液，检定规程要求在柱温约 210℃恒温下测定，但是平时工作测定样品中的丙体六六六（如蔬菜中的丙体六六六残留）时，是在柱温程序升温条件下测定的，这点与平时条件是有

区别的。

② 检定方法

a. 基线噪声和基线飘移：根据检定规程，记录基线 30min，选取基线中噪声最大峰——峰高所对应的最大值为仪器的基线噪声；基线偏离起始点最大的响应信号值为仪器的基线飘移。

b. 检出限（灵敏度）。

FPD 中期运行检查规程如下。

FPD 基线噪声和基线漂移检定。

将 FPD 温度设定为 300℃，选择较灵敏挡，点火并待基线稳定后，记录半小时内的基线噪声和基线漂移。

FPD 用标准物质甲基对硫磷（10ng/μL）检定检测限。

色谱柱连接在 FPD 上，信号线接到 FPD 的输出端口，打开载气，打开空气和氢气，调气压表于规定的刻度，打开主机，选择检测器，设置检测器温度、柱温和进样口温度，待仪器达到要求后，进甲基对硫磷（10ng/μL）标样，连进七针，记录峰面积，计算相对标准偏差 RSD，RSD≤3%为合格。

ECD 检测器中期运行检查规程如下。

ECD 基线噪声和基线漂移检定。

将 ECD 温度设定为 300℃，选择较灵敏挡，点火并待基线稳定后，调节输出信号至记录图或显示图中部，记录半小时，测量并计算基线噪声和基线漂移。

ECD 用标准物质丙体六六六（0.1ng/μL）检定检测限。

将色谱柱连接在 ECD 上，信号线接到 ECD 的输出端口，打开载气，调压力表于规定的刻度，打开主机，选择检测器，设置检测器温度、柱温和进样口温度，待仪器达到要求后，进丙体六六六（0.1ng/μL）标样，连进七针，记录峰面积，计算相对标准偏差 RSD，RSD≤3%为合格。

③ 检测器期间核查运行结果　需要存档的检测器中期运行检查谱图、表格如下

a. FPD 基线噪声和基线漂移谱图。

b. FPD 用液体标准物质甲基对硫磷（10ng/μL）检定检测限谱图。

c. ECD 基线噪声和基线漂移谱图。

d. ECD 用丙体六六六（0.1ng/μL）标准物质检定检测限谱图。

e. 气相色谱期间核查数据，气相 7890B 期间核查表（表 2-3）。

表 2-3 气相 7890B 期间核查表

时间：

农药名称	峰面积							RSD/%
	A1	A2	A3	A4	A5	A6	A7	
丙体六六六	15319.70	15446.90	15003.50	15442.60	14998.20	15233.60	15267.20	1.21
甲基对硫磷	86472.70	86594.40	87890.30	87838.90	88368.00	87164.30	87829.30	0.82

数据的 RSD 均小于 3%，符合要求。

f. 填写期间核查记录表：根据气相色谱仪期间核查规程要求填写期间核查记录表。

g. 核查中的注意事项如下。

当建好序列、运行序列时，运行状态一直是粉红色，显示进样准备中，序列一直不运行，可以用下述方法解决：点上方菜单栏仪器→进样方式→选择 GC 进样器（因为仪器默认是手动进样）。

当 FPD 和 ECD 工作更换时，在确定检定方法和在线色谱图显示中，前检测器和后检测器、前部信号和后部信号选择时一定要细心，否则白白浪费精力和时间。

2.5.5 如何保护气相色谱 EPC？

问题描述 安捷伦 7890 气相色谱仪，安装的 FPD。开气相的时候发现氢气流量上下波动，氢气流量达不到设置的 75mL/min，一直在 50mL/min 上下波动，且点火失败。经检查发现氢气发生器里的碱液少了，部分碱液进入色谱仪电子压力控制（EPC）中，从而导致 EPC 损毁，造成损失。那在日常使用色谱仪的过程中，如何保护 EPC 不发生意外损坏呢？

解　答 为了防止再次发生此类事故，实验室采取一些防护措施，安排专人每周一定期检查，检查硅胶、分子筛、活性炭、碱液、气流等，以防止再次损毁 EPC。为了防止返碱事件再度发生，在氢气发生器出口的气体管路上增加脱水管脱氧管。因为一个小小的返碱，有可能毁掉气相色谱仪上的大部件。除了经常检查气相色谱仪的各部件外，还要检查气相色谱仪所带的氢气发生器和空气发生器，它们出现故障时也有可能导致气相色谱仪大部件的损坏。

EPC 或 AFC（自动流量控制）是非常关键也非常脆弱的部件，气体中的水分、腐蚀性有机物、酸碱液、微粒等进入气路就会造成损坏，轻则影响分析结果和仪器运行状况，重则损坏电磁阀、电路，造成很大的损失。

2.5.6 气相色谱仪检定时常出现哪些问题？

问题描述 气相色谱仪要根据 JJG 700—2016《气相色谱仪检定规程》进行检定，只有各项指标符合要求，才能通过检定，下面介绍几种检定时常见的问题及解决方案，以便于仪器能一次性通过计量检定。

解　答

（1）仪器的计量性能　JJG 700—2016《气相色谱仪检定规程》中气相色谱仪的计量性能要求（表 2-4）有 9 项，其中基线噪声、基线漂移、检测限、定性重复性、定量重复性 5 项是老气相色谱仪的重点，下面介绍一下常出现的问题及解决方法。

表 2-4　气相色谱仪的计量性能要求

检定项目	计量性能要求				
	TCD	ECD[①]	FID	FPD	NPD
载气流速稳定性（10min）	≤1%	≤1%	—	—	—
柱箱温度稳定性（10min）	≤0.5%				
程序升温重复性	≤2%				
基线噪声	≤0.1mV	≤0.2mV	≤1pA	≤0.5nA	≤1pA
基线漂移（30min）	≤0.2mV	≤0.5mV	≤10pA	≤0.5nA	≤5pA
灵敏度	≥800mV·mL/mg	—	—	—	—
检测限		≤5pg/mL	≤0.5ng/s	≤0.5ng/s（硫）	≤5pg/s（氮）
				≤0.1ng/s（磷）	≤10pg/s（磷）
定性重复性	≤1%				
定量重复性	≤3%				

① 仪器输出信号使用赫兹（Hz）为单位时，基线噪声≤5Hz，基线漂移（30min）≤20Hz。

（2）常出现的问题　不论新老仪器，检定前都要更换新的衬管和进样垫，用新的色谱柱，或老化后的色谱柱切两端柱头再安装，保持检测器无污染。

① 基线噪声问题　从表 2-4 来看，ECD 的基线噪声≤0.2mV，基线漂移≤

0.5mV/30min；FPD 的基线噪声≤0.5nA，基线漂移≤0.5nA/30min。

a. 安捷伦气相色谱仪 7890B。

Ⅰ. ECD 基线噪声、基线漂移大　安捷伦气相色谱仪 ECD 输出信号以赫兹（Hz）为单位，进样正己烷与空针 60～90min，随意截取 30min，基线噪声30.4303Hz，漂移最小在−52.504Hz/h，而表 2-4 要求，基线噪声≤5Hz，基线漂移（30min）≤20Hz。

这台仪器才用了两年多，为何基线噪声这么大，咨询安捷伦售后，ECD 尾吹气应设定为 60mL/min，而本台仪器设定的是 10mL/min，尾吹气是从色谱柱出口直接进入检测器的一路气体，又叫补充气或辅助气。填充柱不用尾吹气，而毛细管柱大多采用尾吹气。这是因为毛细管柱内载气流量太低（常规为 1～3mL/min），不能满足检测器的最佳操作条件（一般检测器要求 20mL/min 的载气流量）。在色谱柱后增加一路载气直接进入检测器，就可保证检测器在高灵敏度状态下工作。因为尾吹气太小，ECD 的基流波动大，造成基线噪声大，改为 60mL/min 后，基线噪声为0.2231Hz，基线漂移 0.3401Hz/h，符合检定要求（图 2-33）。

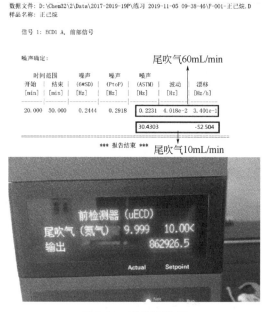

图 2-33　改变尾吹气

Ⅱ. ECD 检定时六六六分叉　检定用标准物质六六六的含量为 0.1ng/μL，进样后峰分叉，将检测器温度由 230℃提高到 250℃，仍然分叉，将高惰性不分流带玻璃棉衬管（5190-2293）换成无玻璃棉的衬管（5190-2292），出峰不再分叉（图2-34）。

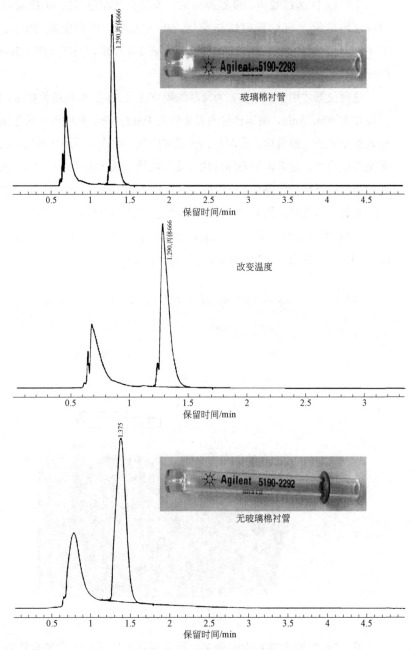

图2-34　解决峰分叉问题

不仅六六六出现峰分叉，甲基对硫磷也会出现这种情况，可以通过更换无玻璃棉衬管来改善，如果改成程序升温，峰尖锐无分叉，但是检定时还是要根据检定规程来做。

b. 瓦里安450-GC。

Ⅰ. ECD基线噪声、基线漂移大 这台气相色谱仪用了十几年了，性能有所下降，ECD基线噪声在±1.0mV，计量要求ECD≤0.2mV，在现有仪器的条件下如何降低基线噪声，厂家建议，可以通过设定灵敏度范围Range来降低噪声，但同时也会降低峰响应值。

工作站上ECD灵敏度Range设定有两档，1与10，后者是前者的10倍，数字越大灵敏度越高。日常工作中灵敏度设为10，为了降低基线噪声，ECD灵敏度设为1，也可以达到要求（图2-35）。

Ⅱ. PFPD基线噪声、基线漂移大 PFPD基线噪声在±2.0mV，而计量要求PFPD≤0.5nA。换算过来基线噪声在±1.0mV才符合要求，PFPD灵敏度设定有三挡，8、9、10，各相差10倍，数字越大灵敏度越高，日常工作中灵敏度设为10，为了降低基线噪声，PFPD灵敏度设为8，也可以达到要求（图2-36）。

② 检测限问题 灵敏度降低，峰响应值也会降低，那么会影响检测限吗？以瓦里安气相色谱仪450-GC举例来计算检测限。

a. ECD的检测限：按下列公式来计算。

按JJG 700—2016《气相色谱仪检定规程》的检定条件，待基线稳定后，用微量注射器注入1~2μL浓度为0.1ng/μL的丙体六六六-异辛烷溶液，连续测量7次，记录丙体六六六峰面积。检测限按下式计算。

$$D_{ECD} = \frac{2NW}{AF_C}$$

式中 D_{ECD}——ECD检测限，g/mL；

N——基线噪声，mV；

W——丙体六六六的进样量，g；

A——丙体六六六峰面积的算术平均值，mV·min；

F_C——校正后的载气流速，mL/min。

N=170μV，W=0.1ng，A=3566.46μV·min，F_C=25.0mL/min，代入下式得：

$$D_{ECD} = \frac{2NW}{AF_C} = \frac{2 \times 170\mu V \times 0.1ng}{3566.46\mu V \cdot min \times 25mL/min} \approx 0.00038ng/mL \approx 0.38pg/mL$$

计量要求检测限为≤5pg/mL，故符合要求。

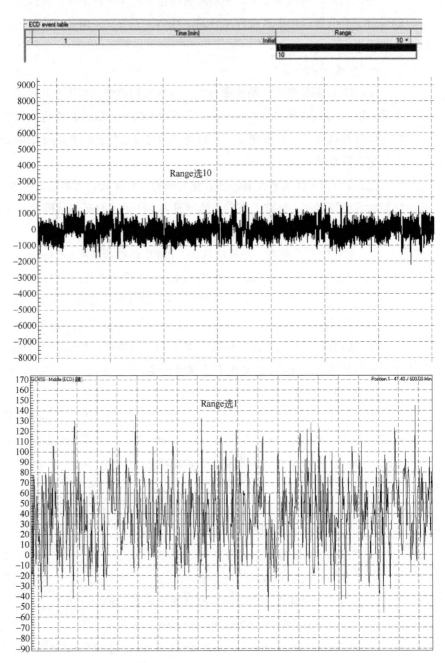

图 2-35 灵敏度不同噪声不一样（1）

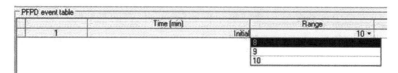

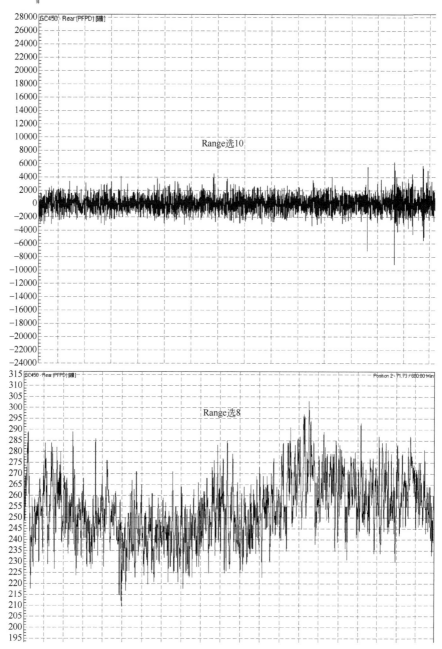

图 2-36 灵敏度不同噪声不一样（2）

这个计算公式中要注意单位的统一，仪器的基线噪声是 170μV，丙体六六六的响应值是 μV·min，分子分母约分，最后是 ng/mL，再换算成 pg/mL。

b. PFPD 的检测限：按下列公式来计算。

按 JJG 700—2016《气相色谱仪检定规程》的检定条件，待基线稳定后，用微量注射器注 1～2μL 浓度为 10ng/μL 的甲基对硫磷-无水乙醇溶液，连续测量 7 次，记录硫或磷的峰面积。检测限按下列公式计算。

$$D_{FPD} = \sqrt{\frac{2N(Wn_s)^2}{h(W_{1/4})^2}}$$

$$D_{FPD} = \frac{2NWn_P}{A}$$

式中　D_{FPD}——FPD 对硫或磷的检测限，g/s；

　　　　N——基线噪声，mV；

　　　　A——磷峰面积的算术平均值，mV·s；

　　　　W——甲基对硫磷的进样量，g。

N=200μV，W=10ng，n_P=0.1177，A=263.99μV·min

$$D_{FPD} = \frac{2NWn_P}{A} = \frac{2 \times 200μV \times 10ng \times 0.1177}{263.99μV \cdot min \times 60s} \approx 0.0297ng/s$$

计量要求检测限为≤0.5ng/s，符合要求。

这个计算公式中要注意单位的统一，仪器的基线噪声是 200μV，甲基对硫磷的响应值是 μV·min，要乘以 60 换算成 s。

③ 定性和定量重复性问题　用新进样垫、新衬管、干净的色谱柱时，重复性≤3%容易达到。气相色谱仪检定 RSD 表如表 2-5 所示。

表 2-5　气相色谱仪检定 RSD 表

时间：2019.11.5

农药名称	峰面积/（mV·min）								
	A1	A2	A3	A4	A5	A6	A7	AVE	RSD/%
丙体六六六	3559.3	3515.9	3633.6	3611.2	3624.3	3604.4	3516.5	3566.46	1.51
甲基对硫磷	270.9	268.1	261.1	258.9	261.3	258.6	269	263.99	1.96

④ 总结　通过计量检定并不是一件轻松的事情，有很多准备工作需要做，在检定前最好自己做一遍，出现问题及时解决，这样计量检定时能顺利通过。

a. 检定前要用新进样垫、新衬管、干净的色谱柱等，保证气相色谱仪的各部件干净、无污染。

b. 灵敏度越高，基线噪声越大。要选择合适的灵敏度，保证基线噪声小，检测限低，可以通过调节灵敏度来降低基线噪声。

c. 检定过后，要定期进行仪器的期间核查，出现问题及时解决，这样才能保证仪器正常运行。

第3章

气相色谱分析样品
前处理方法

3.1 常规进样的样品处理

3.1.1 如何处理固体样品,怎么制样?

问题描述 分析检测工作中,如何确保制得有代表性的分析所用的固体样本呢?

解　答

(1)样品的缩分

a. 将抽取的大批样品混合后用四分法缩分,按以下方法预处理样品。

对于个体小的物品(如苹果、坚果、虾等),可去掉蒂、皮、核、头、尾、壳等,取出可食部分。

对于个体大的基本均物品(如西瓜、干酪等),可在对称轴或对称面上分割或切成小块。

对于不均匀的个体物品(如鱼、菜等),可在不同部位切取小片或截取小段。

b. 对于苹果和果实等形状近似对称的样品进行分割时,应收集对角部位进行缩分。

c. 对于细长、扁平或组分含量在各部位有差异的样品,应间隔一定的距离取多份小块进行缩分。

d. 对于谷类和豆类等粒状、粉状或类似的样品,应使用圆锥四分法(堆成圆锥体——压成扁平圆形——划两条交叉直线分成四等份——取对角部分)进行缩分。

e. 将经预处理的样品混合,用四分法缩分,分成两份,一份供测试用,另一份供需要复查或确证时用。

(2)各类样品的制备方法、留样要求、盛装容器和保存条件 各类样品的制备方法、留样要求、盛装容器和保存条件见表 3-1,当送样量不能满足留样要求时,保证分析样用量后,全部用作留样。

表3-1 样品的制备和保存

样品类别	制样和留样	承装容器	保存条件
大豆、脱水蔬菜等干货类	用四分法缩分至约300g,用捣碎机捣碎混匀制成两份	食品塑料袋、玻璃广口瓶	常温、通风良好
饼干、糕点类	硬糕点用拈钵粉碎,中等硬糕点用刀具、剪刀切细,软糕点按其形状进行分割,混匀,四分法缩分,用捣碎机捣碎混匀制成两份	食品塑料袋、玻璃广口瓶	常温、通风良好、避光
单冻虾、小龙虾	室温解冻,弃去头尾和解冻水,四分法缩分,用捣碎机捣碎混匀制成两份	食品塑料袋	−18℃以下的冰柜或冰箱冷冻室
甲壳类	室温解冻,去壳和解冻水,四分法缩分,用捣碎机捣碎混匀制成两份	食品塑料袋	−18℃以下的冰柜或冰箱冷冻室
鱼类	室温解冻,四分法缩分,取可食部分,用捣碎机捣碎混匀制成两份	食品塑料袋	−18℃以下的冰柜或冰箱冷冻室
蜂王浆	室温解冻至融化,用玻璃棒充分搅匀,制成两份	塑料瓶	−18℃以下的冰柜或冰箱冷冻室
肠衣类	去掉附盐,沥净盐卤,将整条肠衣对切,逐一剪取试样并剪碎混匀制成两份	食品塑料袋	−18℃以下的冰柜或冰箱冷冻室
蜂蜜、油脂、乳类	未结晶、结块样品直接在容器内搅拌均匀制成两份;有结晶析出或已结块的样品,盖紧瓶盖后,置于不超过 60℃的水浴中温热,样品全部融化后搅匀,迅速盖紧瓶盖冷却至室温,搅拌均匀制成两份	玻璃广口瓶、原盛装瓶	蜂蜜常温;油脂、乳类 5℃以下的冰箱冷藏室
酱油、醋、酒、饮料类	充分摇匀,制成两份	玻璃瓶、原盛装瓶	常温
罐头食品类	取固形物或可食部分,酱类取全部,用捣碎机捣碎混匀制成两份	玻璃广口瓶、原盛装罐头	−18℃以下的冰柜或冰箱冷冻室(若保留未开封的罐头,则常温)
保健药品	用四分法缩分,用捣碎机捣碎混匀制成两份	食品塑料袋、玻璃广口瓶	常温、通风良好

3.1.2 液体样品怎么进行前处理？

问题描述 液液萃取所用萃取提取方式及设备有哪几种？促进分层及防乳化的方法有哪些？

解　答

（1）液液萃取常见的几种情况

a. 小体积有机溶剂（挥发性不强）+大体积水样：主要在环保水质监测领域，多采用分液漏斗振荡方法。

b. 小体积有机溶剂（挥发性较强）+大体积水样：主要在环保水质监测领域；挥发性较强，需要不断停止放气，人工振摇效率反而高，没有合适的自动化设备。

c. 体积相当的有机溶剂和水相样品：比如食品脂肪测定的水解液脂肪萃取，使用挥发性非常强的石油醚和乙醚，需要不断停止放气，现在基本都是人工振摇。

（2）常用的提取方式　有超声波、涡旋、摇床振荡等。对于含糖类较高的基质，均质提取会使得样品发生乳化，不利于农残检测，故应采用超声波提取的方式。

（3）促进分层方法

a. 长时间的静置。

b. 利用盐析效应。在水中加一定量的电解质，例如饱和的食盐水溶液，以提高水相的密度，同时又可以减少有机物在水相中的溶解度。

c. 滴加数滴醇类化合物，以改变表面张力。

d. 加热，破坏乳状液，注意不要着火。

e. 过滤除去少量轻质固体物，必要时加入少量吸附剂。

f. 改变 pH 值使其分层。

（4）消除乳化现象　在使用分液漏斗进行萃取、洗涤操作时，尤其用碱溶液洗涤有机物时，剧烈振荡后，往往会由于发生乳化现象不分层，而难以分离。如果乳化不严重，可将分液漏斗在水平方向上缓慢地旋转摇动后静置片刻，即可消除界面处的泡沫状，促进分层。若仍不分层，可补加适量水，后再水平旋转摇动或放置过夜，便可分出清晰的界面。

如果溶剂的密度与水接近，在萃取或洗涤时，其容易与水发生乳化。此时可向其中加入适量乙醚，降低有机相密度，从而便于分层。

对于微溶于水的低级酯类与水形成的乳化液，可通过加入少量氯化钠、硫酸铵等无机盐的方法，促使其分层。

（5）设备　设备主要有分液漏斗、带刻度离心管、摇床。

3.1.3 | 气体样品取样的要点是什么？

问题描述　由于液化气体样品在常温、常压下是气体，因此其既可以气化后气相进样，也可以直接液相进样。早期标准都是选用气化后进样的方法，一般都是钢瓶倒置，下面连接一段不锈钢盘管，泡在水浴槽内，后面连接定量环进样口。理论上来说，这相当于气相进样了。但这里要讨论一下气化过程，其实际上可能存在很多的问题，最关键的问题就是轻组分气化快，重组分气化慢，最终导致进入定量环的气体无法代表液化气体的真实情况。

解　答　要保证气化后气体对原来液体的代表性，必须保证以下几点。

a. 样品以液态流出取样容器。对于钢瓶的话，没有溢流管的一端向下，从下面放出液体去气化装置。

b. 从容器中放出的液体，必须在气化装置中得到完全、快速、充分的气化。为了控制气化后气体的流速，容器出口的节流阀非常关键，其要能够且很方便地调节流速。

c. 整个气化过程中不能有污染物进入，不能有死体积，不能有对样品中目标组分的吸附等。

d. 液化气体样品的气化进样。早期标准都是选用液化气体样品气化后进样的方法，一般可采用水浴加热气化和闪蒸仪气化两种方式。这两种气化方式的原理是相同的，其示意图见图 3-1。

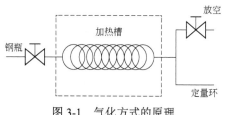

图 3-1　气化方式的原理

a. 水浴加热气化进样具体操作为：将钢瓶倒置，下面连接一段不锈钢盘管，泡在水浴槽内，后面连接定量环进样口。

b. 闪蒸仪气化进样具体操作为：将钢瓶倒置，下面出口端管线与闪蒸仪进口连接，经闪蒸仪加热气化后，闪蒸仪出口连接定量环进样口。

如图 3-2 所示，横轴表示打开钢瓶下部阀门后的时间，纵轴表示样品中组分的含量，一条曲线表示样品进样过程中轻组分的含量变化，另一条曲线表示样品进样过程中重组分的含量变化。

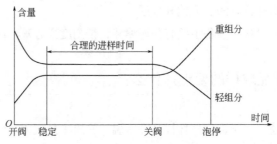

图 3-2　闪蒸气化进样原理

开阀到稳定，表示从样品刚刚进入闪蒸仪到样品在闪蒸仪中达到稳定气化的过程。稳定到关阀，表示样品稳定后到关闭钢瓶下部阀门的过程。关阀到泡停，表示关闭样品钢瓶下部阀门到鼓泡瓶停泡的过程。

刚刚开阀时，样品进入闪蒸仪后，轻组分马上气化，重组分则需要一定时间升温后才能气化，因此这一过程中，轻组分含量较正常为高，重组分较正常为低。一段时间后，随着样品不断进入闪蒸仪并得到气化，重组分在闪蒸仪内得到一定积累后，轻重组分气化达到稳定，气化后流出闪蒸仪的轻重组分的量与进入闪蒸仪的液化气体样品中轻重组分的量达到一致。关闭样品钢瓶下部阀门后，闪蒸仪内不再补充液化气体样品，内部积存的样品继续气化，轻组分很快气化干净，而重组分则气化较慢，需要等待一段时间才能气化干净，因此这一阶段轻组分含量较正常为低，而重组分含量较正常为高。

综上所述，正确进样时间应控制在图 3-2 中所示稳定和关阀之间，并在这一条件下，必须用其他方法做到停泡以保证大气平衡和进样量准确。

3.1.4　提高方法检测限的方式有哪些？

问题描述　低于检测限的产品，为提高分析方法的检测限，应该从哪些方面考虑问题？

解　答　提高方法检测限的主要方式如下。

① 选择合适的分析方法　不同分析方法的灵敏度是有区别的。这是由其测定原理和仪器结构不同所造成的。可以根据测定组分及其含量来选择合适的分析方法。

② 优化实验条件　对于某一特定的分析方法,必然有一些实验条件影响待测组分的分析测定。只有在最优化的实验条件下,该分析方法的灵敏度才会最高。

③ 减小空白值

④ 增大进样量

⑤ 富集待测组分　使用合适的浓缩富集方法对样品中的待测组分进行分离、浓缩,从而提高分析方法的灵敏度。

a. 富集浓缩被测痕量组分（μg/mL,μg/L,ng/L 级）,可提高方法的灵敏度,降低最小检测限。

b. 消除基体对测定的干扰,提高方法的选择性。

c. 使被测组分从复杂的样品中分离出来,制成便于测定的溶液形式。

d. 衍生化的前处理方法,可以使一些在正常检测器上没有响应或响应值较低的化合物转化为具有很高效应值的化合物。

⑥ 采用浓缩技术　对于低浓度样品,常用的浓缩技术包括热解吸、顶空技术、固相萃取、溶剂萃取、水蒸气蒸馏、膜萃取、搅动棒吸附萃取和衍生化技术等。

3.1.5 | 如何应用 SPE 技术制备气相色谱分析的样品?

问题描述　固相萃取（SPE）是一种经典的前处理方法,如何使用固相萃取小柱?

解　　答　如何使用固相萃取小柱,具体要看萃取小柱的使用说明以及过固相萃取小柱样品的性质。

① 一般采用正己烷+丙酮来活化。同时,用真空或用注射器施压,赶走柱内的气泡。

② 然后用弱的溶剂来平衡,一般采用水或缓冲液。

③ 上样,注意这步的流速不能太快,否则样品没有和填料充分交换,影响回收率。

④ 以上几步需注意溶液的液面,不能抽干。

⑤ 洗杂质:根据样品的性质,洗脱溶剂的强度和 pH 的选择以保证能尽可能地洗去杂质而不会洗下样品为好。可以做一下洗脱曲线,以找到最佳的溶剂。

⑥ 洗脱样品:可以选择相对较强的溶剂,保证样品能充分被洗脱下来,收集洗脱液。一般采用纯甲醇或乙腈,若需富集,可以挥干后再定容、进样。

选择洗杂质的溶剂时,可多选择几个有机相和水相的比例,几个 pH 值的溶剂来洗脱,比较样品回收率和杂质峰大小,权衡一下,选择合适的比例。杂质多的话，可以先用一定浓度的有机溶剂沉淀一下蛋白，上清再上样，但是要注意加入有机溶剂的比例，保证上样后不会被直接洗脱。

3.1.6 怎么选择合适的 SPE 小柱及洗脱溶剂？

问题描述 检测分析农药残留时，常用固相萃取小柱进行净化处理，对于各种不同基质的样品及分析目标物，要如何选择 SPE 小柱及洗脱溶剂呢？

解　答

（1）SPE 小柱固定相的组成　SPE 小柱固定相的组成见表 3-2。

表 3-2　SPE 小柱固定相的组成

阴离子交换		
WAX/NH₂（弱阴离子交换）	氨基键合硅胶，三键键合，非端基封尾	从水溶液中提取强阴离子和弱阴离子
SAX（强阴离子交换）	季铵键合硅胶，三键键合，非封尾	提取有机酸
混合模式阴离子交换	专有的混合吸附剂，C₈+SAX	从生物样品（如血、血清、尿等）中提取酸性药物
ABW（特别的固定相）	专有的混合吸附剂，SCX+SAX	从酸性和碱性样品中提取中性化合物（如酰胺类）
Strata-X-AW	带有弱阴离子交换作用机制的聚合物吸附剂；可以在高和低 pH 条件下洗脱	在混合弱阴离子交换模式下提取酸性化合物，pH 1～14 均稳定
正相		
—CN	氰基键合硅胶，三键键合，非端基封尾，游离硅醇基，增加极性作用	正相吸附剂，从非极性溶剂或有机混合物中提取极性化合物
—NH₂	氨基键合硅胶，三键键合，非端基封尾	从水性样品或有机混合物的极性样品中提取强阴离子
EPH（提取石油烃）	专有特性的特大粒径硅胶	从土壤和有机混合物的水溶性样品中分离脂肪族和芳香族化合物，提取碳氢化合物
硅胶（Si-1）	无键合，高等级，高纯度不定型硅胶	从有机混合物中提取结构相近的极性化合物
弗罗里硅土（FL-PR）	高等级，高纯度，大粒径硅酸镁	从有机混合物的环境样品中提取农药
中性氧化铝	高等级，高纯度不定型中性氧化铝	从有机混合物的环境样品、食品中提取极性化合物
Eco-Screen	上层为硫酸钠的专有正相吸附剂	从有机混合物的环境样品中提取目标物

（2）不同样品基质选择不同的 SPE 小柱

① 原则　净化过程中，复杂样品基质中需加入吸附剂以将干扰基质去除，常用的吸附剂有 N-丙基乙二胺（PSA）、C_{18}、石墨化炭黑（GCB）。其中 PSA 可以有效地去除脂肪酸、有机酸、一些极性色素和糖类，属于正相萃取柱；C_{18} 具有疏水作用，主要用于反相萃取，对于非极性组分有吸附作用，如抗生素、药物、糖类、类固醇、水溶性维生素等；对于叶绿素等色素含量较高的蔬菜、水果等样品，为避免色素成分对目标农药的干扰，净化过程中通常会加入 GCB。

② 举例

a. 一般菜样：如白菜、甘蓝、黄瓜、萝卜等，可根据需要选用 C_{18} 柱、Florisil 柱、NH_2 柱等净化。

b. 深色样品：如菠菜、菜心、青椒和胡萝卜，含色素多，可用石墨化炭黑柱去除色素。

c. 茶叶：含咖啡因多，用 Si 小柱净化可较好地去除。

d. 大豆、花生：含油脂多，净化时用 Sax、PSA 小柱去脂。

e. 高糖、高盐样品：如葡萄干、梅脯、腌黄瓜等可采用硅藻土柱助滤。

由于不同样品存在一定的基质增强效应，因此用试剂配制标准溶液测定样品时往往会出现检测结果偏高的现象，采用样品空白提取液配制标准溶液，可以有效弥补基质增强效应带来的定量偏差。

③ 洗脱剂的选择　标液过预处理的小柱，用洗脱剂洗脱，根据目标物的回收率，来调整洗脱剂的极性与洗脱剂的用量。SPE 柱净化的原理跟色谱柱的分离原理是一样的。不同洗脱剂（流动相）对不同物质的保留时间不同而使其分离。洗脱液对应洗脱了哪些农药目标物，根据所检测的目标物及目标物的极性来确定用哪种洗脱方式。

3.1.7　大流量固相萃取的原理是什么？运用于哪些方面？

问题描述　大流量固相萃取主要运用于液体样品的前处理中，其原理是什么？运用于哪些方面呢？

解　答

（1）原理　大流量固相萃取利用固体吸附剂将液体样品中的目标化合物吸附，使其与样品的基体和干扰化合物分离，然后再用洗脱液洗脱或加热解吸附，达到分离和富集目标化合物的目的（即样品的分离、净化和富集）。其目的在于降低样品基质干扰，提高检测灵敏度，其应用于各类食品安全检测、农产品残留监控、医药卫生、环境保护、商品检验、自来水及化工生产实验室。

（2）方法　大流量固相萃取仪的固相萃取主要由活化、上样、淋洗、洗脱四部分组成。固相萃取装置由气压室、收集瓶和萃取柱连接部分等组成。

（3）用途　大流量固相萃取主要用于液体样品的前处理，萃取其中的半挥发性或不挥发性化合物，或去除样品中对分离、分析造成干扰的杂质，还可用于处理能预先溶解到溶剂中的固体样品。可提高分析物的回收率，更有效地将分析物与干扰组分分离，缩短样品预处理过程，操作方便，省时省力。

3.1.8　气体分析中，应怎样配制标准气体？

问题描述　由于复杂的自然因素影响，污染源的多样性以及气体保存上的困难，标准气体在自然条件下很难取得，必须人工配制。制取方法因物质性质的不同而异。对挥发性较强的液态物质，可利用其挥发作用制取；不能用挥发法制取的可使用化学反应法制取，但这样制取的气体中常含有杂质，要用适当的方法加以净化。

解　答

（1）标准气体的制取　制取的标准气体通常收集到钢瓶、玻璃容器或塑料袋等容器中保存，因其浓度较大，故称为原料气体，使用时要进行稀释。一般，商品标准气体都会稀释成多种浓度出售，称稀释气体。

（2）标准气体配制方法　利用原料气体配制低浓度标准气体的方法有静态配气法和动态配气法两大类。

① 静态配气法　把一定量的气态或蒸气态原料气体加入到已知容积的容器中，再充入稀释气体混匀。其原料可以是纯气，也可以是已知浓度的混合气。

标准气体的浓度根据加入的原料气体和稀释气体体积及容器容积计算得知。

这种配气法的特点是设备简单，操作容易。但因有些气体化学性质较活泼，长时间与容器壁接触可能发生化学反应，同时，容器壁也有吸附作用，故会造成配制气体浓度不准确或其浓度随放置时间而变化，特别是配制低浓度标准气体时，常引起较大的误差。

对活泼性较差且用量不大的标准气体，用该方法配制较简便。

② 动态配气法　对于标准气体用量较大或通标准气体较长时间的试验工作，静态配气法不能满足要求，需要用动态配气法。

动态配气法使已知浓度的原料气体与稀释气体按一定比例连续不断地进入混合器混合，从而可以不间断地配制并供给一定浓度的标准气体，两股气流的流量比即稀释倍数，根据稀释倍数计算标准气体的浓度。

动态配气法的特点是：不但能提供大量标准气体，而且可通过调节原料气体和稀释气体的流量比获得所需浓度的标准气体，尤其适用于配制低浓度的标准气体。但是，这种方法所用仪器设备较静态配气法复杂，不适合配制高浓度的标准气体。

3.2　辅助进样技术的样品问题

3.2.1 ｜ 顶空进样的样品有什么要求？

问题描述　什么样品适合顶空分析？

解　　答　顶空进样装置是气相色谱分析的样品前处理装置，与其他的样品预处理方法（如溶剂萃取、热解吸等）相比，更简单实用，工作效率更高，色谱分析结果重现性更好，是气相色谱痕量分析的优选方法之一，它广泛用于以下方面。

① 石油化工　高聚物单体涂料等中可挥发性有机物的分析。

② 环境科学　饮用水中可挥发性卤代烃和工业污水中有机有毒挥发物分析。

③ 卫生、防疫　医疗用品消毒熏蒸残留分析。

④ 食品行业　色酒、醋、酱油的质量控制；包装材料中乙醛等的残留分析；浸出油中的6#溶剂残留量分析等。

⑤ 香料、香精　啤酒、茶叶中香味分析。

⑥ 药品　药品中有机残留溶剂分析。

⑦ 法医化学　血和尿液中乙醇、酮、醛的测定。

⑧ 其他　如土壤中可挥发性有机物的测定等。

总之，只要检测物质的沸点不高（低于150℃），就可以顶空。检测样品的时候，当自动进样样品杂质很多，杂质出峰干扰检测出峰时，就可以选择顶空进样；顶空进样时，样品中杂质几乎不会出峰。

3.2.2 影响吹扫-捕集进样的因素有哪些?

问题描述 吹扫-捕集技术适用于液体或固体样品中萃取沸点低于 200℃、溶解度小于 2% 的挥发性或部分挥发性有机物,被广泛用于食品与环境监测、临床化验等方面。其进样原理及影响吹扫-捕集效率的因素有哪些?

解　答

(1)进样原理

吹扫-捕集技术属于气相萃取范畴,是用氮气、氦气或其他惰性气体将被测物从样品中抽提出来。它使气体连续通过样品,将其中的挥发性组分萃取后在吸附剂或冷阱中捕集,之后再进行分析测定,因而是一种非平衡态的连续萃取。因此,吹扫-捕集技术又称动态顶空浓缩法。气体的吹扫,破坏了密闭容器中气液两相的平衡,使挥发性组分不断地从液相进入气相而被吹扫出来,也就是说,液相顶部的任何组分的分压为零,从而使更多的挥发性组分逸出到气相,所以它能测量含量很低的痕量组分。

(2)影响因素

吹扫效率是在吹扫-捕集过程中,被分析组分能被吹出回收的百分数。

① 吹扫温度　提高吹扫温度,相当于提高蒸气压,因此吹扫效率也会提高;蒸气压是吹扫时施加到固体或液体上的压力,它依赖于吹扫温度和蒸气相与液相的比值。在吹扫含有高水溶性的组分时,吹扫温度对吹扫效率的影响更大,一般选取 50℃ 为常用温度。对于高沸点强极性组分,可以采用更高的吹扫温度。

② 样品溶解度　溶解度越高的组分,其吹扫效率越低;对于高水溶性组分,只有提高吹扫温度才能提高吹扫效率;盐效应能够改变样品的溶解度,通常盐的含量大约可加到 15%~30%,不同的盐对吹扫效率的影响也不同。

③ 吹扫气的体积　吹扫气的总体积越大,吹出效率越高;但是总体积越大,对后面的捕集效率越不利,会将捕集在吸附剂或冷阱中的被分析物吹落,因此,一般控制在 400~500mL。

④ 捕集效率　吹出物在吸附剂或冷阱中被捕集,捕集效率对吹扫效率影响也较大,捕集效率越高,吹扫效率越高;冷阱温度直接影响捕集效率,故选择合适的捕集温度。

⑤ 解吸温度及时间　解吸温度是吹扫-捕集气相色谱分析的关键，它影响整个分析方法的准确性和重复性；较高的解吸温度能够更好地将挥发物送入气相色谱柱，得到窄的色谱峰；一般都选择较高的解吸温度；对于水中有机物，解吸温度通常为200℃，在解吸温度确定后，解吸时间越短越好，从而得到好的对称的色谱峰。

3.2.3　影响固相微萃取技术的因素有哪些?

问题描述　固相微萃取（SPME）装置非常小巧，状似一支手动色谱进样器，通常由手柄和萃取头或纤维头两部分组成,萃取头是一根外套不锈钢细管的1cm长、涂有不同固定相的熔融石英纤维头，纤维头在不锈钢管内可自由伸缩，用于萃取、吸附样品，手柄用于安装或固定萃取头，可永久使用。

解　答

（1）影响萃取效果的因素

① 萃取头的选择　萃取头是固相微萃取装置的核心,其涂层的性质已经成为固相微萃取方法成功与否的关键。涂层的选择应该由待测物质的性质决定，一般根据相似相溶原理进行选择，极性大的待测物质选择强极性的涂层，极性小的待测物质选择弱极性的涂层。

② 试样量、容器体积　由于固相微萃取是一个固定的萃取过程，为保证萃取的效果，需要对试样量、试样容器的体积进行选择。试样量与试样容器的体积与结果有很大关系，试样量与试样容器体积之间存在匹配关系，试样量增大的情况下，重现性明显变好，检出量提高。

③ 萃取时间　是从石英纤维与试样接触到吸附平衡所需要的时间。影响萃取时间的因素很多，例如分配系数、试样的扩散速度、试样量、容器体积、试样本身基质、温度等。

④ 无机盐使用　向液体试样中加入少量氯化钠、硫酸钠等无机盐可增强离子强度，降低极性有机物在水中的溶解度，即起到盐析作用，使石英纤维固定相能吸附更多的分析组分。一般情况下可有效提高萃取效率,但并不一定适用于任何组分。

⑤ 改变 pH 值　同使用无机盐一样改变 pH 值能改变分析组分与试样介质、固定相之间的分配系数，对于改善试样中分析组分的吸附是有益的。由于固定相属于非离子型聚合物，故对于吸附中性形式的分析物更有效。调节液体试样的 pH 值可防止分析组分离子化，提高被固定相吸附的能力。

⑥ 衍生化反应 可用于减小酚类、脂肪酸等极性化合物的极性,提高挥发性,增强被固定相吸附的能力。在固相微萃取中,或向试样中直接加入衍生化试剂,或将衍生化试剂先附着在石英纤维固定相涂层上,在一定的条件下,发生衍生化反应,产生待测化合物。

(2)影响萃取速度的因素

① 加热 加热试样可以加速试样分子的运动,尤其能使固体试样的分析组分尽快从试样中释放出来,增加蒸气压,提高灵敏度,对于顶空分析尤为重要。但过高的温度会降低石英纤维固定相对组分的吸附能力。因此选择一个合适的温度非常重要。

② 磁力转子搅拌、高速匀浆、超声波 磁力转子搅拌可促使试样均匀,尽快达到平衡,且转速越高,达到平衡的速度也越快。使用高速匀浆的出发点与磁力转子搅拌是一致的,但高速匀浆的速度远远高于磁力转子搅拌,其效果更好,萃取时间仅为磁力转子搅拌的1/3。使用超声波对试样进行超声更有助于分析组分的吸附,在三者中效果最好。

③ 固定相的处理 固相微萃取中的关键部位是石英纤维固定相,靠它对分析组分进行吸附和解吸,如果固定相曾被用过且上面的组分未被解吸掉,则会对以后的分析结果有干扰。

(3)联用技术

固相微萃取可以与气相色谱仪 GC 等联用。

固相微萃取是 20 世纪 90 年代发展起来的一种样品前处理技术,与传统的液-液提取、液-固提取相比,SPME 更适用于提取、浓缩液态或气态的挥发性和半挥发性物质,SPME 技术可将采样、萃取、浓缩和样本引入集中于一个步骤完成,尤其随着自动 SPME 与 GC-MS 等联用技术的日益完善,SPME 技术优点得到更充分的发挥。

3.3 有关制样的其他相关问题

3.3.1 怎么保存标准样品?

问题描述 标准样品,其实也可以作为质控样,一般为一种已知浓度的标样,它不仅仅是单纯的标准物质，很多都有基质，评审时所做的盲样也是一种标准样品。要如何有效地保存呢？

解　　答　标准物质应有专门的存放地点，予以明确标识，并由专人负责保管。应制订一份实验室的标准物质清单和领用记录，领用时予以登记。通常用安瓿瓶装的液体物质可存放在泡沫盒内，固体物质存放在干燥器内密闭保存，钢瓶装的标准气体应该用金属链固定。当标准物质证书或说明书上有存放要求（如避光、低温等）时，应按指定的要求保存。标准物质一旦超过有效期则必须立即清理，并予以适当标识，不得继续使用。用于质控的标准样品，其证书由质量管理室统一保管。

3.3.2　如何选择内标样品？

问题描述　内标法适用于对基质效应强的物质进行定量的情况，内标法有哪些优缺点及内标物要如何选择呢？

解　　答
（1）内标法的优点　内标法对进样量要求不严格，测定的结果也较为准确，由于其是通过测量内标物及被测组分峰面积的相对值来进行计算的，因而在一定程度上消除了进样量、仪器不稳定等变化所引起的误差，只对欲分析的组分峰做校正即可。

（2）内标法的缺点　内标法必须加一个组分到样品中，易增加面积测量误差。操作程序较为麻烦，每次分析时内标物和试样都要准确称量，有时寻找合适的内标物也有困难。

（3）内标物的选择原则　对于内标法定量分析来说，内标物的选择是极其重要的。它必须满足如下的条件。

　　a. 内标物与被分析物质的物理化学性质（如沸点、极性、化学结构等）要相似；

　　b. 内标物应是该试样中不存在的纯物质；

　　c. 内标物必须完全溶于被测样品或溶剂中，且不与被测样品起化学反应；并能与试样中各组分的色谱峰完全分离；

　　d. 内标物的加入量应接近于被测组分；

　　e. 色谱峰的位置应与被测组分色谱峰的位置相近，或在几个被测组分色谱峰中间，且又不共溢出，目的是为了避免由仪器不稳定所造成的灵敏度的差异；

f. 选择合适的内标物加入量，使得内标物和被分析物质二者峰面积的匹配性大于 75%，以免由它们处在不同响应值区域而导致的灵敏度偏差。

3.3.3　气相色谱样品处理的原则是什么?

问题描述　根据所需采集的原始样品和样品基体的性质、所要获得的信息（分析测试的目的）、允许的分析时间和色谱仪器对所分析样品的要求等，确定气相色谱分析所采用的样品前处理技术。

解　答　由于色谱分析的目的不同，诸如痕量分析、物质组成的定性分析、多组分体系中的选择分析、纯度分析、定位分析和结构分析等，使用的样品制备方法和技术也不相同。气相色谱通常采用的样品处理技术有气体萃取、溶剂萃取、固相萃取、超临界萃取、衍生化、膜分离、蒸馏、吸附等。

样品的收集、处理方法及技术必须遵循下面的原则。

① 收集的样品必须具有代表性。

② 采样方法必须与分析目的保持一致，并且可采集到想要的样品。

③ 分析样品制备过程中应防止和避免欲测定组分发生化学变化或者丢失。

④ 在样品处理过程中，将欲测定组分进行化学反应时（例如将不能气化的欲测定组分转化成可气化物质的衍生化过程，或者将不适合测定的组分通过化学反应转化成适合测定的物质），其必须是已知的且定量地完成。

⑤ 在分析样品制备过程中，要防止和避免欲测定组分被玷污，尽可能减少无关化合物的引入。

⑥ 样品的处理过程应当尽可能简单、易行，所用样品处理装置尺寸应当与处理的样品量相适应。

此外，在样品实际分析之前，某些样品可能会发生变化（例如光化学过程、微生物和空气中的氧所引起的变化），致使被测定物质的浓度发生变化。因此，在采样之后应当尽可能快地进行分析样品的制备和分析，或者使用合适的方法消除这种干扰（不使这些变化发生），做好样品的保存。

3.3.4　衍生气相色谱法，怎么制备色谱分析的样品?

问题描述　气相色谱中化学衍生的方法主要有哪些?

解　答　气相色谱中化学衍生的作用主要是：改善样品挥发性，改善样品的峰形，改善样品的分离，提高化合物的检测灵敏度。

气相色谱中的主要化学衍生方法如下。

①　硅烷化衍生　硅烷化试剂与样品化合物的衍生反应是通过硅烷基取代羟基、羧基、巯基、氨基及亚氨基的活性氢而进行的。衍生反应的产物是硅醚或硅酯。几乎所有含这些活性氢的化合物都能与硅烷化试剂发生衍生反应，其反应活性顺序为：醇＞酚＞羧酸＞胺＞酰胺。

硅烷化衍生试剂包括三甲硅烷化衍生试剂［如六甲基二硅氮烷、三甲基氯硅烷、N-甲基-N-三甲硅基乙酰胺、N-甲基-N-三甲硅基三氟乙酰胺、N, O-双（三甲硅基）乙酰胺、N, O-双（三甲硅基）三氟乙酰胺、N-三甲硅基咪唑等］和卤代硅烷基衍生试剂（如氯甲基二甲硅基氯硅烷、碘甲基二甲硅基氯硅烷、氯甲基二甲硅基二硅氮烷、碘甲基二甲硅基二硅氮烷、五氟苯基二甲硅基氯硅烷、特丁基五氟苯基甲硅氯硅烷、五氟苯基异丙基甲硅基氯硅烷等）。

②　烷基化衍生　制备烷基化衍生物的反应是亲核取代反应，衍生试剂的烷基取代化合物的酸性氢。衍生反应得到的产物为醚、酯、硫醚、硫酯、N-烷基胺、N-烷基酰胺。

烷基化衍生试剂包括重氮烷烃类（如重氮甲烷等）、烷基卤化物类（如五氟苄基溴、碘乙腈等）、季胺盐类（如氟化二甲基苯基苄基胺、氢氧化三甲基苯基胺）、醇类（如 1, 1, 1, 3, 3, 3-六氟异丙醇等）、烷基氯甲酸酯（如三氯乙基氯甲酸酯等）。

③　酰基化衍生　实质是衍生试剂的酰基取代极性化合物中的活性氢。该类试剂可用于醇、酚、硫醇、胺、酰胺、磺酰胺等化合物的衍生。

酰基化衍生试剂主要有酰卤（如 4-乙酯基六氟丁酰氯、全氟辛酰氯等）、酸酐（如乙酸酐等）、酰基咪唑与酰胺（如全氟乙酰咪唑、N-甲基双三氟乙酰胺）。

④　其他衍生　形成环状衍生物试剂，如硼酸和顺式 1, 2-二醇反应生成的环状硼酸酯、含羰基的化合物与合适的二胺生成的杂环衍生物等；手性衍生试剂，如 S- (-) -七氟丁酰脯氨酰氯、R- (+) -2-甲氧基-2-苯基-3, 3, 3-三氟丙酰氯等。

3.3.5　做样品农残加标实验时，如何保证得到均匀的加标样品？

问题描述　直接加一定浓度的标液到样品上，肯定不能保证均匀性。

解　答　相关做法（他们做的是面粉，加的农药标准物是有机磷）为：将对硫磷、甲基对硫磷、二嗪磷标准品分别溶解于 30～60℃石油醚中，在搅拌下加入用 30～60℃石油醚完全浸泡的面粉中，充分搅拌 1h，在不断搅拌下使面粉中的石油醚全部挥发，分次得到本计划中所使用的两个大样。将完全干燥的大样再次混匀，缩分成每份 40g 的样品，分装于塑料瓶中，压盖密封，避光塑料袋包装，得到 A、B 两组测试样品。或者用甲醇或丙酮对固体样品浸泡后加标，然后再把甲醇跟丙酮挥干。

3.3.6　水中有溶解态待测低沸点成分时，如何采集与制备样品？

问题描述　污染场地生物修复程度的评价指标主要为地下水中的溶解态气体或低沸点成分，要如何采集与制备水中含溶解态气样的样本呢？

解　答

（1）样品的采集　地下水样品采集时应缓慢地将样品导入预先加入 2 滴盐酸（1+1）的 40mL 棕色瓶中，保证样品 pH<2。样品瓶装满形成凸液面后迅速盖紧瓶盖，瓶内不应有气泡。每批样品必须有现场空白样一个，所有空白样均为不含有待测物质的试剂空白水，采集时采集双样，一份作采集样品，一份留作备份样品。样品存放至 4℃±2℃的冷藏设备中，14 天内分析。

（2）样品制备　取 10mL 水样加入 20mL 顶空瓶中，迅速压紧瓶盖，以备上机。样品的制备与标准溶液的配制应同时进行，以保证目标分析物在液气界面间的分配状态处于同一条件下。

3.3.7　气相色谱分析样品前处理质量控制如何开展？

问题描述　质量控制是对检测方法及检测过程准确性进行有效控制的方式，实验室要如何有效地开展这个活动呢？

解　答

（1）使用有证标准物质　在检测中，尽可能使用有证标准物质作为质量控制样品，如无适合的有证标准物质，也可采用加标回收试验进行质量控制。

（2）加标回收试验　同步做 5 种样品［原来有检出阳性样品、空白基质（阴性）样品、阴性加标（回收率）、自备 2 种样品（待检样品、留在冰箱 6 个月或 1

年）残存的样品（看其稳定性）］；尤其注意检验科室对阳性样品的保留。

（3）有效地进行加标

a. 配制多点混标时有没有必要使每种化合物的浓度不同［遵循方法检测限（LOD）或者检测器上响应的高低］？

没必要，标准贮备液尽量同一浓度，各个点每种化合物的浓度也一样，配标的时候也方便，至于说最低点多大浓度合适，看 b.。

b. 农残线性点的选择以及第一个点的确定。说这个之前，先说说浓缩比。取样 12.5g，25mL 乙腈提取，分取 10mL 进行净化浓缩，定容至 2.0mL，因此浓缩比就是 2.5，也就是说从样品到测定液浓缩了 2.5 倍。这样的前处理方式还是比较麻烦的，涉及分取的步骤，25mL 和 10mL 都是定量操作。如果取样 10g，20mL 乙腈提取，中间步骤不分取，全部乙腈提取液浓缩，最后定容 1.0mL，这样 20mL 就不是定量操作，多一点少一点都不影响最后结果，不过浓缩 20mL 时的时间会久一些。10g→1.0mL，浓缩比为 10。查询 GB 2763—2019，农残限量最小的 0.005mg/kg，只有柑橘类水果和甘蔗中的硫线磷，0.01mg/kg 的就很多了，所以如果按农药的残留限量来确定最低的线性点，可以从 0.01mg/kg 这个点开始，这是样品中的浓度，折算到测定液中的浓度就应该考虑浓缩比了，假如浓缩比为 10（从样品到测定液浓缩了 10 倍），测定液中就应该是 0.10mg/L，也即 100μg/L，那么最低点 50μg/L 就可以，如果考虑 LOD、LOQ（方法定量限）之类，在前面加一个 25μg/L。

c. 线性点的安排，直接影响配标的效率。外标法有机磷 50μg/L、100μg/L、200μg/L、400μg/L、800μg/L；有机氯 25μg/L、50μg/L、100μg/L、200μg/L、400μg/L、800μg/L，配标时先准确配制最大的一个点，然后逐级稀释（每次稀释 2 倍），整个过程顶多用两个枪头，而且不用换枪头，高效快捷而且准确。内标法另说。

d. 加标回收以及标准加入法矫正回收率不正常。加标回收是实验室自控的一种方式，理论上每个样品都要进行加标回收。这里按照 2～3 倍的残留限量来加，以残留量 0.01mg/kg，浓缩比 10 的情况来说，测定液中浓度为 100μg/L，加标 200μg/L 就好，这是个浓度单位，那么多大浓度的贮备液加多少 μL，这个还需要计算。比如 10μg/mL 的贮备液取 20μL 加入 10g 样品中，定容至 1.0mL，加标量就是 200μg/L。

有机磷气相检测的时候，基质效应是个比较麻烦的问题，而且有几种极性较大的，基质增强和基质减弱都有。那么如何处理？对于回收率超过 120%且未出峰的化合物，可以确认它确实没有检出。对于回收率高（超过 120%），数值超出限量不很多的（不确定实际是否超过限量）；回收率偏低，数值超出限量的（实际肯定超过限量）；回收率偏低，数值没有超过限量的（不确定实际是否超过限量）三种情况，采用标准加入法。对于有以上 3 种情况的样品，序列运行结束后，直接在进样瓶中加入相应浓度的组分溶液（5～10μL 为宜，加入后组分的浓度尽量小），但这种方法不是很准确，从样品到测定液组分肯定有损失；重新处理两份相同的样品（提取前一份不加标，一份加标），最终峰面积之差代表了加入标准的浓度，从而换算出样品中组分的实际浓度，这种方法较为准确，但需要进行再一次的前处理和上机，这就是最前面说的为什么每个步骤都要有效率。

e．农残检测要做到效率高且数据准确，需要控制的关键点有很多。

3.3.8 食品分析中的样品处理目的及方法分别是什么？

问题描述 样品前处理为食品检验的关键步骤，直接影响分析结果的精密度和准确度，选择合适的前处理方法，缩短样品的前处理时间，可在保证检验质量的同时提高检验效率，食品分析前处理的目的是什么？处理的方法有哪些呢？

解　答

（1）进行样品前处理的目的

① 富集浓缩被测痕量（μg/mL，μg/L，ng/L 级）组分，提高方法的灵敏度，降低最小检测限。

② 消除基体对测定的干扰，提高方法的选择性。

③ 使被测组分从复杂的样品中分离出来，制成便于测定的溶液形式。

④ 衍生化的前处理方法，可以使一些在正常检测器上没有响应或响应值较低的化合物转化为具有很高响应值的化合物。

⑤ 可以除去对仪器或分析系统有害的物质，如强酸或强碱性物质、生物大分子等，延长仪器使用寿命，使分析测定能长期保持稳定、可靠的状态。

（2）样品前处理的要求

① 样品是否要预处理，如何进行预处理，采样何种方法，都应根据样品的性状、检验的要求和所用分析仪器的性能等方面加以考虑。

② 应尽量不用或少使用预处理，以便减少操作步骤，加快分析速度，也可减少预处理过程带来的不利影响（如引入污染、待测物损失等）。

③ 样品不能被污染，不能引入待测组分和干扰测定的物质。

④ 试剂的消耗应尽可能少，方法简便、易行，速度快，对环境污染少，对人员损害小。

（3）样品前处理方法

① 近年来发展起来的样品前处理方法,应用各有其特点,其中应用最为普遍、成熟的是固相萃取（SPE）。

② 基体分散固相萃取（MSPD）对样品的处理最为有效。

③ 超临界流体萃取（SFE）速度快、效率高、几乎不消耗溶剂,但装置昂贵,不易推广普及。液相微萃取技术和分子印迹技术（MIT）具有广阔的应用前景,但国内在这方面起步较晚,相关研究较少。微波辅助萃取（MAE）具有快速、高效节能、环境友好等特点,但目前对其机制的研究还不够。

④ 加速溶剂技术（ASE）一次只能提取一个样本,用于批量检测时需要较长的时间。膜分离样品前处理技术具有选择性高、溶剂用量少、准确度和精密度均较高等特点,其不足是对萃取物质有较高要求,需要优化很多实验条件,并且长期稳定性差。

⑤ 免疫亲和色谱（IAC）是目前净化和富集效能最强的样品处理技术,但尚处探索阶段,仍限于常规技术净化困难的重要残留组分样品的处理过程。

⑥ 吹扫捕集技术（SCD）不会对环境造成污染,具有取样量少、富集效率高、受基体干扰小及容易实现在线检测等优点,但其除水技术尚存在较大缺陷。

⑦ 超声波辅助萃取（UAE）具有快速、价廉、提取率高的优点,但这种技术目前还多是手工操作,主要用在小型实验室,要用于大规模的工业生产中尚存在一定困难。

3.3.9 香精香料样品的前处理方法有哪些?

问题描述 香精香料行业的快速发展,新的天然香料和人工合成香料的不断发现,香气物质的香气化学日益成为人们研究的热点。其进气相色谱分析之前,一般要进行前处理,其主要使用的方法有哪些呢?

解 答 常用的前处理方法有水蒸气蒸馏法、液液萃取、同时蒸馏萃取、固相微萃取、顶空吸附萃取法、搅拌子吸附等。

① 水蒸气蒸馏法 通常将样品与水混合加热,收集水蒸气冷凝水,再用溶剂萃取浓缩。它与同时蒸馏萃取相比,能避免长时间高温对某些成分的破坏,特别

是精油类香气成分。与液液萃取相比则能避免天然物中色素的影响，得到澄清透明的冷凝水。

② 液液萃取（LLE） 是最常见的分离技术。常用的有机溶剂有二氯甲烷、乙醚、戊烷等。

③ 同时蒸馏萃取（SDE） 优点是操作简单，浓缩倍数高；缺点是热敏性物质不实用，而且溶剂使用量大。肉类样品，植物类样品，膏状、粉末香精样品等都可以采用此方法。

④ 固相微萃取（SPME） 有各种萃取头供选择，操作简单、快速，不使用溶剂，所以无毒害。缺点就是萃取头易折断。萃取头的纤维固定相体积小，吸附的香味物质有限。如果用 SPME 处理样品，最好使用配套的专用衬管，其能显著改善初始阶段的峰形。

⑤ 顶空吸附萃取法（HSSE） 是一种浓缩技术，可用于挥发性化合物的测定，与传统的静态顶空分析方法相比，具有更高的灵敏度。

⑥ 搅拌子吸附 吸附提取灵敏度高，几乎适用于饮料、果汁、粉末、调味料、含油脂样品等所有基质。

3.3.10 环境检测中的样品前处理方法有哪些?

问题描述 样品采集及预处理一直是制约环境化学发展的瓶颈。传统的前处理方法耗时长，精密度及重现性差，难以自动化、智能化，并且大量使用有毒溶剂等。环境化学工作者经过不懈的探索和努力，改进并创新了一系列环境样品预处理技术。

解　答 环境样品前处理方法主要有以下几种。

① 吹扫-捕集（PT） 主要优点是不使用有机溶剂，不污染环境，操作简便，取样少，富集效率高，适合于大多数挥发性和半挥发性有机物的分离、富集。吹扫捕集技术可以与很多仪器联用，如 GC-ECD、FID、MS 及 ICP-AES 等。吹扫-捕集是无溶剂制备与处理样品的一种技术。

② 加速溶剂萃取（ASE） 是近几年发展起来的一种全新的样品前处理方法，在较高的温度和较大的压力下，使用溶剂萃取固体或半固体样品的一种液固萃取方法。在环境分析中已广泛应用于土壤、污泥、沉积物、大气颗粒物、粉尘、柴油中总烃、二噁英、呋喃、多环芳烃，动植物组织及蔬菜水果样品中的多氯联苯、

有机膦、苯氧基除草剂、三嗪除草剂等有机物的萃取。该技术的不足之处是不适用于高温下易降解的样品。

③ 膜萃取　是利用非孔膜分离富集样品的一种前处理方法。膜萃取一般用于挥发性、半挥发性有机物的检测。膜萃取的优点是富集倍数高，溶剂用量少，成本低，易于在线操作等。

④ 微波辅助萃取（MASE）　与其他萃取方法对比，微波辅助溶剂萃取优势在于溶剂的用量小，萃取效率高，节省时间。微波辅助萃取的缺陷主要在于加热时升温速度过快，容易出现局部过热现象。

3.4　样品制备的应用案例

3.4.1 │ 食品，饲料，土壤中六六六、滴滴涕和多氯联苯的样品处理方法是什么?

问题描述　食品，饲料，土壤中六六六、滴滴涕和多氯联苯涉及的检测方法有：GB/T 5009.19—2008（第二法）、GB/T 13090—2006、GB 5009.190—2014（第二法）、GB/T 14550—2003。将这些标准进行归纳总结，以便检测者提高检测的效率。

解　　答

（1）食品、饲料、土壤样品前处理方法

① 提取　取 2.0g（±0.01g）样品于 50mL 离心管中，加入 20mL 丙酮+正己烷（1+2，$V+V$）（饲料样品需再加入 4～5 滴磷酸），再加入 10g 无水硫酸钠均质 30s，再用 20mL 丙酮+正己烷（1+2，$V+V$）清洗均质头，土壤样品不均质，直接超声 30min 取上清液，土壤样品残渣继续用 20mL 丙酮+正己烷（1+2，$V+V$）涡旋提取；合并提取液，3500r/min 离心 5min，上清液经装有 10g 无水硫酸钠的漏斗脱水于鸡心瓶中，再用 10mL 丙酮+正己烷（1+2，$V+V$）冲洗漏斗上的残渣合并洗液 40℃浓缩至干；用正己烷（2.5mL×3 次）漩涡振荡器洗涤鸡心瓶，合并洗液 35℃左右氮气吹干，用正己烷定容至 2.00mL，待净化。

② 净化　先加入 1mL 浓硫酸，不涡旋直接离心，弃去下层浓硫酸，重复 3 次，然后再加入约 1mL 浓硫酸，涡旋离心弃去下层浓硫酸，重复多次至下层浓硫酸澄清为止，离心取上清液上机测试。

（2）对前处理的注释

GB/T 5009.19—2008（第二法）所用的色谱柱为填充柱，GB 5009.190—2014（第二法）所用的色谱柱为 DB-5MS 或者等效柱，GB/T 13090—2006 中是填充柱或毛细管柱，GB/T 14550—2003 中是填充柱或 DB-17，实验室用等效柱 HP-1 和 HP-5。

所用有机溶剂均为分析纯以上，如试剂有问题，则应查批号并告知采购专员。提取时用到的试剂均为分析纯，定容时用色谱纯。

GB 5009.190—2014（第二法）中称样 5.0~10.0g，GB/T 5009.19—2008（第二法）中根据基质不同，称样 0.5~20.0g，GB/T 13090—2006 中称样 5.0g，GB/T 14550—2003 中称样 20.0g，振荡提取 30min 或超声提取 15min，实验室操作统一称样 2.0g，除土壤样品超声外其余分散提取一次。

GB/T 5009.19—2008（第二法）和 GB/T 14550—2003 中六六六、滴滴涕检测提取所用溶剂为丙酮和石油醚，GB 5009.190—2014（第二法）中多氯联苯检测用正己烷和二氯甲烷进行提取，GB/T 13090—2006 中提取液过无水硫酸钠漏斗除水，实验室这些项目的检测都用丙酮和正己烷提取，用无水硫酸钠除水和分散研磨。

GB/T 13090—2006 中提取液定容至 25mL 后，取 5mL 提取液用浓硫酸净化后吹干定容 2mL，相当于 1g 样品定容 2mL；GB/T 14550—2003 中提取液全部浓缩后定容至 10mL，相当于 4g 样品定容 2mL；实验室所用方法提取液全部经真空浓缩后吹干定容至 2mL，再经浓硫酸净化，相当于 2g 样品定容 2mL。

GB 5009.190—2014（第二法）中多氯联苯检测经浓硫酸脱脂后过碱性氧铝柱净化，实验室用浓硫酸净化。

（3）注意事项

① 加标回收：采用空白样品进行加标，准确吸取 0.02μg/mL 混合标准工作液 1.00mL 到空白样品中，提取步骤同样品一致，对应最终样品加标水平 0.01mg/kg。多氯联苯项目，需在称样后加入 0.02μg/mL PCB198 内标 1.00mL，对应样品中的内标浓度为 0.01mg/kg。同一批样品若基质相近则只做一个加标，若相差较大需要一类基质加一个标。有机氯的加标回收率应在 60%~120%；多氯联苯的加标回收率应在 60%~120%，PCB138 的回收率较其他 PCB（s）为低。若达不到，需分析原因，如有必要重新试验直到符合为止。

② 标液：准确吸取 0.02μg/mL 六六六滴滴涕混合标准工作液 5.0mL，定容至 10.0mL，得到六六六滴滴涕 0.01μg/mL 上机液。多氯联苯上机液则准确吸取 0.2μg/mL 混合多氯联苯标准工作液（除内标 PCB198）0.50mL 和准确吸取 0.2μg/mL

PCB198 内标 0.50mL 定容至 10.0mL，得到多氯联苯 0.01μg/mL 上机液。

③ 分散提取要充分，遇到样品与无水硫酸钠结块一定要打碎。

④ 正己烷定容后，加浓硫酸磺化过程的时间不可太长，以防正己烷挥发。

⑤ 若样品较脏浓硫酸净化的次数将会增加，此时可使用新离心管将上层澄清液取出，继续用浓硫酸净化，但需注意防止正己烷挥发。

⑥ 浓硫酸净化时，加入量不宜过多，且要多次净化，直到浓硫酸层比较澄清为止。

⑦ 初测加标水平为检出限，如检出阳性样品，需复测，样品做双平行，需要做标准曲线上机定量，标准曲线至少包含 5 个点，且所有样品和加标的值均要在标准曲线范围内，检出值接近标准曲线中间点；加标加在相同或相近基质空白样品中，加标水平要与检出量相当；如无相同或相近基质空白样品，则可直接加在阳性样品中，加标水平要相当于检出量的 3 倍，带一个类似基质的空白样品。若检出含量非常高，样品需稀释上机，并在原始记录上备注稀释过程。

⑧ 如果发现样品提取液的含油量较多，在浓硫酸净化前增加一个正己烷-乙腈液液分配以除油脂，具体操作步骤如下。将"40℃浓缩至干，用正己烷 2mL×3 次漩涡振荡器洗涤鸡心瓶，合并洗液 35℃左右氮气吹干，用正己烷定容至 2.00mL"更改为"40℃浓缩至干，用正己烷 2mL×3 次漩涡振荡器洗涤鸡心瓶，合并洗液于 15mL 玻璃离心管中，35℃左右氮气吹干；分别加入正己烷 3mL、乙腈 3mL，涡旋混匀，一次性吸管去除正己烷层；再加入正己烷 3mL，涡旋混匀，使用一次性吸管吸取，去除正己烷层。剩余乙腈相 35℃左右氮气吹干，用正己烷定容至 2.00mL。"

⑨ 鱼、肉及其干制品，茶叶等颜色较深的复杂基质，前 3 次加 1mL 浓硫酸净化时，不涡旋，直接离心弃去下层浓硫酸，继续净化至上下层分层明显，可以把上层正己烷层转移至另一只玻璃离心管，再进行净化。

3.4.2 茶叶中咖啡因对有机磷类农药残留的测定有什么影响？

问题描述 依 SN/T 1950—2007 对茶叶进行处理，茶叶基质（空白茶叶）富含咖啡因，会在毒死蜱、马拉硫磷、杀螟硫磷出峰位置附近出现很大的坡，如果气相色谱仪进了茶叶基质中的咖啡因，要连续进十几针的丙酮空白针，此坡才能消失，才不会对后续出峰位置的物质定量产生干扰。

解　答

（1）提取　取 2.0g（±0.01g）样品于 50mL 塑料离心管中，加入 2mL 去离子水、20mL 丙酮+正己烷（1+1）溶液和 2～3g 无水硫酸钠，旋紧离心管盖，涡旋 1min 后超声 30min，超声期间每 5min 振摇一次，4000r/min 离心 5min，待净化。

（2）净化　移取 5.0mL 上清液至 15mL 离心管中，35℃下氮气吹干，加入 2.5mL 正己烷，涡旋使样品溶解，再加入 2.5mL 饱和氯化钠水溶液继续涡旋 30s（说明：用饱和氯化钠水溶液和正己烷分配可去除水溶性杂质及咖啡因），后在 2000r/min 下离心 1min，取出正己烷层，向剩余溶液中加入 2.5mL 正己烷再提出一次。合并正己烷层过经 5mL 丙酮+正己烷（1+1）活化上填 1cm 高无水硫酸钠的 Carb/PSA 柱（0.5g/6mL），用 8mL 丙酮+正己烷（1+1）继续洗脱，共收集洗脱液 13mL，置于 15mL 刻度玻璃离心管中，35℃水浴氮气吹干，用正己烷定容 1mL 上 GC-FPD 检测。

3.4.3　NY/T 761—2008 与 GB/T 5009.146—2008 中蔬菜有机氯测定前处理有何不同？

问题描述　NY/T 761—2008 与 GB/T 5009.146—2008 是蔬菜中有机氯测定常用的检测方法，它们在前处理上各有哪些不同呢？

解　答

（1）标准说明

① NY/T 761—2008 的前处理　称取 25.0g 样品，加乙腈，加氯化钠使水果、蔬菜中的水与乙腈分层，取乙腈层（目标农药进入乙腈层）；弗罗里硅柱是正相柱，做有机氯时可以使用，用极性小的洗脱剂丙酮+正己烷（1+9）来洗脱，由于有机氯类的农药极性弱，方法选择时要用弱极性的洗脱剂，以保证目标物能洗脱出来，而杂质不被洗脱下来，以更好地保护气相部分。

② GB/T 5009.146—2008 的前处理　称取 20.0g 样品，加丙酮与石油醚（1∶1），过滤，加 2%硫酸钠溶液分层，取水层，再用 2×20mL 石油醚液液分配萃取，此时目标农药进入石油醚层，取石油醚层过无水硫酸钠净化，因为只是检 16 种菊酯类农药，与 NY/T 761—2008 净化有机氯一样，过弗罗里硅柱，用极性比洗脱剂丙酮+正己烷（1+9）更小的石油醚+乙酸乙酯（95+5）洗脱。

（2）提取剂的选择　提取是采用适当的有机溶剂和方法，将残留在样本中的农药从样本中分离出来，以供净化后进行测定。提取是农药残留分析步骤中很关键的一步。提取效果的关键是提取溶剂的选择，提取溶剂的选择与待测农药性质、检测方法及样本种类有关。根据相似相溶原理，应选择与待测农药极性相似的溶剂，并要求提取溶剂的沸点为 40~50℃，既能溶解待测农药，又不能与待测农药发生反应。同时要考虑检测器检测时的要求。对含水量高的样本，要选择与水能相混溶的溶剂，还应考虑溶剂对样本的渗透能力等，以便将样本组织中的待测农药充分提取出来。

在农药残留分析中，根据农药极性、样本性质等选择不同极性的提取剂，常用提取剂按极性由强到弱为水、乙腈、甲醇、乙醇、丙酮、乙酸乙酯、乙醚、二氯甲烷、三氯甲烷、苯、甲苯、环己烷、正己烷、石油醚。丙酮作为极性较强并能与水相溶的提取溶剂，能溶解大多数农药，且过滤和溶解都很容易，但丙酮又能大量提取植物组织中的油脂和色素，为下一步净化带来困难。乙腈作为提取溶剂，对油脂和色素提取较少，在有机磷、有机氯、拟除虫菊酯、氨基甲酸酯类等农药的分析中，被美国分析化学家协会（AOAC）法所采用，也是我国目前常用的提取溶剂。乙腈与丙酮相比，虽然价格高一些，且浓缩时间长，但可同时提取多种农药残留，且操作简单，是一种首选提取溶剂。

（3）结果比较　用 NY 761—2008 进行前处理，加饱和氯化钠促使乙腈与水分层，无须过滤，操作较简便；且与 GB/T 5009.146—2008 数据结果相近，说明方法是有效可行的。过柱净化洗脱要根据分析目标物的极性来选择相应极性的洗脱性，既能保证目标物充分洗脱出来，同时又尽量减少极性大的非目标物杂质被洗脱出来，以减少对仪器的维护。

3.4.4　复杂基质的药材更适合用哪种前处理方法？

问题描述　药材有机氯农残检测时，有两种前处理方法可用，一种是用有机溶剂提取，用 CARB/NH₂ 柱、硅-镁柱来净化；另一种是采用有机溶剂提取，用浓硫酸磺化的方法来净化。对于复杂基质的药材丹参（色素含量高，颜色深）、当归（挥发油含量高）选择哪种前处理的方式效果更好些呢？

解　答　经实验结果表明，处理含有较多干扰杂质的药材时，采用 CARB/NH₂

柱、硅-镁柱的固相萃取法的前处理效果差，杂质去除能力弱，前处理完成后的溶液中仍然含有很多杂质，颜色深红，采用气相色谱法完全无法判断；浓硫酸磺化除杂的方法，杂质去除能力强，前处理完成后的溶液为无色。以当归为例来比较上述两种前处理方法、结果见图 3-3 和图 3-4。

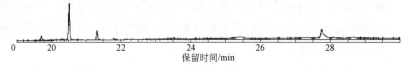

图 3-3　当归浓硫酸磺化

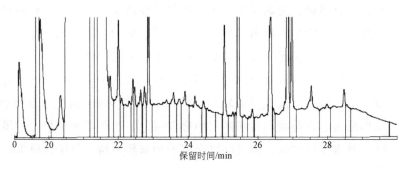

图 3-4　当归固相萃取

对比可见，丹参、当归等色素含量较高，挥发油含量较高，有较多杂质的药材在进行有机氯农残检测时，采用浓硫酸磺化的前处理方法，净化效果更好。

3.4.5　中药材农药残留检测前处理技术有哪些?

问题描述　随着对中药材农药残留的报道日益增多，人们对农药残留危害的认识也越来越深入，药典对其制定的检测方法也越来越全面，越来越科学。

① 药材化学成分复杂，有效成分不易确定，为建立合适的分析方法带来一定难度；

② 中药制剂按照中医理论组成，要根据组方规则建立分析方法；

③ 药材来源差异大，药材来源、炮制方法、制剂种类、辅料的差异都会对分析方法的效果造成影响；

④ 中药中的杂质来源多样，可能是中药材中带有的色素、多糖或是中药炮制过程中、制剂生产过程中带来的干扰物质；

⑤ 中药材中不需检测的其他天然活性成分也会干扰目标物的检测。

由以上内容可知，中药材及其制剂（基质）种类多样、成分复杂、杂质等干扰因素多，为中药材中农药残留检测带来一定困难，选择合适的农药残留检测方法非常重要。

解　答　除了直接用中药材提取液进行检测的方式外，常用的样品前处理技术有固相萃取（SPE）、液相微萃取（LPME）、固相微萃取（SPME）、磺化法、微波辅助萃取（MAE）、超声波辅助萃取（SAE）、基质固相分散萃取（MSPD）、快速样品处理（QuEChERS）、超临界流体萃取（SFE）、凝胶渗透色谱（GPC）等。选择一种泛用、节省成本、方便有效的前处理方法将会大大提升实验效率。

固相萃取采用选择性吸附、选择性洗脱的方式对样品进行分离、纯化、富集，被广泛应用于农药检测分析的前处理。优点是回收率高、重现性好、适用范围广、简单快捷，并且可以实现现场应用和自动化操作。

快速样品处理（QuEChERS），操作简单，耗时短，有机溶剂消耗量少，与抗干扰能力强的二级质谱联用，不仅克服了基质干扰和大部分的假阳性问题，而且使二级质谱的优点得到充分发挥。目前广泛应用于果蔬、谷物、中草药的农残检测。

由此，2020 版《中国药典》新增的《2341 农药残留量测定第五法》提出了三种前处理方法。

3.4.6　样品制备方式对检验结果有什么影响？

问题描述　GB/T 23204—2008 要求茶叶样品的粉碎细度为过 20 目筛。由于茶叶要过 20 目筛，粉碎的难度加大，同时工作量也加大，这需要通过改变前处理提取目标农残的方式来解决。

解　答

（1）分析目标物的提取　茶叶检测样品前处理通常是按照标准所指引的方法：用乙腈、乙酸乙酯、丙酮、石油醚、正己烷等有机溶剂对目标农药残留进行提取。

如果提取方法不当，目标农残提取不完全，或者提取的杂质过多，将干扰目标物的测定及增加仪器维护的难度。

（2）样品前处理方法比较

① GB/T 23204—2008

a．提取　茶叶样品经粉碎过 20 目筛，称取 5g（精确至 0.01g）于 80mL 离心管中，加入 15mL 乙腈，15000r/min 均质提取 1min，4200r/min 离心 5min，取上清液于 200mL 鸡心瓶中。残渣用 15mL 乙腈重复提取一次，离心，合并两次提取液，40℃水浴旋转蒸发至 1mL 左右，待净化。

b．净化　在 Cleanert TPT 固相萃取柱上加入约 2cm 高无水硫酸钠，置于固定架上，加样前先用 10mL 乙腈-甲苯（3+1）预洗柱，当预洗液面到达无水硫酸钠的顶部时，迅速将上述样品浓缩液移入柱中，并用鸡心瓶接收淋洗液，用 2mL 乙腈-甲苯（3+1）洗涤鸡心瓶，重复 3 次，洗涤液也移入柱中，再用 25mL 乙腈-甲苯（3+1）洗脱，40℃水浴中旋转浓缩至约 0.5mL，加入 5mL 正己烷进行溶剂交换，重复两次，最后使样液体积为 1mL，0.2μm 滤膜过滤，气相质谱测定。

② 优化后的方法

a．提取　正常粉碎的茶叶样品，没有特别的目数要求。取 2.0g（±0.01g）样品于 50mL 塑料离心管中，加入 2mL 去离子水、20mL 丙酮+正己烷（1+1）溶液和 2～3g 无水硫酸钠，旋紧离心管盖，涡旋 1min 后超声 30min，超声期间每 5min 振摇一次，4000 r/min 下离心 5min，待净化。

b．净化　移取 5.0mL 上清液于 15mL 离心管中，35℃下氮气吹干，加入 2.5mL 正己烷，涡旋使样品溶解，再加入 2.5mL 饱和氯化钠水溶液继续涡旋 30s，后 2000r/min 下离心 1min，取出正己烷层，剩余溶液中加入 2.5mL 正己烷，再提取一次。合并正己烷层过经 5mL 丙酮+正己烷（1+1）活化上填 1cm 高无水硫酸钠的 Carb/PSA 柱（0.5g 6mL），用 8mL 丙酮+正己烷（1+1）继续洗脱，共收集洗脱液 13mL，于 15mL 刻度玻璃离心管中，35℃水浴氮气吹干，用正己烷定容 1mL 上 GC/MS 测定。

（3）方法比较说明

GB/T 23204—2008：茶叶中直接加入乙腈提取，由于茶叶是干的样品，直接用乙腈来提，会不会因为乙腈的渗透能力没有那么强，导致茶叶中的水胺硫磷提取不出来呢？

优化后的方法中加入 2mL 去离子水，可使样品吸水膨胀，有利于干样中目标物的提取。GB/T 23204—2008 中无此操作。

　　用丙酮+正己烷（1+1）溶液超声提取，超声提取可简化提取步骤并防止样品间的交叉污染。丙酮+正己烷（1+1）溶液极性适中，便于目标物的提取和后续净化步骤的衔接，方便操作。标准 GB/T 23204—2008 中用乙腈，乙腈不利于旋蒸。

　　用饱和氯化钠水溶液和正己烷分配可去除水溶性杂质及咖啡因。采用丙酮+正己烷（1+1）溶液洗脱 Carb/PSA 柱，由于降低了洗脱溶剂的极性，可在满足水胺硫磷洗脱下来的前提下减少干扰。标准 GB/T 23204—2008 中用的是 TPT 固相萃取柱，洗脱溶剂为乙腈+甲苯（3+1）。

3.4.7　测定白萝卜中的百菌清时需注意什么?

问题描述　用 NY/T 761—2008 的检测方法前处理白萝卜测百菌清，未加磷酸时，白萝卜的百菌清无回收。同时加 0.5mL 50%磷酸水溶液处理后，百菌清有回收，同时不影响其他有机氯类农残的检测。

解　答　百菌清是个比较难做的项目，需要关注的因素多，不然回收率低，甚至没响应，测定时主要需注意以下几点。

　　① 仪器状态，衬管、色谱柱需维护，不然响应值不稳定，甚至无响应。

　　② 提取时需在一定的酸性条件下，不然提取效率不高。

　　③ 百菌清是片状农药（含苯环或者杂环的都算），Carb、GCB 对其有吸附，净化时一般不选用 Carb、GCB 小柱，一定要选的话，洗脱溶剂中必需有合适比例的甲苯（让甲苯先填充到 Carb、GCB 的孔隙里，从而使百菌清具有平面结构的农药不会再被吸附），否则无回收率。

　　④ 净化手段需要够强悍，不然受基质影响，其回收率波动范围很大，响应值亦不稳定，推荐净化手段为：样品提取后，转化为正己烷介质，过弗罗里硅土柱，用正己烷洗 10mL，弃去（目的是使走出来的谱图更干净，减小基线波动对定量的影响），换成乙酸乙酯+正己烷（1+9）继续洗脱，收集 10mL，浓缩定容。在此基础上，如果是白萝卜样品基质，百菌清会黏附在植物体表面不易被提取，而较低的 pH 环境会降低百菌清的黏附能力，加入 0.5mL 50%的磷酸水溶液可使样品基质处于 pH<2 的酸性环境中，从而提高提取率。

3.4.8　农药残留快速检测样品前处理技术有哪些？

问题描述　农药残留检测技术一直是国际农产品和食品安全研究领域的一个热点。农药残留的分析是在复杂的基质中对低浓度待测组分进行的定性和定量分析，通常需经过样品制备、纯化富集、分离检测和综合分析等步骤。农药残留量测定中的样品前处理主要包括萃取和净化等步骤。提取是将样品中的农药溶解、分离出来的操作步骤，由于某些样品组成复杂，提取后往往还需经过净化步骤才能达到待测物与干扰杂质分离的目的。

解　答　农药残留分析中常用的样品前处理技术有固相萃取、固相微萃取、微波辅助萃取和超临界流体萃取等。这些新技术的共同特点是：节省时间、减轻劳动强度、节省溶剂、减少样品用量、提高提取或净化效率、提高自动化水平。

（1）固相萃取　主要用于液相色谱分析中样品的前处理，其原理是固体吸附剂将液体样品中的目标化合物吸附，与样品的基体和干扰化合物分离，然后再利用洗脱液洗脱或加热解吸附，达到分离和富集目标化合物的目的。根据固相萃取柱中填料的不同，固相萃取主要可分为以下几种。

①　正相固相萃取：柱中填料都是极性的，如硅胶、氧化铝和硅-镁吸附剂等，用来萃取（保留）极性物质。

②　反相固相萃取：柱中填料通常是非极性的或弱极性的，如 C_8、C_{18} 和苯基柱等，所萃取的目标化合物通常是中等极性到非极性的。

③　离子交换型固相萃取：柱中填料是带电荷的离子交换树脂，如 NH_3 所萃取的目标化合物是带电荷的化合物。此外，也可以利用抗原-抗体反应或配体-受体结合的原理制备亲和型固相萃取，以进行选择性洗脱。但是抗体和受体的制备比较困难，且其对有机溶剂敏感，所以在实际应用上受到限制。

固相萃取操作步骤包括柱预处理、加样、洗去干扰组分和回收待测组分四个部分。其中加到萃取柱上的样品量取决于萃取柱的尺寸、类型、待测组分的保留性质以及待测组分与基质组分的浓度等因素。SPE 的另一种分离情况是杂质被保留在柱上，待测组分通过柱。样品被净化但不能富集待测组分，也不能分离保留性质比待测组分更弱的杂质，即净化不完全。与传统的液液萃取法相比，固相萃取克服了液液萃取技术及一般柱层析的缺点，待测组分的回收率高，并能有效地将待测组分与干扰组分分离，萃取过程简单快速、溶剂省、重现性好，一般分析只需 5～10min，是液液萃取法的 1/10，所需溶剂也只有液液萃取法的 10%，并减少了杂质的引入，减轻了有机溶剂对人身和环境的影响。

（2）固相微萃取 是在固相萃取技术基础上发展起来的一种萃取分离技术，它克服了固相萃取吸附剂孔道易堵塞的缺点，是一种无溶剂，集采样、萃取、浓缩和进样于一体的样品前处理新技术。固相微萃取装置类似普通样品注射器，由手柄和萃取头两部分组成。萃取头是一根涂有不同固定相或吸附剂的熔融石英纤维，石英纤维接不锈钢针，外套不锈钢管（用来保护石英纤维），纤维头可在不锈钢管内伸缩。固相微萃取的萃取模式主要可分为两种：直接法，即将石英纤维暴露在样品中，主要用于半挥发性的气体、液体样品萃取；顶空法，将石英纤维放置在样品顶空中，主要用于挥发性固体或废水水样萃取。固相微萃取包括吸附和解吸两个过程，即样品中待测物在石英纤维上的涂层与样品间扩散、吸附、浓缩的过程和浓缩的待测物解吸附进入分析仪器完成分析的过程。吸附过程中待测物在涂层与样品之间遵循相似相溶原则，平衡分配。这一步主要是物理吸附过程。固相微萃取比其他任何提取技术都快，一般只需 15min（固相萃取需 1h，而液液萃取需 4～8h），而且只需少量样品。目前固相微萃取主要与 GC-MS 联用，用来分析环境、医药、食品和动植物样品中挥发性和半挥发性农药残留量。

（3）微波辅助萃取 对样品进行微波加热，利用极性分子可迅速吸收微波能量的特性来加热一些具有极性的溶剂达到萃取样品中目标化合物、分离杂质的目的。与传统的振荡提取法相比，微波辅助萃取具有高效、安全快速、试剂用量小和易于自动控制等优点，适用于易挥发物质（如农药等）的提取，并可同时进行多个样品的提取。微波辅助萃取中溶剂的选择非常重要，直接影响萃取结果。由于非极性溶剂介电常数小，对微波的入射透过，也就是不吸收，微波几乎不起加热萃取作用。因此在微波辅助萃取时，要求溶剂必须具有一定的极性，对待测组分有较强的溶解能力，对后续测定的干扰较少。此外也应考虑溶剂的沸点。常用的萃取剂有：甲醇、乙醇、丙酮、乙酸、甲苯、二氯乙烷和乙腈等有机溶剂。用苯、正己烷等非极性溶剂萃取时必须加入一定比例的极性有机溶剂。微波辅助萃取最佳参数选择时除了考虑萃取溶剂外，还需考虑萃取设备、萃取温度及时间。操作中要控制溶剂温度使其不沸腾，且在该温度下待测物不分解。实验结果表明，由于萃取回收率随时间延长增长的幅度不大，可忽略不计。而萃取回收率在一定的温度范围内随温度增加而增加，且各物质的最佳萃取回收率温度都不同。

（4）超临界流体萃取 超临界流体是指处于临界温度和临界压力的高密度流体。这种流体介于气体和液体之间，兼具二者的优点。超临界流体萃取是指利用处于超临界状态的流体作为溶剂对样品中待测组分萃取的方法。在选用超临界流体萃取剂时应考虑临界条件是否容易达到、溶解能力的大小、萃取剂的毒性和腐蚀性对装置是否有影响、价格等因素。最常用的超临界流体为 CO_2，它具有无毒、无臭、化学惰性、不污染样品、易于提纯、超临界条件温和等特点，是萃取热不稳定非极性物质的良好溶剂。但 CO_2 属非极性溶剂，在萃取极性化合物时具有一定的局限性。实际应用时，通过加入少量的改进剂（如 NH_3、MeOH、NO_3、$CClF_3$）等极性化合物来改善萃取效果。超临界流体萃取由萃取与分离两过程组成，影响超临界流体萃取效率的因素，除了萃取剂外，主要还有压力、温度及改性剂。

① 压力的影响　当流体处于超临界状态且温度一定时，密度的变化将引起溶质溶解度的同步变化，从而改变萃取的效果。因为萃取压力为密度的重要参数之一，可通过调压途径提高萃取效率，并可根据待测组分在流体中的溶解度大小，使其先后在不同的压力范围内被萃取。

② 温度影响　由于温度的变化将影响流体密度和待测物蒸气压的变化，温度对萃取效果的影响较为复杂。在临界点附近低压范围区，升温虽使待测物蒸气压略微升高，但流体密度的急剧下降，导致萃取剂溶剂化能力减弱。相反，在高压范围区，升高温度使待测组分蒸气压迅速增加，萃取效率得到改善。

③ 改性剂的影响　选择良好的溶剂不仅有利于提高待测物的溶解度，而且有利于提高分离的选择性。以 CO_2 为萃取剂制样分析新鲜蔬菜试样时发现，不用改性剂，甲胺磷农药的回收率仅为 45%～82%，加入改性剂甲醇后回收率提高到 90%～114%。常用的改性剂有 NH_3、NO_2 和 $CClF_3$ 等。

（5）凝胶渗透色谱技术　根据溶质（被分离物质）分子量的不同，通过具有分子筛性质的固定相（凝胶），使物质达到分离。凝胶渗透色谱法最初主要用来分离蛋白质，但随着适用于非水溶剂分离的凝胶类型的增加，凝胶渗透技术于农药残留量净化的应用得以发展。凝胶渗透色谱的最佳参数主要取决于载体、溶剂的选择。载体凝胶渗透色谱是具有分离作用的关键，其结构直接影响仪器性能及分离效果。因此，载体要具有良好的化学惰性、热稳定性、一定的机械强度、不易变形、流动阻力小、不吸附待测物质、分离范围广（取决于载体的孔径分布）等性质。同时分离效果还与载体的粒度大小和填充密度有关。为了扩大分离范围和分离容量，一般选择几种不同孔径的载体混合装柱，或串联装有不同载体的色谱柱，其中载体的粒度越小、越均匀，填充得越紧密越好。良好的溶剂有利于提高待测物质的溶解度，避免操作时因分析对象的改变而更换溶剂。由于凝胶渗透色谱为液体色谱，溶剂的熔点要在室温以下，而沸点应高于实验温度，且溶剂的黏度要小，以减小流动阻力。另外溶剂还必须具备毒性低、易于纯化、化学性质稳定及不腐蚀色谱设备的特点。此外，分离效率除了受载体、溶剂选择的影响以外，还受温度和溶质化学性质的影响。与吸附色谱等净化技术相比，凝胶渗透色谱技术具有净化容量大、可重复使用、适用范围广、使用自动化装置后净化时间缩短、简便、准确等优点。

3.4.9　GB 5009.32—2016 检测 TBHQ，如何提高方法回收率？

问题描述　GB 5009.32—2016 检测 TBHQ 时回收率不理想，如何提高？

解　答

（1）样品前处理

① 稳定剂的配制　配制正己烷饱和乙腈（含 L-抗坏血酸棕榈酸酯）时，称取 100mg L-抗坏血酸棕榈酸酯至 1000mL 的正己烷饱和乙腈中，超声溶解。

② 抗氧化剂的提取　取 2.0g（±0.01g）油脂样品（非油脂样品则需先提取油脂）于 50mL 离心管中，加入 5mL 乙腈饱和正己烷涡旋溶解，向离心管中加入 20mL 正己烷饱和乙腈（含 L-抗坏血酸棕榈酸酯）涡旋提取 2min，3500r/min 下离心 5min，乙腈转移至鸡心瓶中。离心管中加入 20mL 正己烷饱和乙腈（含 L-抗坏血酸棕榈酸酯）再提取一次，合并乙腈层至鸡心瓶中，35℃真空浓缩至 2～3mL，乙腈转移至 10mL 容量瓶中，用乙腈（2×2mL）洗鸡心瓶，溶剂全部转移至容量瓶中，用乙腈定容。移取 2mL 定容溶液至 15mL 离心管中，加 0.15～0.2g 的 C$_{18}$ 填料涡旋（3 轮，每轮 10s），静置分层，乙腈层上机。

（2）GB 5009.32—2016 检测抗氧化剂时提高回收率的注意事项

① 样品加乙腈涡旋后，离心时有个别样品的乙腈层会浑浊，需要再次离心以减少油脂的带入，减轻后面除油脂步骤的压力。

② 真空浓缩时温度不要过高，如果提取剂正己烷饱和乙腈中没有加入稳定剂，L-抗坏血酸棕榈酸酯的整个旋蒸过程不可超过 6min，6min 之后抗氧化剂挥发损失很大，因此建议加入 L-抗坏血酸棕榈酸酯作为抗氧化剂测定的稳定剂。同时一定不要蒸干，否则回收率会降低。

③ 由于二丁基羟基甲苯（BHT）、丁基羟基茴香醚（BHA）、特丁基对苯二酚（TBHQ）见光易分解，进样瓶用棕色的。

④ 浓度在 100μg/mL 以下的标液要现配，若样品量较多，进样针数超过 20 针，为保证标液的稳定应使用含 L-抗坏血酸棕榈酸酯的乙腈溶液［正己烷饱和乙腈（含 L-抗坏血酸棕榈酸酯）］配制。

⑤ 回收率范围：可在 80%～120%。

3.4.10　GB 5009.128—2016 气相色谱法检测食品中的胆固醇，只有溶剂峰时怎么办?

问题描述　用 GB 5009.128—2016 气相色谱法检测食品中的胆固醇，只有溶剂峰，前处理要如何提取优化？

解　答

（1）方法原理　试样经无水乙醇-氢氧化钾溶液皂化，石油醚和乙醚混合液提取，正己烷溶解定量后，采用气相色谱 FID 测定，外标法定量。

（2）前处理条件

① 皂化条件的选择　选用大豆油作为皂化实验样品，在不同的氢氧化钾浓度（500g/L、600g/L、700g/L），皂化温度（80℃、85℃、90℃、95℃）及皂化时间（30min、45min、60min、80min）下，测定豆甾醇的含量。结果表明：最佳皂化条件为氢氧化钾浓度为 600g/L，皂化温度为 90℃，皂化时间为 60min。

② 萃取剂的选择　选用大豆油为萃取实验样品，分别用乙醚和石油醚作为萃取剂，二者回收率均在 90% 以上，乙醚回收率高于石油醚，在 98% 以上，但石油醚比乙醚安全，因此选择石油醚和乙醚的混合液（1+1，体积比）作为萃取剂。

（3）仪器分析条件

① 色谱的选择　胆固醇又称胆甾醇，是一种环戊烷多氢菲的衍生物。胆固醇分子式 $C_{27}H_{46}O$，分子量 386.67，熔点 148℃，密度 0.98g/cm^3，为无色或微黄色晶体。胆固醇在真空中可升华，微溶于水，难溶于冷乙醇，较易溶于热乙醇，溶于乙醚、氯仿、苯、植物油。根据胆固醇的性质，选用气相色谱 FID 检测或者质谱仪检测。

② 色谱条件的优化　实验过程中对色谱条件规定的参数要求进行了多次调整，以使仪器的灵敏度、稳定性和分离效率均处于最佳状态，获得满意的分离效果，达到回收率的要求。经过多次的摸索，确定以下的参数。

a. 色谱柱的选择　胆固醇溶于乙醚、石油醚，溶于脂肪及一般脂溶性溶剂，根据参考文献，选择非极性或弱极性的气相色谱柱，因此选用 DB-5MS（30m×0.25mm×0.25μm）毛细管色谱柱或相当者。

b. 色谱条件的选择　柱温与载气压力的选择以检测灵敏度高、检测时间短、分离效果好为原则。通过对标准溶液进样的观测进行优化选择，采用以下条件：由于胆固醇分子量为 386.67，沸点为 480.6℃，沸点高，因此进样口温度选为 260℃；柱温采用程序升温，初始温度 220℃，保持 1min；以 30℃/min 的速度升至 280℃，在 280℃处保留 9min；载气为氦气，不分流，载气流量为 1.00mL/min。

3.4.11　GC-MS 法检测食品中邻苯二甲酸酯类增塑剂，如何准确定量？

问题描述　气相色谱-质谱法检测食品中的邻苯二甲酸酯类增塑剂，如何防止实验过程出现的污染现象、准确定量呢？

解　答

（1）不同样品的提取方法

① 方法 1　水溶液（不含油）（稀释倍数为 10）：称样 1.0g（精确至 0.0001g），置于 25mL 玻璃离心管中，加入 10mL 正己烷，涡旋振荡，离心，取正己烷层上机。适用基质：液体乳、饮料、酱油、食醋、白酒、蜂蜜等。

② 方法 2　称样 0.5g（精确至 0.0001g），置于 10mL 玻璃离心管中，先加 0.1mL 正己烷和 2mL 乙腈，涡旋 1min，超声提取 20min，4000r/min 下离心 5min，收集上清液。残渣中再加入 2mL 乙腈，涡旋 1min，4000r/min 下离心 5min。最后加入 2mL 乙腈重复提取 1 次，合并 3 次上清液，待 SPE 净化。适用基质：植物油等。

③ 方法 3　准确称取混匀试样 0.5g（精确至 0.0001g）于 25mL 玻璃离心管中，加 5mL 蒸馏水，涡旋混匀，再准确加入 10mL 正己烷，涡旋 1min，剧烈振摇 1min，超声提取 30min，1000r/min 离心 5min，取上清液供分析。适用基质：果冻、甜面酱、芝麻酱、含油调味酱等。

④ 方法 4　准确称取 0.5g（精确至 0.0001g）于 25mL 玻璃离心管中，加入 5mL 蒸馏水，涡旋混匀，再准确加入 10mL 正己烷，涡旋 1min，剧烈振摇 1min，超声提取 30min，1000r/min 离心 5min，取上清液，供分析。适用基质：乳粉、米粉、鸡精等固态试样。

（2）不同样品前处理解释说明　方法 1 与标准 GB 5009.271—2016 一致；方法 2 是增加的分支，标准 GB 5009.271—2016 中无"水溶液（含少量油）"这种样品类型。方法 3 与标准 GB 5009.271—2016 的主要区别是：正己烷直接与样品接触进行提取，标准中先用水提取，过滤后用正己烷提取水中的邻苯二甲酸酯，速度较慢，易污染且可能存在提取不出来的风险（因多数邻苯二甲酸酯不溶于水）。遇水会变糊固体不再加水，标准 GB 5009.271—2016 中无"遇水会变糊固体"这种样品类型。

方法 4 与标准 GB 31604.30—2016 基本一致，主要不同之处是称样量与稀释倍数。

两份标准中柱温起始温度均设为 60℃，本法设置 80℃，原因是当进样介质为乙腈时，60℃的柱温条件峰形前伸，当进样介质为正己烷时无影响。

邻苯二甲酸二异壬酯（DINP）、邻苯二甲酸二异癸酯（DIDP）是两份标准中都没有包含的项目。食品添加剂类选用方法原则：取样品约 1g 至玻璃管中，加约 10mL 水，振荡或涡旋，观察溶解现象，若完全溶解，则重新称样，按方法 2 操作。若不能完全溶解，则重新称样，按方法 4 操作。

（3）标液在不同溶剂中的响应　由于邻苯二甲酸酯在乙腈和正己烷中的响应值不同，需分别配制乙腈和正己烷介的标液，定量时分别定量，不可混用。从实际对比看，正己烷为介质时响应值稍高且基线平稳，乙腈为介质时基线有若干杂峰，在建立校正表时需仔细查看，并手动积分修改不妥之处。

（4）防污染是实验中最为关键的环节

① 全程使用玻璃器皿，在使用前必须用正己烷再冲一遍；

② 实验过程中所有试剂均使用色谱纯级别的（包括冲玻璃器皿和洗针头的）；

③ 氮吹仪的针头在使用前需专门清洗；

④ 不可使用一次性塑料针筒、滤膜、塑料滴管等；

⑤ 所有使用到的粉末均装于玻璃瓶中，并充分摇匀，以确保本底值的平行性；

⑥ 每个方法需做 2 个全程试剂空白，计算结果校正空白。

3.4.12　食品中乙草胺残留量检测方法的净化机理是什么?

问题描述　GB 23200.5—2016《食品安全国家标准食品中乙草胺残留量的检测方法》的净化原理是什么？为什么淋洗液与洗脱液是一样的？

解　答

（1）固相萃取小柱净化原理　利用被测样品中的化合物与背景杂质在 SPE 柱不同填料中的分配系数差异，匹配相应的洗脱溶剂，将化合物和杂质分离。

（2）固相萃取小柱分类　反相萃取柱（从极性基体中提取非极性样品）、正相萃取柱（从非极性基体中提取极性样品）、离子交换型萃取柱（提取带电荷样品）。

（3）农残检测常用的固相萃取小柱

① C_{18} 柱：主要用于反相萃取，适合于非极性到中等极性的化合物，如抗生素、杀真菌剂、除草剂、环境农药、多环芳烃和多氯联苯残留，用于去除样品基质中的脂肪。

② C_8 柱：比 C_{18} 的非极性吸附更弱。

③ 硅胶 LC-Si 柱：极性化合物萃取，如除草剂、农药、有机酸、甲胺磷、乙草胺等。

④ Carb-NH$_2$（GCB-NH$_2$）柱是复合柱，可用以绝大部分农药的前处理净化中。

⑤ 弗罗里矽柱的主要作用是正向吸附，能去除一部分杂质但不能去除色素。

⑥ 乙二胺-N-丙基硅烷化硅胶（PSA）的作用和氨基（—NH$_2$）的作用差不多，都是通用除杂质的 SPE 柱，也可以和 Carb 配成 Carb-PSA 复合柱使用。

（4）硅胶固相萃取小柱的原理　LC-Si 柱的硅胶表面含有大量的硅羟基，能够吸附极性化合物，通过调变适当的淋洗液和洗脱液，可以达到吸附特定化合物或杂质的目的。乙草胺在乙酸乙酯介质中与硅羟基反复发生吸附与解吸附过程，1mL 提取液过柱时，当液面达到 LC-Si 柱顶端后才能继续加入正己烷淋洗液，以免形成涡流影响整体洗脱效果，过程中需保持溶剂浸润柱填料，不能干涸，以免柱中产生气泡或强吸附点使洗脱规律发生变化。GB 23200.57—2016 中，先用 10mL 正己烷淋洗，再用 5mL 乙酸乙酯+正己烷（3+97）淋洗，接着用 5mL 乙酸乙酯+正己烷（5+95）淋洗（淋洗液的极性逐渐增大），最后用 15mL 乙酸乙酯+正己烷（5+95）洗脱，收集洗脱液，绝大部分乙草胺在第 6～22mL 流出。实验收集第 6～21mL 流出液，很好地实现了乙草胺和杂质的分离。其中大部分弱极性杂质（如油脂等）在 2mL 左右就流出柱子，随后大量色素、酚类杂质开始流出，接着一些中强极性的杂质也被乙酸乙酯洗脱出来，大部分中强极性及偏弱极性的杂质都在 5mL 以前流出，而强极性杂质则被吸附在柱填料上，能与乙草胺共流出的杂质量非常少，洗脱液均为无色透明液体。

作用机理分析：LC-Si柱/乙酸乙酯选择洗脱净化是本前处理方法的核心步骤。LC-Si柱是经典的正相固相萃取柱，基于正相原理杂质吸附于萃取柱上，目标化合物随溶剂洗出，一般使用中等偏弱极性的溶剂洗脱。乙酸乙酯是极性较强的溶剂，在这种介质中，大量中强极性及弱极性杂质均难以保留而与目标化合物一起洗出，导致净化步骤失效。本实验正是利用了在乙酸乙酯介质中大量杂质均难以保留的特点，使其先于乙草胺流出LC-Si柱，然后乙草胺在特定阶段流出，再与仍然吸附于萃取柱上的强极性杂质分离，达到了良好的净化效果。

值得注意的是，这个过程是在使用单一溶剂洗脱的条件下实现的（目前的保留型固相萃取技术在洗脱步骤需要更换更强的溶剂）。在色谱柱洗脱过程中，经常还需要梯度洗脱来实现目标物的分离，而LC-Si固相萃取小柱以其极低的理论塔板数即可实现单一溶剂的选择洗脱。它必须同时满足两个条件：目标化合物的停留时间足够长，以至于能够与绝大多数干扰基质明显分离；在不更换溶剂的情况下，目标化合物又能够被定量洗脱。

3.4.13 化妆品中壬二酸的提取方法怎么优化？

问题描述 如何有效地提取化妆品中的壬二酸？

解 答

试样衍生条件的选择与确定

① 壬二酸衍生试剂选择 壬二酸熔点为98～103℃，沸点为286℃（100mmHg下，1mmHg≈133.32Pa）。考虑直接在气相色谱上检测，将壬二酸标样用乙醇溶解，配制成200mg/L、400mg/L、600mg/L、800mg/L、1000mg/L五个点。直接上机分析，得到壬二酸标准曲线，所得标准曲线的x轴截距非常大，造成这个结果的原因可能是壬二酸在色谱柱升温过程中发生了分子间聚合反应，导致低浓度点的壬二酸无法检出，所以，壬二酸不能直接上机分析，需进行柱前衍生。

考虑到壬二酸有两个羧基，采用衍生成酯类物质的方法，衍生物更稳定，更容易检测。因此，考虑用酯化试剂或酰化试剂将羧基转为酯类。因为化妆品中普遍存在水相，三氟化硼乙醚络合物不适于作为酰化试剂，而考虑将硫酸-甲醇、硫酸-乙醇、氢氧化钾-甲醇、氢氧化钾-乙醇作为酯化衍生试剂。取空白样品，加入200mg/L的壬二酸标样，在同样条件下，进行衍生反应试验，不同衍生试剂的衍生物谱图见图3-5。

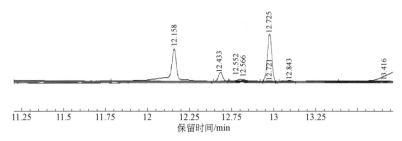

图 3-5　不同衍生试剂的衍生物谱图

图 3-5 中，出峰时间为 12.160min 的为以硫酸-甲醇为衍生试剂得到的衍生产物，经质谱确认为壬二酸二甲酯；出峰时间为 12.720min 的为硫酸-乙醇衍生物，经质谱确认为壬二酸二乙酯；用氢氧化钾-甲醇和氢氧化钾-乙醇衍生后，均无衍生物产生。同样条件下，硫酸-乙醇衍生物的峰面积大，响应值高，而且乙醇毒性小，因此，选择硫酸-乙醇作为壬二酸衍生试剂。

② 衍生试剂用量选择　取 1g 试样，加入同样体积的壬二酸标准溶液，再加入 2mL 乙醇，之后分别加入 50μL、100μL、200μL、400μL、600μL、800μL、1000μL、1200μL、1400μL、1600μL、1800μL、2000μL 浓硫酸进行衍生，衍生试剂浓硫酸用量对衍生结果的影响见表 3-3。

表 3-3　衍生试剂浓硫酸用量对衍生结果的影响

硫酸加入量/μL	50	100	200	400	600	800	1000	1200	1400	1600	1800	2000
衍生物含量/（mg/L）	10.6	29.7	44.5	56.6	57.9	68.6	67.6	66.3	55.1	49.8	46.3	39.5
	10.5	29.4	44.5	56.7	58.0	68.4	67.8	65.8	54.9	49.6	46.0	38.6
	10.3	29.4	44.8	56.4	58.7	68.1	67.1	66.4	55.6	49.4	46.4	38.6
衍生物含量平均值/（mg/L）	10.5	29.5	44.6	56.6	58.2	68.4	67.5	66.2	55.2	49.6	46.2	38.9
标准偏差 S	0.164	0.199	0.186	0.155	0.432	0.259	0.321	0.311	0.356	0.225	0.225	0.537

由表 3-3 可以得出，开始随着浓硫酸加入量的增加，衍生物含量逐渐加大，在硫酸加入量为 800μL 时，衍生物浓度最大；随着硫酸加入量的进一步加大，衍生物的含量逐渐下降，因此，硫酸加入量以 800μL 比较适宜。

③ 衍生温度的选择　取 1g 试样，加入同样体积的壬二酸标准溶液，再加入

2mL 乙醇，之后加入 800μL 浓硫酸，分别在室温、30℃、40℃、50℃、60℃、70℃、80℃下进行衍生实验，考察温度对衍生结果的影响，结果见表 3-4。

表 3-4   衍生温度对衍生结果的影响

衍生温度/℃	25	30	40	50	60	70	80
衍生物含量 /（mg/L）	68.9	67.2	66.0	63.1	60.7	54.5	56.5
	68.5	67.2	65.9	63.2	59.9	55.0	55.8
	69.7	67.3	65.3	63.7	60.2	54.3	55.5
衍生物含量平均值/（mg/L）	69.0	67.2	65.7	63.3	60.3	54.6	55.9
标准偏差 S	0.603	0.058	0.330	0.299	0.369	0.348	0.499

从 25℃到 40℃，衍生物的含量变化不大，随着衍生温度的逐渐升高，衍生物含量逐渐下降，在反应温度为 70～80℃时，衍生物含量变化不明显。因为浓硫酸加入时，会产生大量热量，在室温下就可实现衍生反应，因此，衍生反应温度设为 25℃。

④ 衍生时间的选择   取 1g 样品，加入同样体积的壬二酸标准溶液，再加入 2mL 乙醇和 800μL 浓硫酸，考察衍生时间为 0min、10min、20min、30min、40min、50min、60min 时，衍生物浓度的变化，结果见表 3-5。

表 3-5   衍生时间对衍生结果的影响

衍生时间 t/min	5	10	20	30	40	50	60
衍生物含量 /（mg/L）	70.9	71.1	65.8	67.9	61.2	63.8	65.3
	71.4	70.5	66.7	67.8	60.0	64.2	65.8
	71.0	70.7	66.2	68.7	60.0	63.0	66.2
衍生物含量平均值/（mg/L）	71.1	70.8	66.2	68.1	60.4	63.7	65.8
标准偏差 S	0.272	0.330	0.415	0.467	0.686	0.594	0.449

由表 3-5 可以看出，在 5～10min 内，衍生物浓度基本不变；从 20～60min 内，衍生物含量略微有些下降。说明反应时间对衍生反应的影响不大，因此，选择衍生时间为 10min，此时衍生反应已基本完成。

⑤ 提取溶剂的选择   由于衍生物是不溶于水的，故在样品提取过程中首先选用实验室常用的正己烷、乙酸乙酯、甲苯和乙腈作为提取溶剂。取 1g 试样，加入相同体积的壬二酸标准溶液，再加入 2mL 乙醇和 800μL 浓硫酸，涡旋混匀，衍生

10min，最后加入相同体积的正己烷、乙酸乙酯、甲苯和乙腈提取衍生物。实验中发现乙腈与衍生溶液完全互溶，因此，剔除乙腈。考察正己烷、乙酸乙酯、甲苯作为提取溶剂的提取效率，实验结果见表3-6。

表3-6 提取溶剂对衍生结果的影响

提取溶剂选择	正己烷	乙酸乙酯	甲苯
衍生物含量/（mg/L）	105.5	83.3	78.2
	106.9	80.5	81.5
	103.8	85.6	82.4
衍生物含量平均值/（mg/L）	105.4	83.1	80.7
标准偏差 S	1.55	2.56	2.21

从表3-6可以看出，正己烷作为提取溶剂的提取效果最好，提取液衍生物浓度最大，提取效率最高；实验中乙酸乙酯作为提取剂时，提取液不易分层；同时，乙酸乙酯和甲苯作为提取溶剂时，在样品基质中，提取液色谱图干扰物质比较多；而正己烷作为提取溶剂时，提取液色谱图干扰小，提取效果好，因此，选择正己烷作为衍生后的提取溶剂。

⑥ 提取次数的选择 取1g试样，加入2mL乙醇和800μL浓硫酸，涡旋混匀，衍生10min，衍生反应完成后，用正己烷提取衍生物，分别提取1次、2次、3次和4次，考察提取次数对衍生结果的影响。实验结果见表3-7。

表3-7 提取次数对衍生结果的影响

提取次数	1次	2次	3次	4次
衍生物含量/（mg/L）	106.0	29.8	6.57	6.60
	108.8	26.2	6.16	6.83
	100.0	25.9	6.21	7.08
衍生物含量平均值/（mg/L）	105.0	27.3	6.31	6.84
标准偏差 S	4.53	2.15	0.23	0.24

随着提取次数的增加，衍生液中衍生物的浓度逐渐下降，提取3次和4次时，衍生液中衍生物的浓度基本不变，因此，提取次数确认为3次。

⑦ 净化条件选择 用正己烷提取后，因衍生试剂为浓硫酸，正己烷提取液中残留少量的硫酸，有必要对提取液进行净化，以去除残留的硫酸。考虑衍生物和硫酸的性质，考察去离子水、饱和碳酸氢钠水溶液及20g/L的氢氧化钠溶液作为净化溶液时对结果的影响，结果见表3-8。

表 3-8 净化条件对结果的影响

净化溶液	去离子水	饱和碳酸氢钠水溶液	20g/L 氢氧化钠溶液
衍生物含量/（mg/L）	93.6	102.1	105.0
	93.7	102.4	102.9
	93.7	103.1	94.1
衍生物含量平均值/（mg/L）	93.7	102.5	100.7
标准偏差 S	0.09	0.54	5.80

不同净化试剂净化后的色谱叠加图如图 3-6 所示。

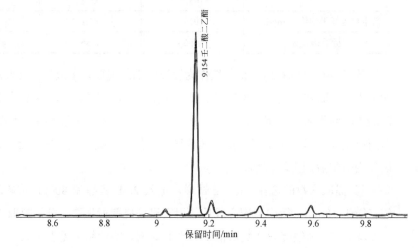

图 3-6　不同净化试剂净化后的色谱图

结合表 3-8 和图 3-6 可以看出，不同净化试剂净化后，谱图上的差距不大，只有衍生物的含量有些差距，用饱和碳酸氢钠净化处理后，衍生物含量高且稳定，因此，选择饱和碳酸氢钠作为净化试剂。

通过上述实验，化妆品中壬二酸的检测方法总结如下：称取 1g 试样，加入 2mL 乙醇和 800μL 浓硫酸，涡旋混匀，室温下衍生 10min，衍生液中加入 5mL 正己烷，涡旋 1min，离心（≥5000r/min）5min，重复提取 2 次，合并 3 次提取液，用 15mL 饱和碳酸氢钠溶液洗涤一次，离心（≥5000r/min）5min，取正己烷层，氮吹，约余 4.5mL，用正己烷定容至 5mL。涡旋混匀，加入少量无水硫酸钠干燥，此为试样液。

第 4 章

气相色谱分析中常见问题及解决方法

4.1　柱分离相关的技术问题

4.1.1　如何选择气相色谱柱?

问题描述　气相色谱柱是气相色谱仪的核心部件之一。在气相色谱分析时,色谱柱的选择至关重要,需要考虑待测组分的性质、实验条件(如柱温、载气流速的大小)等。气相色谱柱分为毛细管色谱柱和填充色谱柱,在分析工作中应该如何选择合适的色谱柱?

解　答　填充气固色谱柱的固定相为颗粒状的固体吸附剂,而填充气液色谱柱的固定相为涂覆在惰性固体颗粒(载体)上的固定液液膜。毛细管气固色谱柱一般专指多孔层开管柱(PLOT),其内壁上仅涂渍一层多孔性吸附剂微粒。其他各类毛细管色谱柱均属于气液色谱柱。相比于填充柱,毛细管柱一般具有更高的分离效能,原因如下:毛细管柱内径较小,一般为 0.1～0.7mm,内壁固定液膜极薄,中心为空，故阻力很小，而且不存在涡流扩散项，谱带展宽变小。由于毛细管柱的阻力很小，其长度可为填充柱的几十倍，故其总柱效比填充柱高得多。一般来说，一根30m长的毛细管柱很容易达到100000的总理论塔板数，而一根3m长的填充柱最多只有4500的总理论塔板数。

毛细管柱的分析速度约为填充柱的数十倍。由于液膜极薄，分配比k很小、相比大，组分在固定相中的传质速度极快，因此有利于提高柱效和分析速度。它可在1h内分离出包含100多种化合物的汽油成分；可在几分钟内分离十几种化合物。所以毛细管色谱柱对于复杂的样品分离更为有利，如农产品中农药多残留的同时检测、环境样品的有机物污染检测、化妆品中香精检测等。当然，毛细管柱也有其局限性，因其内径小、柱容量小，且对进样技术的要求更高，对载气流速的控制要求更为精确。进样量越小，意味着对检测器灵敏度的要求就越高。所以考虑分析工作中的成本和经济效益，在进行简单的永久性气体和低分子量有机化合物分析时，建议采用填充气相色谱柱。

目前填充色谱柱已经越来越多地被毛细管色谱柱所代替。在实际GC分析中，90%以上均使用毛细管色谱柱。甚至在进行永久性气体分析时，填充柱也逐渐被多孔层开管柱（PLOT）所取代。

4.1.2　色谱基线不稳定时怎么处理？

问题描述　气相色谱检测时，有时基线不稳定，应该怎么处理？

解　答

① 不进样单独走程序升温，如果基线稳定，可能是样品带入的杂质。如果基线不稳定，考虑老化色谱柱或者清理进样口。

② 不接色谱柱点火，如果基线不稳定，考虑喷嘴以及载气、辅助气流量是否异常；如果基线还算稳定，就要考虑是否色谱柱或进样口有污染、喷嘴脏、收集极接触不良、柱出口漏气等。清理收集极，用脱脂棉蘸点溶剂擦拭喷嘴口。

③ 一般情况下，净化管中硅胶失效会导致基线漂移增大，而且向上漂。换掉硅胶之后基线就会恢复正常。

④ 衬管污染，换色谱柱之后，衬管又将色谱柱污染，将导致基线不稳定。此种情况下需要更换衬管。

⑤ 色谱柱接进样口、检测器端的石墨垫，时间长了会有破损，出现漏气现象。

进样口石墨垫破损，峰面积会减少；检测器端石墨垫破损，在谱图上的明显特征是进溶剂基线噪声大，进标液有负峰，可更换石墨垫加以解决。

⑥ 氮气质量不好，氮气纯度未达到 99.999%，容易出倒峰。一般来讲，杂质多或者污染导致 ECD 基线高的时候，进烃类溶剂就容易有倒峰。相当于有物质进去之后，污染物浓度实际上被降低，所以表现为倒峰。

⑦ 色谱柱使用一段时间后，会受到不同程度的污染，轻污染可采取老化色谱柱或切柱头的方法来解决，重污染则要将接检测器端切多些（切一两米甚至更多），色谱柱可能还能再用一段时间，但切柱头后，一定要及时设定正确的色谱柱长度。色谱柱尺寸要输入气相色谱仪中，其根据长度、内径来确定柱压与线性流速，而这两项决定了基线是否平稳，来回更换色谱柱后，一定要检查色谱柱的长度与内径设定是否正确，否则会出现基线不稳的情况。

4.1.3　怎样判断是否发生了柱流失？

问题描述　对于使用液体固定相的气液色谱柱和毛细管色谱柱来说，都有柱流失的现象，这是固定相的正常分解。有哪些方法可以避免柱流失？有哪些方法可以判断是否发生了柱流失现象？

解　答　柱流失是不可避免的，柱流失程度与固定相种类和含量、色谱柱规格有关。一般固定相含量越多，柱流失则相对越高。柱流失与柱温以及载气中氧气的浓度有关，高温下，固定相的分解会加快。氧气是许多固定相分解的催化剂，特别是在高温时段，强调载气的纯度和色谱柱安装的气密性，一方面就是出于氧气会加剧柱流失的考虑。此外，随着使用次数和时间的增加，色谱柱固定相的稳定性最终会发生不可逆的变化，导致柱流失的增加。色谱柱柱流失严重情况多出现在进样的溶液类型与色谱柱液膜的溶剂类型不一致时，例如，SLB-5MS 的色谱柱是非极性的，当使用极性溶剂时，就会发生反应而导致大量柱流失，在做测试时一定要留意样品的性质。

诊断色谱柱是否存在流失问题的最佳方法是安装色谱柱后，在设定的条件下，做一次空白色谱图，并保存。必要时，将最近运行的和空白运行的色谱图对比。如果空白运行中产生了很多峰，则色谱柱性能改变了。如果有 GC-MS，则可以通过离子峰的质荷比来判断相应离子是否来自柱流失。

色谱柱固定相的流失是连续的，一般不会产生一个一个的"流失峰"。绝大多数情况下，人们所观察到的杂峰或鬼峰来自色谱柱之外的污染，故障排查可参考以下方法。

① 将进样口温度降至室温，设置柱箱温度为较低温度（如 50℃），恒温约 20min，观察基线；将进样口温度提高到高温（如 250℃），再在 50℃恒温下观察 20min。如果杂峰信号增加，说明有来自进样口或载气的污染，可重点检查进样口隔垫和衬管，必要时更换新的。样品瓶隔垫有时也可引入聚硅氧烷类物质的污染，可检查样品瓶里是否有隔垫的碎屑，或与不带隔垫的样品瓶比较进行排查。

② 检查检测器是否污染。具体步骤是：断开并取下色谱柱，用堵头封住检测器入口。打开检测器，如果继续出现杂峰，则应该立即考虑清洗检测器，并检查检测器所用气体管线的清洁度。

较高的流失并且基线波动，通常是色谱柱被污染的征兆，样品中挥发性差的组分可能不在第一次程序升温流出，而在后面的温度循环中缓慢流出，从而导致较高波动的基线。遇到这种情况，建议维护和更换进样口衬管与隔垫，色谱柱进样口端切割掉 0.5～1m，重新安装并在高温老化色谱柱 2～3h，观察基线是否恢复正常。

4.1.4 怎样正确操作才能延长色谱柱的使用寿命，保证分离的效果？

问题描述　在气相色谱柱的使用过程中，哪些操作会影响色谱柱的使用寿命？在最大限度地延长色谱柱使用寿命的同时，又如何确保气相色谱柱的分离效果？

解　答

（1）正确的安装和操作　气相色谱柱一旦损坏之后，想恢复其分离效能往往是极其困难的，因此要使一根气相色谱柱获得更长的使用寿命，最根本的在于能够正确地安装和操作，形成良好的使用和维护习惯。如定期对管路和压力调节器进行检漏、定期更换隔垫、用高纯度载气、安装氧净化器以及不要待载气钢瓶完全用空再进行更换等，以免系统和氧接触受氧化而损坏；严格和彻底地净化样品，以减少半挥发性和不挥发性残留物对色谱柱的污染。

（2）使用预柱　为了延长色谱柱的使用寿命，除合理选择色谱柱类型和固定相外，减少色谱柱的活化或再生频率，提高日常工作效率，也是较佳的方法。有时使用预柱也是不可缺少的。

在毛细管柱气相色谱分析中，可以使用一段 1～10m 的去活石英毛细管作为预柱，减少污染物对色谱柱的损坏。这段去活石英毛细管又被称为空保护柱，它连接在毛细管柱前面。去活石英毛细管没有涂渍任何固定相，只对管壁表面进行了去活处理，以便减小和溶质的作用。大多数情况下，空保护柱内、外径和色谱柱相同，如果管径不同，最好使用内、外径大一些的保护柱，其比直径小的效果更好。

当样品中含有不挥发性组分时，使用空保护柱可避免色谱柱污染，这样可以大大减少残留物和样品之间的作用。因为空保护柱不会保留溶质（没有涂渍固定相），且残留物不会覆盖在固定相的上面而导致不好的峰形。空保护柱常为 3～5m 长，当有峰形出现问题时，空保护柱应当进行再处理或更换。

空保护柱也常用于某些样品，以改善峰形。在大体积进样（>2μL）的不分流进样、大内径柱直接进样和柱头进样情况下，空保护柱在对溶剂和固定相极性不匹配时很有用，它对靠近溶剂前沿流出的峰或溶质的极性和溶剂很相似的色谱峰，有很大改善作用。

① 色谱柱必须再生处理的几种情况

a．用了一段时间后，柱效明显下降；

b．色谱柱被污染，特别是在程序升温时，基线漂移和噪声超过容忍程度或出现"鬼峰"；

c．色谱柱柱头塌陷，柱床短路或断位（在玻璃柱中容易被发现），而出现尖峰或双重峰；

d．峰形展宽，保留时间明显变化；

e．待分离组分和固定相表面非特异性相互作用，引起保留时间较短的峰拖尾或出现双峰。

② 毛细管柱再生的几种方法

a．用载气将色谱柱污染物冲洗出来；

b．将柱头截去 0.5m 或更长；

c．若使用交联的色谱柱，则可在仪器上反复注射溶剂（常用的溶剂依次为丙酮、甲苯、乙醇、氯仿和二氯甲烷，每次可进样 5～10μL）进行冲洗；

d．交联柱在仪器上冲洗无效时，可把其拆下来用二氯甲烷或氯仿冲洗，溶剂用量视交联柱的污染程度而定，一般为 20mL 左右。

4.1.5 色谱柱的石墨密封压环漏气对基线和样品分离有什么影响？

问题描述 检测过程中，石墨密封压环的漏气，会对基线和样品分离产生一定的影响，通过这些现象，可以快速判断出是否是石墨密封压环故障造成的。

解　答　以瓦里安 G450-GC，PFPD，DB-1701 色谱柱（30m×0.25mm×0.25μm）为例分析，其基线见图 4-1。

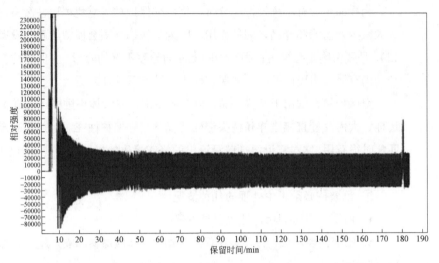

图 4-1　DB-1701 色谱柱（30m×0.25mm×0.25μm）基线图

由图 4-1 可判断有微漏现象，将色谱柱与检测器接口螺丝拧紧，走基线（图 4-2）。

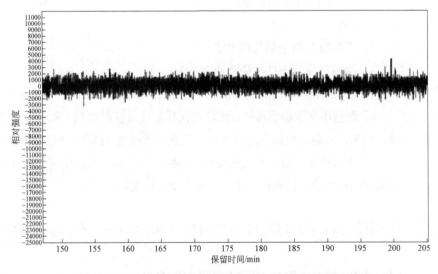

图 4-2　色谱柱与检测器的接口螺丝拧紧后的基线图

进溶剂丙酮，出现负峰，判断仍有微漏现象（图4-3）。

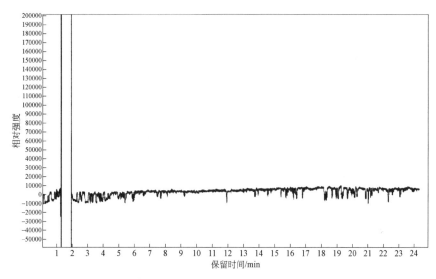

图4-3　色谱柱与检测器的接口拧紧后进丙酮溶剂的谱图

配制毒死蜱与甲基对硫磷的标准溶液（0.1μg/mL），进样，出峰前出现负尖端（图4-4）。

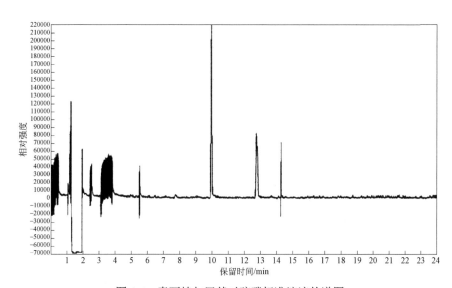

图4-4　毒死蜱与甲基对硫磷标准溶液的谱图

毒死蜱与甲基对硫磷分离度不好（图4-5）。

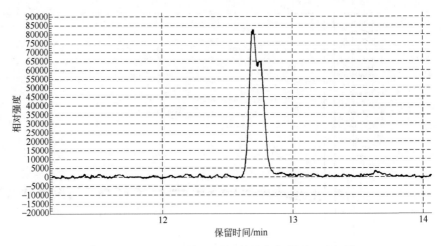

图 4-5　毒死蜱与甲基对硫磷标准溶液的谱图（局部图）

　　将色谱柱与检测器的接口卸下，发现铜螺母底端的孔大，石墨密封压环从孔里出来，引起漏气，重新更换铜螺母及石墨密封压环，将色谱柱与检测器接口拧紧后，进丙酮溶剂（图4-6）。

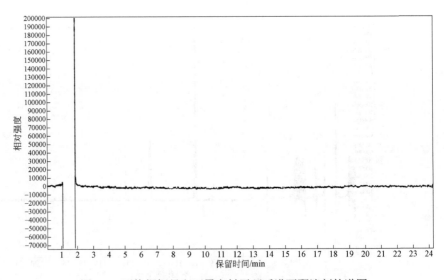

图 4-6　更换铜螺母和石墨密封压环后进丙酮溶剂的谱图

进毒死蜱与甲基对硫磷的标准溶液（0.1μg/mL），两种农药分离度较好，见图 4-7 与图 4-8。

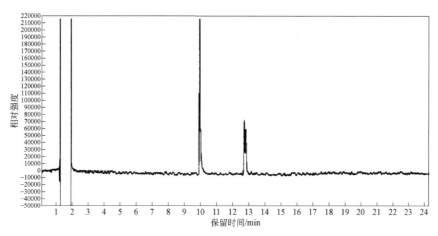

图 4-7　排除故障后毒死蜱与甲基对硫磷标准溶液的谱图

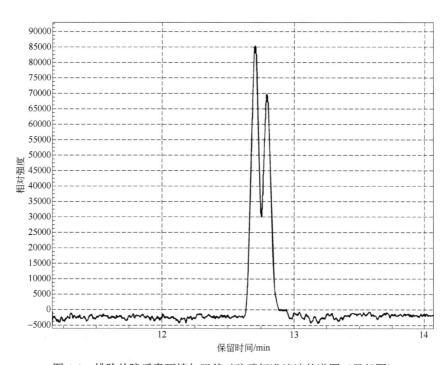

图 4-8　排除故障后毒死蜱与甲基对硫磷标准溶液的谱图（局部图）

4.2 色谱峰异常的相关问题

4.2.1 什么原因会引起鬼峰?

问题描述 色谱图中出现与所测定样品没有任何关系的色谱峰。这类峰可分为两种情况:一种是空白运行(没有进样)时出现的峰;另一种是样品中本该出现的色谱峰之外的多余峰。

解 答 鬼峰可能来自隔垫流失、载气杂质及被污染的气路管线;也可能来自载气中微量氧气、水或其他物质等与固定相的反应产物;以及前次进样的高沸点残留组分流出,污染的进样口和柱头等。主要的原因如下。

① 载气不纯,杂质在低温时凝聚,当温度升高时就会流出;

② 前次进样残留的高沸点组分流出;

③ 液体样品中的空气峰;

④ 样品使色谱柱上以前吸附的杂质解吸出来;

⑤ 样品在进样口或色谱柱的高温下分解;

⑥ 样品被污染;

⑦ 高温或程序升温时,样品在进样口隔垫上分解;

⑧ 样品与固定液或载体相互作用产生杂质;

⑨ 石英棉或进样器带入污染物。

4.2.2 什么原因会引起色谱峰拖尾?

问题描述 前沿陡峭、后沿较前沿平缓的不对称峰,称为拖尾峰。在气相色谱常见的吸附色谱法(利用吸附剂表面对不同组分物理吸附性能的差别,使之分离的色谱法)中,如果吸附等温线为非线性,当进样试样量超过一定量时就会出现拖尾峰;分配色谱法(利用固定液对不同组分分配性能的差别,使之分离的色谱法)中,如果载体表面具有活性作用点,试样量超过柱负荷或进样方法不当等,都会导致拖尾峰出现现象。还有什么原因会导致色谱峰拖尾?

解 答 引起色谱峰拖尾的原因比较复杂,如色谱柱两端安装不正确,没有到达进样口分流点和检测器尾吹点位置；或安装好后又在接头处断裂；柱外死体积较大；尾吹气流量小，样品在色谱柱内或系统内壁非线性吸附；气化室污染等。

具体原因如下。

① 气相色谱经过维修后，部分参数设置不合理，或者维修过程中产生的污染使参数不合理时，应切去色谱柱前端的 0.5～1m。必要时，更换进样口内衬管、隔垫，并清洗进样口。保护柱可用于提高色谱柱的使用寿命。

② 衬管脱活　进样口衬管上的活性点吸附样品组分导致出现拖尾峰，并可能损失灵敏度和重现性。用脱活制剂覆盖衬管玻璃表面的活性点或与之发生反应。脱活程序进行脱活，可以使衬管重现性高、惰性好，且使用寿命长。对于不分流的应用，或者在必须分析极性很弱的化合物时，应当使用脱活的衬管。

即使使用脱活的衬管，开始也会表现出活性，此时应当更换衬管，也可以清洁衬管以除去颗粒物或用溶剂冲洗衬管以除去挥发性较低的组分。但是，选择合适的衬管清洗程序可能较为困难。某些溶剂可能会除去脱活层，并且工具可能会划伤衬管的玻璃表面，从而导致出现多余的活性点。新的衬管似乎总比已清洁过并且重新脱活的衬管表现优异，尤其对于痕量分析。

③ 色谱柱、进样口衬管或被污染的金属进样口密封垫吸收的样品组分，使用新的脱活的衬管或清洗旧衬管并更换玻璃毛。进样针针头撞击，进样口衬管内填充物破碎。从衬管中取出部分填充物，或使用无填充的衬管。色谱柱末端切口不整齐（样品吸附于此），卸下色谱柱，使用安全的毛细管熔融石英切割工具（例如陶瓷片或色谱柱切割器）将色谱柱切成垂直的齐口，然后重新装入色谱柱。断裂或破碎的进样口衬管确保进样口中的总流速为 40mL/min 以上。

④ 色谱柱在进样口中的位置不正确，载气流路可能存在密封垫的颗粒。

⑤ 一支色谱柱上装入超过 3 个接头。多个接头会造成死体积拖尾峰问题。

⑥ 超出色谱柱的温度上限会加速损坏固定相和管表面，进而造成色谱柱的过分流失，活性组分形成拖尾，以及降低柱效（分离度）。热损坏是一个很慢的过程，因此，在色谱柱严重损坏之前还有一段很长的时间可在高于温度极限的条件下使用。当氧存在时会大大加速热损坏。对有泄漏或载气中氧含量较高的色谱柱进行过度加热可快速并永久地损坏该柱。

⑦ 载气流路（例如气路、接头、进样器）中的漏气往往是由于某些部位暴露在氧气中。随着色谱柱的加热，氧气会很快地损坏固定相。会造成色谱柱的过度流失，活性组分形成拖尾，或降低柱效（分离度）。其征兆与热损坏相似。特别注意发现氧损坏之时色谱柱已经受到严重的破坏，在不太严重的情况下，

色谱柱仍可使用，但性能有所下降。在严重的情况下，色谱柱将完全不能使用。避免气相色谱系统和氧接触、避免泄漏是不受到氧损坏最有效的方法，人们需要保持良好的气相色谱维护习惯，包括定期检查气路和压力表是否泄漏、定期更换隔垫、使用高质量的载气、安装和更换氧捕集阱、在气体钢瓶完全用完之前就更换。

4.2.3　为什么进样后会检测不出色谱峰？如何解决？

问题描述　样品经气相色谱分离、检测后，由记录仪绘出样品中各个组分流出时检测器信号与时间变化的曲线，即色谱图。在色谱图上可得到一组色谱峰，每个峰代表样品中的一个或多个（如果无法分离的话）组分。每个色谱峰的保留时间、峰高、峰面积、峰宽及相邻峰间距都是色谱分析的重要信息。如果样品进样后不出峰或成一条直线，则其是由什么原因引起的，该如何解决呢？

解　　答　样品进样后，色谱不出峰通常与进样系统、检测器、记录仪有关，其可能是由如下原因造成的。

① 进样口气化温度太低，样品不能气化；

② 进样口隔垫漏气；

③ 进样针漏气或堵塞；

④ 样品瓶中没有足够的样品，进样针不能取到样品，进样口分流比不合适；

⑤ 柱温太低，样品在柱中冷凝；

⑥ 色谱柱与进样口和检测器两端连接处漏气或堵塞；

⑦ FID 火焰熄灭，或极化电压未加上；

⑧ 记录仪或检测器衰减过度；

⑨ 记录仪输入线路接错；

⑩ 记录仪损坏；

⑪ ECD 进样量过大；

⑫ ECD 脉冲电压选择错误；

⑬ 色谱柱对样品吸附严重。

样品进样后色谱不出峰时，首先，检查样品瓶中是否有足够的样品溶液，以保证进样针能吸取到样品；其次，取下进样针，检查是否漏气或堵塞，必要时清洗或更换进样针。以上两项都正常时，检查进样口温度，温度太低，样品不能气化，也不会出峰；再检查色谱柱温度，柱温太低，样品会在柱中冷凝，亦无法出峰。以上检查均正常后，若是 FID，先检查 FID 火焰是否点燃。放一片玻璃在 FID 出口，有水冷凝，说明检测器正常；然后查看记录仪或检测器的衰减值，是否因衰减值太低而引起不出峰；如果衰减值正常，就需要关闭仪器，检查色谱柱是否与进样口和检测器两端连接，连接尺寸是否符合要求；断开色谱柱与检测器端的连接，用流量计测流量和尾端气体流出情况，查看有无堵塞；色谱柱与进样口和检测器两端连接后，用检漏液测试有无漏气等。

4.2.4　为什么在空白运行中，会出现待测成分的色谱峰？

问题描述　该问题中的空白指在实验中为消除色谱分析中某些影响因素的干扰，与试样在同样的检测条件下分析，常常用来作为系统适用性（对照）的一个组成部分，也常常用在定量分析中，如在限量检测中有时会带入计算，作为判断样品是否合格的依据。通常空白溶液的谱图有特定的溶剂峰或无峰，然而在某些实验中，空白溶液会出现待测成分的色谱峰，影响实验结果。

解　　答　导致空白样品测定时出现待测成分色谱峰的主要原因，可分为以下几种。

可能是制备的空白试剂中含有待测组分，如试剂被污染，或装空白试剂的容器被污染。清洗容器、重新制备，更换有问题的试剂。

可能是仪器之前测试过同类型的样品，系统内有测试样品的残留。这主要和温控系统、柱系统和检测系统的设置和配置有关，如设置温度不当，上一次样品组分在仪器内会有残留，干扰后面的测定。如温度设置不当，选用的色谱柱不合适等，此时需改变温度条件或更换色谱柱。

若仪器的气体、管路、气体净化器、进样口等被污染，空白运行时也可能会出现待测成分。检查气体发生器的碱液有没有漏液，是否需要更换，以及气体钢瓶载气的纯度是否达到要求；检查气体净化器的分子筛、硅胶等是否需要活化或更换；同时，也要检查进样系统，如进样口隔垫、衬管、分流出口管路等是否被污染。

空白样品中含性质与所测样品极相似的成分，误以为空白样品中有待测成分，如该成分保留时间与待测样品相同等。可选择多种定性方法组合判断，如相对保留值定性、双柱和多柱结合定性等。

4.2.5 程序升温对色谱峰形状有何影响？如何设置？

问题描述 气相色谱是将样品气化后导入色谱柱进行分离分析，柱温直接影响样品中各组分的色谱行为。大部分样品组分复杂、沸程较宽，这种情况下，如果使用恒温分析，则各组分难以完全分离并且峰形较差。以低极性色谱柱为例，宽沸程的复杂样品在恒温模式下进行分析时，柱温设定太高则分离度下降，柱温设定太低则分析时间延长。因此，应该用柱温程序升温方法来改善后流出组分的峰形。

解　　答 为改善色谱峰峰形及分离效果，一般可通过改变柱温或更换色谱柱的方法来实现，二者相比，改善柱温最为常用且方便。程序升温色谱法类似于液相的梯度洗脱，是指进样后，在一次样品分析的时间周期内，色谱柱的温度按照组分沸程预先设置的程序连续地随时间线性或非线性变化逐渐升高，就会使样品中各个组分的分配系数都处于连续变小的状态，使它们在气相中的浓度不断提高，检测器可在较短的时间内连续接收到高浓度的各个组分，使其都在最佳柱温（保留温度）下逸出，而获得满意的分离度和相接近的柱效，从而使样品中各个组分实现完全分离，缩短总分析时间，且让各化合物获得较好的峰形。目前，程序升温是有效分离多组分、宽沸点范围复杂样品最主要的手段。

针对复杂的样品，一般先设定一个升温程序，并记录色谱图，观察分离情况：如果在一段时间内出现空白或非常少的色谱峰，则根据升温程序计算这一段时间的温度，然后提高其升温速率；若某一段时间内出现大量的色谱峰堆积，则根据升温程序计算这一段时间的温度，降低其升温速率，若仍然分不开，则在本段时间升温起点的温度保持 5～10min，观察其分离，反复调整至分离度及所有峰形良好。

4.2.6 什么原因造成进样后出现负峰？如何解决？

问题描述 色谱图是以组分的流出时间为横坐标，以检测器对各组分的电信号响应值为纵坐标得到的曲线图。色谱图上可得到一组色谱峰，每个峰代表样品中的一个或多个组分。当色谱峰峰尖向下，响应值为负时，就是负峰，或称为倒峰。什么原因会造成进样后出现负峰呢？

解　答

(1) 分析原因

① 载气不纯；

② TCD 使用氮气作载气；

③ 记录仪输入线接反，倒相开关位置改变；

④ 在双柱系统中，进样时进错色谱柱；

⑤ 离子化检测器输出选择开关的位置错误；

⑥ TCD 电源接反；

⑦ 放射源或电极被污染；

⑧ 脉冲发生器不正常；

⑨ 收集极接触不良或短路；

⑩ TCD 中，样品热导率大于载气热导率。

(2) 解决方案　当进样后出现负峰时，首先检查是否是由载气不纯造成的，当样品中的物质含量比载气低时便会有负峰，此时更换纯度更高的载气或载气净化系统就可以解决；其次检查记录仪输入线是否接反，倒相开关位置是否改变；在双柱系统中，进样时是否进错色谱柱；对于 TCD，查看样品热导率是否大于载气热导率，如因使用氮气作载气而引起负峰，则可改换氢气作载气，再检查 TCD 电源是否接反。

4.2.7　什么原因引起峰分裂？如何解决？

问题描述　什么原因使气相色谱目标峰发生分裂现象？

解　答　气相色谱目标峰发生分裂的可能原因及解决方案如下。

① 在不分流模式中采用了高流速载气　解决方案：适当降低载气流速。

② 进样速度过慢　解决方案：提高进样速度或采用自动进样器。

③ 进样口端色谱柱安装不正确　解决方案：重新安装色谱柱。

④ 使用了两种或以上的溶剂　解决方案：尽量采用单一溶剂。

⑤ 有两个以上的共流出组分　解决方案：重新优化气相条件。

⑥ 柱头不平整　解决方案：用割刀平面摩擦柱头。

⑦ 色谱参数设置不正确　解决方案：调整分流比与积分参数。

⑧ 色谱柱插入检测器的深度不符合仪器安装要求　解决方案：色谱柱插

入检测器的深度不同仪器有不同的规定，应严格按仪器说明书确定。总的原则是进样口一端安装好后，柱端应处于分流点以上，并位于衬管中央。检测器一端则是柱出口尽量接近检测点（如 FID 的火焰），以避免死体积造成的柱外效应。

⑨ 化合物流速慢　解决方案：加入尾吹气。尾吹气的另一个重要作用是消除检测器死体积的柱外效应。经分离的化合物流出色谱柱后，可能由于管道体积的增大而出现体积膨胀，导致流速缓慢，从而引起谱带展宽。

4.2.8　气相色谱分析中峰形的好坏与流速有什么关系？

问题描述　在相同的温度下，载气压力越大，流量越大。在一定的压力下，温度上升，流速下降。载气线速度和载气流速及压力是什么关系？

解　　答　线速度：指载气每秒钟流过色谱柱的长度（cm）。线速度=柱长（cm）/不保留组分的保留时间（s）。恒线速度控制方式：柱温箱温度变化时，线速度保持不变，在柱箱温度升高时，载气黏度系数变大，此时增大入口压力以保持线速度不变。

隔垫吹扫气流速过低可能会导致基线下降，隔垫吹扫气流速和分流流速过低可能会导致溶剂峰拖尾及峰面积重现性差，在不分流模式中采用高流速载气会导致峰分裂。

流速越大，线速度越大，两者成正比，但变化比例可以不一致。

在程序升温情况下，流量恒定，随着温度的升高，气体膨胀，线速度变大；若线速度恒定，随着温度的升高，气体膨胀，流量变小才能保证线速度恒定。

在总流量不变的情况下，改变柱前压。柱前压增高，柱流速增大，峰响应增大。分析速度增快，保留时间缩短，分离度会变差。流速大，组分的保留时间小；分流比大，同样进样量的话，真正进入色谱柱的样品就少，峰形会好一些，但峰面积变小。流速增大，色谱峰宽降低。流速减少，单位时间流出的物质就少了，但总量不变，峰高减少，峰宽增大。

检测器类型不同，流速与峰形关系也不同。浓度型检测器：流速增加，面积变小，峰高不变；质量型检测器：流速增加，面积不变，峰高增大。

4.2.9 一群峰叠在一起时应采取什么措施使其分开？

问题描述 色谱峰之间怎样才算达到完全分离？首先是两个色谱峰的峰间距必须足够大，若两峰间仅有一定距离，而每一个峰都很宽，致使彼此重叠，则两组分仍无法完全分离；其次是峰宽必须窄。只有同时满足以上两个条件，两组分才能完全分离。

判断相邻两组分在色谱柱中的分离情况时，常用分离度 R 作为色谱柱的分离效能指标。R 定义为相邻两组分色谱峰保留值之差与两个色谱峰峰底宽度总和一半的比值。R 值越大，意味着相邻两组分分离得越好。

因此，分离度 R 是柱效能、选择性影响因素的总和，可用其作为色谱柱总分离的效能指标。从理论上可以证明，若峰形对称且满足于正态分布，R<1，两峰有明显的重叠；R=1 时，分离程度可达 95%；当 R=1.5 时，分离程度可达 99.7%，因而可用 R=1.5 作为相邻两峰已完全分离的标志。

当多个化合物色谱峰重叠时，如何提高分离度，使其完全分开？

解　答

（1）分析原因　当多个化合物出峰重叠时，可采用减小载气流速、降低柱温或减小升温速率、减小进样量、提高气化室温度等措施来提高分离度；当改变柱温和载气流速仍达不到分离目的时，就应更换更长的色谱柱或不同固定相的色谱柱。在气相分析中，色谱柱是分离成败的关键。化合物出峰重叠的主要原因如下。

① 载气流速过快；

② 色谱柱温度过高；

③ 进样量过大；

④ 气化室温度偏低；

⑤ 进样时未选择合适的分流比分流；

⑥ 色谱柱长不够，导致分离度不够；

⑦ 色谱柱型号选用错误。

（2）解决方案

① 载气类型和流速的选择　首先要根据使用检测器的类型选择合适载气。TCD 常选用氢气或氦气作载气，能提高灵敏度，氢载气还能延长热敏元件钨丝的寿命；FID 用氮气作载气，也可用氢气；ECD 常用氮气；火焰光度检测器（FPD）

常用氮气和氢气。载气成分越轻、纯度越高，越有利于提高分离度。当然，现在的仪器都是固定采用某一种载气，一般不常更换载气种类。载气流速对柱效率和分析速度都会产生影响。根据范第姆特方程，载气流速快，能加快分析速度，减少分子扩散，缩短分析时间，但同时也可能降低分离度；载气流速慢，有利于传质，一般可提高分离度，同时也可能造成峰展宽而降低分离度。所以当多个化合物峰重叠时，应选择合适的载气流速。根据范第姆特方程，一定的色谱柱对一定的化合物有一个最佳流速点，此时柱效最高、分离能力最好，但是人们常用"实用最佳流速"，即合适的载气流速。

② 柱温的选择　柱温直接影响分离效能和分析速度。柱温低有利于分配和组分分离，但温度过低会造成被测组分在柱上冷凝或传质阻力的增加，使色谱峰扩张甚至拖尾；柱温高有利于传质，但会使分配系数变小，不利于分离。对沸点范围宽、组成复杂的混合物，应利用色谱柱的程序升温技术，获得最高分离度、最短分析时间的最佳分析结果。

③ 色谱柱的选择　是整个色谱分析条件优化过程中最重要的一环。色谱柱选择是否恰当直接决定了分析结果的准确性、数据的重现性、峰形的美观度等。毛细管色谱柱主要分析参数包括固定液极性、柱长、内径、膜厚四方面。选择色谱柱时应根据"相似相溶"的原理，非极性物质用非极性色谱柱，极性物质用极性色谱柱。根据固定液极性强弱可以分为非极性柱（DB-1 或等同的其他品牌）、弱极性柱（DB-5 等）、中等极性柱（DB-17 等）、强极性柱（DB-Wax 等）。

色谱柱中固定液用量对分离起决定作用。一般来说，载体表面积越大，固定液用量越高，允许的进样量也就越多。为了改善液相传质，应使液膜薄一些，固定液液膜变薄，柱效能提高，可缩短分析时间。但是膜厚是一个选择空间比较大的参数，液膜变厚，分析物的保留会增加，保留时间增长，有助于分离；但是由于传质阻力的增加，柱效又会降低。因此，如果分析保留弱的物质（如一些小分子），可考虑厚液膜的色谱柱，反之则选择薄液膜的色谱柱。对填充柱来说，载体表面积要大、表面孔径分布要均匀。固定液涂在载体表面上成为均匀薄膜，液相传质就快，柱效就可提高；载体粒度均匀、细小，也有利于柱效提高；但粒度过小，柱压增大，对操作不利。柱长对分离的影响也很明显。通常色谱柱越长，理论塔板数越多，分离效果越好，但是保留时间增加也很明显。对于特别难分离的物质，一般应选用长柱。内径对柱容量和柱效亦有较大影响，内径变小，柱容量会下降，但柱效会变高。

④ 进样时间和进样量　手动进样时速度必须快，一般应在 1s 之内。进样时

间过长，会造成峰展宽、前伸或拖尾变形。一般液体进样量为 0.1～5μL，气体为 0.1～10mL。进样太多，会使色谱峰展宽，造成前伸、拖尾或重叠而分离不好。

⑤ 气化室温度的选择　合适的气化室温度既能保证样品组分瞬间完全气化，又不引起样品分解。气化室温度一般比柱温高 30～70℃或比样品组分中最高沸点高 30～50℃。在保证不发生热分解的情况下，适当提高气化温度对分离及定量均有利。

4.3　与温度相关的问题

4.3.1　程序升温时为什么基线往上漂移?

问题描述　国产的 GC、FID、毛细管柱，在未进样时（已经点火成功）基线是很平直的，但是程序升温开始后基线一直向上漂移，程序升温前没有漂移，这些应该也算正常，但是进口的安捷伦 GC，程序升温时基线一点漂移都没有，请问这是为什么呢?

解　　答　程序升温时基线往上漂移的几种常见原因及解决方案如下。
① 杂质在色谱柱内残留过多　解决方案：老化或截取色谱柱。
② 固定相在色谱柱内堆积　解决方案：将色谱柱末端割除。
③ 气瓶压力过低　解决方案：更换新气源。
④ 老化不完全或因固定相接触氧气导致其流失加大　解决方案：将色谱柱末端放空老化或更换色谱柱。
⑤ 长时间高温使用色谱柱造成柱流失　解决方案：降低柱子最高使用温度或老化色谱柱。

程序升温时都会有基线漂移，属于正常现象，只是不要太剧烈；如果程序升温时漂移过大，则需要老化色谱柱。

程序升温的梯度不建议太大，高温不要超过色谱柱的温度上限。

4.3.2　什么原因会导致程序升温时出现不规则的基线? 如何解决?

问题描述　组成复杂的样品，常需要用程序升温来分离。因为在恒温条件下，如果柱温较低，则低沸点组分分离较好，而高沸点组分保留时间会很长，且容易造成峰展宽，甚至滞留在色谱柱中造成柱残留污染；反之，当柱温太高时，低沸点组分又难以分离。程序升温既能保证各待测组分的良好分离，又能缩短分析时间。但是，在程序升温时，有时会出现不规则的基线，如何解决呢？

解　答

（1）原因分析　程序升温分析时基线不规则，与气路、检测器、进样口有一定关系，具体原因如下。

① 载气泄漏；

② 载气压力不足；

③ 载气有杂质或气路被污染；

④ 载气（包括 FID 用氢气和空气）流速不在仪器最大/最小限定范围之内；

⑤ 色谱柱流失或被污染；

⑥ 进样口隔垫流失；

⑦ 进样针被污染；

⑧ 检测器被污染。

（2）解决方案　程序升温分析时，不规则基线的解决方法如下。

① 检查载气压力是否达到规定压力。

② 检查系统是否漏气，其中进样口隔垫漏气较常见，高温下频繁进样时，要注意及时更换。

③ 检查进样口是否被污染，清洗进样口，更换进样衬管。

④ 测量气体流速是否在仪器最大/最小限定范围内，对于程序升温来说，必须检查温度处于始、终两点时，载气流量是否有较大变化，如果始、终两点间流量之差超过 2mL/s（当填充柱内径为 4mm 时），即认为稳流特性不好，这时需进一步检查系统是否漏气，稳流阀、稳压阀工作压力是否合乎要求。

4.3.3　如何确定进样室的温度？高温是否会造成物质分解？

问题描述　样品中杂质较多，分离效果不太好时，一般情况下要把进样口温度提高。但是进样温度太高会不会使样品分解？哪个温度范围内较好？

解　答

（1）确定气样室的温度　气化室温度对分离效果有影响。气化室即进样口及内腔，属于进样系统的一部分，是气相色谱仪的重要组成部分。由于气相色谱柱的温度一般不超过 400℃，所以气化室温度低于 400℃，经常根据化合物的不同设定为 200～300℃。气化室温度、柱温、检测器温度是气相色谱仪的三个重要温度，其中气化室温度影响着整个气相色谱分析过程。气化室温度，会影响柱效及定量结果，甚至可能导致样品组分的分解。气化室的升温设定方式有两种：恒温和程序升温。

恒温气化，是一种经典的气相色谱气化方式。气化室保持一个稳定的温度，让进入的样品瞬间气化，气化后的样品很快被载气"扫"入色谱柱。

程序升温气化，即初始温度很低，仅气化溶剂，样品开始不气化，然后分段快速升温，样品瞬间气化，后被载气很快"扫"入色谱柱。该方法的优点是可以防止样品的热分解和注射歧视对定量分析的误差。

注射歧视，即进样针插入进样口后，针尖内的易挥发组分先气化，无论进样速度如何，不同沸点的组分总是先后气化；进样完毕后，进样针里残留的样品组分与样品的原组分有差异，从而造成气化后样品与原有样品之间的含量差异，带来定量误差。

气化温度的选择，取决于样品的化学稳定性、沸程范围、进样量和进样方式。如果样品组分稳定，可以选择恒温气化方式，一般与样品中沸点最高组分的沸点接近或略高一些。如果试样中有的组分化学稳定性差，则可以考虑程序升温气化方式。

不分流时样品在气化室的滞留时间稍微长一些，气化速度稍慢一些，但一般不影响分离效果，所以不分流进样口温度比分流进样口温度可以稍微低一点。

当气化温度低于样品的沸点时，晚流出的色谱峰会展宽、前伸或拖尾，出峰慢，柱效降低，以峰高定量时影响定量结果；而当温度太高时，可能引起某些化学不稳定组分的分解。

（2）确认是否会造成物质分解

① 提出问题 气化温度主要由样品的沸点范围决定，此外还要考虑色谱柱的使用温度。首先其要保证待测样品全部气化，其次要保证气化的样品组分能够全部流出色谱柱，而不会在柱中冷凝。如果进样口温度设置过高，远远超过沸点，则可能导致样品组分分解，干扰样品组分的气相色谱特征。

② 分析原因 气化室温度设定取决于样品组分的挥发性、沸点及进样量。一般等于或稍高于样品组分的沸点，以保证样品组分瞬间气化，但不要超过沸点 50℃以上，以防样品分解。要判断气化室温度设定是否恰当，可再升高温度，如柱效和

峰形有所改善，则先前设定的温度低；但如果保留时间、峰面积、峰形与之前相比有较大变化，特别是有杂峰出现时，可能是温度太高导致样品组分分解。

对于稳定性差的样品可用高灵敏度检测器，以降低进样量，这时样品可在远低于沸点的温度下由气化后的溶剂带入色谱柱。原则上讲，进样口温度高一些有利，一般要接近样品中沸点最高组分的沸点，但要低于易分解组分的分解温度，常用的温度是250～350℃，在该温度范围内，几乎所有适用于普通毛细管柱分离的物质都可以被完全气化。

③ 解决方案　要判断样品组分在测定过程中是否已分解，可从保留时间、峰面积、峰形变化来分析。若有异常，很可能是样品组分已分解。要证实是哪一种结论，可进一个含有已知纯度标准品的样品，考察该样品的谱图。

如果标准品在气化室中分解，在色谱图上就会出现分解产物的色谱峰，并且组分纯度与真实值相差比较大，则可以初步判断样品分解。再降低气化室温度考察检测纯度有什么变化，如果降低气化室温度后样品的纯度高了，确认是样品分解了。

一般先根据国家标准方法或文献来设定温度，再根据出峰情况做调整，气化室温度一般应比柱温高10～50℃，可以适当降低进样器温度，但是还要保证高于其沸点，否则样品就会在进样器中凝结，不能够全部进入色谱柱。

4.3.4　柱温如何影响物质的分离？

问题描述　气相色谱中，根据升温方式，程序升温可分为线性程序升温和非线性程序升温，前者更普遍。线性程序升温，即随时间线性变化的升温方式，可分为一阶线性程序升温和 N 阶线性程序升温。每阶程序升温，都包含初温、程升速率、终温以及不同温度下的保持时间四个基本参数。

气相色谱恒温分析中，对化学性质相似的同类型化合物而言，保留时间和沸点成对数关系，随着保留时间的增加，峰宽迅速增加，导致先流出峰相互叠加，后流出峰又因峰展宽，使检测灵敏度下降。因此一般通过柱温程序升温来解决上述问题。

解　　答

（1）分析原因　色谱柱是气相色谱分离的核心，柱温是气相色谱分离的核心温度。结合热力学和动力学因素以及分离过程和分离结果考虑，柱温对物质分离过程的影响，表现在以下几方面。

① 柱效　柱温提高，传质阻力减小，有利于样品组分在气液相中的传质速率，能提高柱效，但同时加剧了纵向扩散程度，可能使色谱图峰形展宽，其可通过适当提高线速度加以克服。

② 保留时间　保留时间的对数和柱温的倒数成线性关系，提高柱温，可使样品组分在两相的传质速率加快，有利于缩短分析时间。

③ 相对保留值　提高柱温，相对样品组分柱效提高，同时相对保留值 α 减小，使样品总的分离效果降低；降低柱温，则相反。

（2）解决方案　选择柱温的原则是：既要保证样品组分完全分离，又要保证样品所有组分都不会在色谱柱内冷凝，且峰形较好，同时分析时间越短越好。确定柱温，主要考虑色谱柱固定液的最高使用温度、色谱柱类型、样品组分的复杂程度、色谱柱升温方式以及气化温度等。

要考虑色谱柱固定液的最高使用温度，选择的柱温至少要比固定液最高使用温度低 40℃左右。当固定液相同时，填充柱和毛细管柱相比，毛细管柱的最高使用温度低，至少要比固定液的最高使用温度低 20℃左右。如果使用的固定液有凝固点，柱温应高于凝固点。

应考虑样品组分的复杂程度，包括样品的沸点范围和组分间的沸点差别，当然还有样品组分的极性差别等。若样品组成简单，即组分少、样品沸程窄且组分沸点有一定差别，可选择恒温程序，分析时间短，且基线要比程序升温好。相反，如果样品组成复杂，不易兼顾低沸点组分和高沸点组分的分离，最好选择程序升温。

应结合气化温度来考虑。如果气化温度的升温方式是程序升温，那么柱温的升温方式应选择程序升温；如果气化温度的升温方式是恒温，则柱温的升温方式可选择恒温和程序升温。色谱柱恒温分析时，填充柱分析温度可设为样品中高含量组分沸点的平均值。

4.4　其他相关技术问题

4.4.1　什么原因会造成测量结果重复性不好？

问题描述　导致反复进样重复性不好的原因有哪些？

解 答 导致重复性不好的原因是多方面的，一般可以归结为两大类：一类为单纯性灵敏度变化型，即除了定量重复性不合格外，其他指标未发现异常；另一类为伴随性灵敏度变化型，即除灵敏度变化之外还伴随有其他异常现象，包括基线不稳定、峰保留时间变化及产生峰形畸变等。

属于第一类故障的原因主要有：进样技术不佳，注射器有堵、漏，样品制备不均匀，进样口污染物堆积以及气路存在漏气现象等。

属于第二类故障的原因主要有：载气流量变化，检测器污染、过载，柱温变化以及检测器操作条件（如氢气、极化电压、脉冲电压等）发生变化。

考虑到各种故障产生的可能性大小以及故障鉴别的方便性，制订出下述检测方案。

① 进样技术检查　进样技术不佳是造成色谱峰不重复的最可能原因。它通常表现为峰高/峰面积忽大忽小，峰高/峰面积大小变化无规则。提高进样重复性的关键在于始终保持进样操作各个步骤的重复性。这包括取样操作、取样到进样期间的空闲时间、进针快慢及拔出注射器的早晚。通常操作人员在经过较多的进样重复性训练之后，可以达到所需的要求。

② 注射器检查　操作人员进样技术提高后，色谱峰灵敏度仍然无显著改观，此时需认真检查注射器本身是否有堵塞或泄漏现象。必要时更换一个好的注射器重新进样。

③ 样品均匀性检查　制备的样品在样品瓶中混合不均匀或每次取样时注射器对样品产生玷污以及样品挥发等都会影响出峰灵敏度的重复性（不能漏过此项检查）。定量不重复由上述三种原因引起的可能性很大，而且都和进样操作密切相关，因此可一起进行检查。只有在上述检查中无异常发现后才可转入接下的检查步骤。

④ 伴随现象观察　在检查灵敏度情况的同时注意是否有下述三种异常现象发生：基线不稳定、出峰保留时间重复、峰形畸变。如果出现其中一种，则应先按所出现的故障进行排除，再重新进行定量重复性测试。无伴随异常现象时，应转入下面的检查步骤。

⑤ 进样口污染及系统漏气检查　关断桥电流（对 TCD 而言）后，取下进样口隔垫，观察进样口内是否有污染物或堆积物，如果有，需进行清除和清洗。清洗完毕，装上隔垫后需对气路系统进行试漏：堵住检测器出口，观察转子流量计中的转子，其应能下降为零，否则说明气路有泄漏。

⑥ 特种原因检查　对有些检测器而言，某些原因所伴随的故障、异常不太明显，易被忽略掉，因此应按照此项进行检查，以便不漏过可能导致故障的因素。

对 FID 来说，极化电压较低及氢气流量不稳，有可能导致灵敏度变化而无其他明显异常。对此可首先测试极化电压大小以确定极化电压是否太低，过低的极化电压以及无极化电压都属于故障。正常极化电压为 150~300V。如极化电压正常，则应转入放大器的灵敏档观察氢焰基流的变动情况，在氢气流不稳定时基流应能呈现摆动和漂移现象。

对于任何检测器，样品中的某些组分在检测器中逐渐冷凝并累积时，将会影响下一次进样后的灵敏度，情况严重时还会造成气路堵塞。通常的解决方法是适当提高检测器的温度，以减少或消除样品室的冷凝现象。

4.4.2 什么是尾吹气？其作用是什么？

问题描述 什么是尾吹气？为什么要设定尾吹气？其作用是什么？

解　答

① 尾吹气：从色谱柱出口直接进入检测器的气体，也叫补充气或辅助气。填充柱不用尾吹气，而毛细管柱大都采用尾吹气。

② 色谱柱与气相色谱检测器连接处有一个死空间，称为柱后死体积，是由检测器的体积、形状引起的。这个死体积会严重影响毛细管柱的柱效和色谱峰形。填充柱分离时载气流量大，柱后死体积的影响非常小，可以不加尾吹气。毛细管柱分离时需要加尾吹气，以使样品快速到达检测器，消除柱后死体积的影响，保证检测器的高灵敏度。

③ 改善色谱峰形，加大尾吹能减小峰宽。

④ 提高检测器响应值和响应速度。

⑤ 尾吹是只针对 FID 而言的，ECD 和 MS 等不需要。

⑥ FID 填充柱不需要尾吹，因为填充柱本身的载气流量足够大。FID 毛细管柱需要尾吹，可以改善峰形，增加灵敏度，增加线性范围等。

⑦ 对于 FID 来讲，氮气作尾吹最好，比氢气都好，氮气也便宜，即使用氦气或氢气作载气，尾吹仍用氮气的效果好。

4.4.3 进样器的参数对分离效果有何影响？

问题描述 气相色谱仪进样器参数的设置，与测定的样品对象和进样器的类型都有关。参数设置适宜，色谱峰分离效果好；设置不当，可能导致本来能够分开的组分实际上没有分开。因此，实验中常常优化进样参数。进样器的参数，对分离效果有何影响？

解　答

① 进样量　进样量的大小直接影响定量结果。若进样量过大，则色谱峰峰形不对称，峰变宽，分离度变小，或保留值发生变化，峰高、峰面积与进样量不成线性关系，无法定量；若进样量太小，则会因检测器灵敏度不够，不能检出。对于填充柱，进样量影响不是太大，但进样量不当也会造成混合峰出现；用 FID 时，进样量太大会使火焰熄灭。

② 进样速度　进样速度要快，若进样缓慢，则样品气化后被载气稀释，导致峰形变宽、峰不对称，既不利于分离也不利于定量。

③ 进样针的清洗　进样针如没清洗干净，上一次进样的残留样品会干扰下一次样品的分析，即进样针的"记忆效应"，其会影响分析结果。

4.4.4　如何得知进样体积不超过进样衬管反应室的容积？

问题描述　衬管的容积，是影响定性、定量分析结果的重要参数之一，通常要求衬管容积至少等于样品中溶剂气化后的体积。如果衬管容积太小，而进样量很大，则可能引起气化样品"倒灌"进气化室，进样时柱前压会突然升高；如果衬管容积太大，可能使样品初始谱带展宽。

在常规色谱条件下，一般进样体积大于 $1\mu L$ 时，进样的重现性不好。因为衬管的容积有限，当进样的体积很大而进样口温度很高时，样品的膨胀体积会超过衬管的有效体积，样品蒸气"倒灌"，从隔垫吹扫气出口出去，造成进样的重现性变差。

解　答　使用色谱工作站中的蒸气体积计算器功能，选择溶剂类型、衬管类型，输入密度、进样口温度、进样量等参数，软件自动计算。

此外，还可以参考下面容积膨胀体积的计算公式，准确计算：

$$V = 22400A \times B \times C \times I$$

式中　V——溶剂膨胀后的体积；

A——溶剂密度/分子量；

B——15/[15+ 柱头压（psi）]；

C——（进样口温度+273）/273；

I——进样体积。

4.4.5 如何测定分流流量与分流比？分流比对物质的分离、测定有何影响？

问题描述 分流进样是毛细管柱气相色谱首选的进样方式，适用于大部分气体或液体样品的分析，尤其对于未知样品或已知"较脏"的样品，使用分流进样，可保护毛细管柱，减小或避免色谱柱被污染的可能。分流进样时，进入进样口的样品大部分被分流掉而没经过色谱柱，仅有少量样品进入毛细管柱。分流比就是分流流量与柱流量的比值。例如，如果进入色谱柱的流量是 1mL/min，分流流量为 20mL/min，那么分流比是 20∶1。

实际工作中，应该如何测定分流比和分流流量？分流比对物质的分离、测定又有何影响？

解　答 一般常在 20∶1～200∶1 之间调节分流比大小。但有时可选择更小的分流比，如静态顶空进样等；或选择更大的分流比，如微径柱快速分析。要选择分流比，首先要测定分流流量。测定分流比时，可先在分流出口用皂膜流量计测定分流流量，之后再测定柱内流量，二者之比即分流比。因柱内流量很小，用皂膜流量计测定时误差较大，可通过测定死时间的方法计算柱内流量。当然，严格地说，要得到准确的分流比，两个流量应校正在相同的温度和压力条件下。实际工作中，更需要的是分流比的重现性，一般不需准确测定。有的仪器，可从工作站等直接读出分流比。

分流进样的优点如下。

① 很容易自动操作。用自动进样法可以得到重复性很好的保留时间和精度较高的定量结果。

② 在高分流比下（分流比高于 100∶1），样品起始组分的谱带扩展很小，出峰尖锐。

③ 在柱恒温和程序升温操作时，结果的重复性较好。

分流进样的缺点如下。

① 当分析的样品组分浓度范围较宽、沸点范围较宽时，分流的效果较差。

② 低浓度和高沸点组分样品的回收率低，定量的精密度差。

③ 不适宜于痕量分析。

④ 当在高分流比时，载气消耗量大，测定的精密度和准确度依赖于进样的操作技术和重复性。

因此，建立样品的分析方法时，要选择合适的色谱条件，并结合实际需要，考虑是否分流进样。如需分流进样，得选择合适的分流比。

分流比对物质的分离有一定的影响。分流比越大，越有可能造成分流歧视。所以，在样品浓度和柱容量允许的条件下，分流比小一些有利。分析样品时要选择最佳分流比，以提高分析的精密度和准确度。

在分流进样过程中，选择分流比时，要考虑样品的性质，如组分的沸点。

① 高沸点样品，大多分子量及分子体积较大，在气相色谱中的扩散速度相对较慢，而样品中较低沸点组分的扩散速度相对较快。若采用大分流比，将使样品中低沸点组分较多优先分流出去，结果使得含量少的组分分析结果偏低，有的甚至不出峰；进样后，分流点处气相组成变化较大，易导致精密度下降。若采用小分流比，可减少上述现象的发生，提高精密度，但过小的分流比易使结果失真。

② 对于低沸点样品，其分子量、分子体积较小，在气相色谱中的扩散速度较快，若采用小分流比，将造成样品主成分柱超载，如平顶峰，而产生误差；或者，导致主峰附近的小峰被兼并或不能基线分离，每次被兼并或分离不佳的程度不同，致使精密度下降，若采用稍大的分流比可减少上述现象的发生。

③ 确定分流比的流程如下。

首先分析样品的性质，如是高沸点还是低沸点，初步确定采用小的分流比还是大的分流比。

初步确定分流比大小，但最终还是要通过实验优化。以高沸点样品为例，先在分流比相对较小的范围设置，只改变分流比，其他色谱条件不变。取一标准样品，预设分流比，如 20∶1、40∶1、60∶1、80∶1、100∶1，进样分析，重复几次，以分流比为横坐标，不同分流比下测定的峰面积或含量的相对标准偏差为纵坐标作图。

当载气带着气化后的样品组分在衬管中往下走时，有一些高沸点组分还未完全气化（可能还在气化不完全的小液体中），由于没来得及进入气相色谱柱，而从分流出口被带走，这种歧视，就是分流歧视。当分流歧视影响越大时，峰面积或含量的相对标准偏差越大，可先初选出相对标准偏差较小的分流比范围。然后，再在这个区间选几个点，继续实验，由此类推，直至得到最佳分流比。

4.4.6 在测定分析时发现分离度下降，应如何处理？

问题描述 拥有良好的分离度是得到准确定性、定量结果的重要保障，在进行色谱分析时，如果发现分离度下降，应如何处理？

解　答
① 载气流速设置不合理　可以通过降低载气流速来提高分离度。

② 柱温设置不当　降低柱温，或改用程序升温。

③ 色谱柱受污染　清洗色谱柱。

④ 减少进样量　提高进样技术。

⑤ 提高气化室温度。

⑥ 减少系统的死体积，主要是色谱柱要连接到位，毛细管色谱柱要分流，选择合适的分流比。

4.4.7 当输出信号不稳或信号数值异常时，应如何寻找原因？

问题描述 检测器输出信号的稳定性是气相色谱检测分析结果准确度的保证，也是衡量检测器质量的关键指标。当输出信号不稳或信号数值异常时，将出现检测结果准确度受怀疑、仪器无法正常使用等问题，分析检测不能进行。那么，出现检测器输出信号不稳定或信号数值异常的主要原因有哪些？应该如何排除呢？

解　答 当出现检测器信号不稳或信号数值异常时，应以进样系统、气路、分离系统、检测器及电路系统为主要检查对象，逐步排查可能存在的问题。

① 进样系统　检查确认进样针进样重复性、准确性达到要求（尤其是手动进样）；进样垫无老化而不影响密封；衬管（石英棉）没有被污染，否则应该清洁或更换。

② 气路　应先检查仪器条件是否改变，确认气瓶及设备配件没有更换或改变。一般来说，载气控制不稳时，会造成不规则信号漂移；载气纯度不够时，信号逐渐上升。氢气纯度不够时（含甲烷等可燃性气体），信号严重不稳。应定期对气体净化器中的硅胶等物质进行干燥处理或更换。

③ 分离系统　检查确认色谱柱与进样口、检测器连接正确。色谱柱被污染造

成柱效低，可通过老化、平衡或直接更换色谱柱进行处理。查看柱温是否超过色谱柱最高使用温度，色谱柱有无物理损伤，如断裂漏气等。

④ 检测器　检查确认检测器的温度、电流等参数设置正确，检查 FID、FPD、NPD（氮磷检测器）的氢气和空气及点火状况，检查确认 ECD、NPD 尾吹气设置正确等。检查检测器是否被污染，若被污染，可通过高温烘烤老化或者拆洗零部件的方法解决。

⑤ 电路系统　当发现仪器温度控制、气体流量控制等准确度太低时，应怀疑仪器电路板出现了问题。考虑到目前气相色谱仪的电路板制作精密度、复杂性越来越高，电路系统的问题通常通过更换电路板或请专业维修人员进行解决。

4.4.8　测定的保留时间正常，但灵敏度太低的原因是什么？怎么解决？

问题描述　保留时间（T_R）表示样品中组分从进样开始直至浓度到达检测器峰值的时间，代表各组分在色谱柱中的停留情况。由于色谱分离过程中各组分性质上的差别，即分配系数不同，其经过同一色谱柱到达检测器的时间就不同，因此可根据 T_R 对物质组分作出定性判断。检测器的灵敏度是指当检测器的物质量变化 ΔQ 时响应信号的变化率，$S=\Delta R/\Delta Q$。

分析中待测化合物多次进样的 T_R 正常、一致，但灵敏度降低，峰面积逐渐减小，是什么原因造成的呢？怎么解决？

解　答　待测化合物保留时间正常，但灵敏度低通常与进样技术、进样口状态、系统气密性、色谱柱污染、检测器等有关，但很少是由进样口或载气气路漏气导致的，一般情况下载气泄漏都会导致保留时间漂移。导致灵敏度低的具体原因有以下几点。

① 如果是手动进样，则可能是由进样技术不佳导致的，如果是自动进样，则可能是由进样针吸取样品体积小导致的；

② 进样针漏气或者堵塞；

③ 氢气阀不稳；

④ 进样口温度降低；

⑤ 色谱柱被污染，基线抬高或者衰减值太低；

⑥ ECD 进样量太大；

⑦ 检测器本身灵敏度过低。

灵敏度低时，首先考虑进样方面，保证进样量一致，检查进样针是否堵塞，避免因进样量减少而出现的灵敏度降低现象；检查进样口温度有无降低，温度降低，气化不完全也会导致灵敏度降低；检查色谱基线有无因色谱柱基系统污染而被抬高；检查仪器信号衰减值是否设置太低而引起灵敏度低。如果以上情况都正常，就应测试检查燃烧气路氢气、空气是否漏气，并测试气体流量是否稳定。

4.4.9 检测时保留时间不断增加，应用什么方法解决？

问题描述 在检测的过程中，有时会遇见多次进样的保留时间不断变化、不能重复的问题，应怎么解决？

解　答 导致保留时间改变（推迟或者提前）的原因有很多，现总结如下，并对应相应解决方案。

① 色谱条件改变，如改变载气流速、色谱柱温度等条件，能使保留时间推迟或者提前，可通过调节到合适的条件加以解决。

② 气路泄漏导致保留时间提前或者推迟，此时应检查进样隔垫、进样口和色谱柱接口。从理论上说，如果载气泄漏恒定，对保留时间的影响不会太大，可通过重新安装加以解决。

③ 色谱柱拆卸过后某个部件没有安装好导致保留时间改变，可重新安装。

④ 样品中所测成分含量改变较大，也会使保留时间稍微推迟或者提前。

⑤ 进样量不合适导致保留时间改变，通过进正确合适的进样量加以解决。

⑥ 色谱柱变短，或者固定相流失导致保留时间提前，可通过更换新的色谱柱解决。

⑦ 手动进样时，进样方法不规范也会导致保留时间推迟或者提前，规范进样方法可解决此问题。

⑧ 进样隔垫或者衬管过脏也可导致保留时间改变，适时清洗或者更换可以解决此问题。

⑨ 色谱柱使用时间较长，柱头被污染也会导致保留时间推迟，将柱头切除一截后可解决此问题。

第 5 章

综合应用问题

5.1 气相色谱外接设备的常见问题

5.1.1 顶空分析方法中样品平衡温度应当如何设定？

问题描述 开发顶空分析方法时，样品平衡温度应当按照什么原则来设定？
样品平衡温度一般情况下不需要高于目标组分的沸点，提高样品平衡温度对不同目标组分的影响不同，未必一定能够提高分析灵敏度。

解　答 在进行色谱分析时，方法基本原理与原则的把握甚为重要。对适合采用气相色谱法进行分析的物质性质的基本要求是：在分析操作条件之下，具有一定程度的蒸气压。

需要注意一个非常重要的原则——气化并不等同于沸腾。在色谱分析方法中也经常会见到气化温度或者柱温低于沸点的情况。在顶空瓶这个密闭体系中，物质存在状态与气相色谱系统内的情况较为相似。目标组分在确定的顶空条件中存在一定程度的蒸气压时，该目标组分适合采用顶空分析方法，即样品的平衡温度一般不需要高于目标组分的沸点。例如，在《水质 挥发性有机物的测定 顶空/气相色谱-质谱法》（HJ 810—2016）分析方法中，待测组分中萘的沸点为217℃，而顶空操作条件的样品平衡温度只有80℃。

一般情况下，样品平衡温度在一定范围内越高，目标组分在顶空体系中的分配系数就越小，或者目标组分于顶空瓶气相中的浓度越大，目标组分的色谱峰响应值就越强。

需要注意：不同物质的色谱响应随温度变化的程度不同，如图 5-1 所示，不同温度下乙醇在气-液两相间的分配系数变化较为显著，而正己烷在气-液两相间的分配系数变化则不甚显著。因而对于不同的物质，提高样品平衡温度未必一定能够提高分析灵敏度。

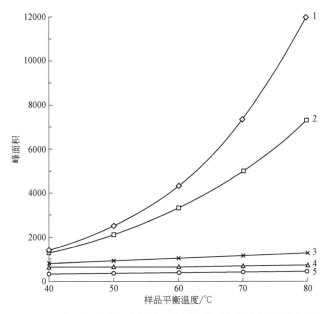

图 5-1 不同物质顶空分析峰面积-样品平衡温度的关系曲线
1—乙醇；2—甲乙酮；3—甲苯；4—正己烷；5—四氯乙烯

5.1.2 顶空分析方法中样品平衡时间应当如何设定？

问题描述 开发顶空分析方法时，样品平衡时间应当按照什么原则来设定？
合适的样品平衡时间需要通过实验来确定。

解 答 在顶空体系中，样品平衡时间本质上取决于被测组分分子从样品基质扩散到气相的速度，即分子扩散系数。该系数数值越大，样品顶空分析所需的平衡时间越短。分子扩散系数与分子尺寸、介质黏度和样品温度有关。

气体样品或者可以完全气化的液体样品的顶空分析平衡时间一般比较短。主要是由于气体分子的扩散系数较大，其是液体分子扩散系数的 $10^4 \sim 10^5$ 倍。

液体样品的情况要复杂一些，平衡时间除与目标组分扩散系数、样品平衡温度有关之外，还与样品体积和黏度有关。

目标组分扩散系数越大，样品平衡温度越高，液体样品的黏度越低，顶空分析样品平衡时间就会越短。

一般情况下，样品体积增大，液体样品顶空分析达平衡状态的时间就会延长，如图 5-2 所示。对于分配系数大的组分，可以通过减小样品体积的方法缩短样品平衡时间。另外样品量的变化，也可能会对分析方法的灵敏度产生一定影响，色谱工作者在实验工作中需要加以注意。

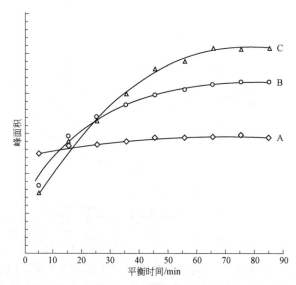

图 5-2　不同样品量与峰面积和平衡时间的关系曲线

A—2mL；B—5mL；C—10mL

固体样品顶空分析的样品平衡时间一般比较长，具体的情况也更为复杂。

一般需要采用溶剂浸润或者溶解、粉碎（以提高固体样品表面积）、振荡等手段来缩短样品平衡时间。

由于不同类型样品性质差异甚大，顶空最优样品平衡时间的预测是比较困难的，一般需要通过实验来测定。方法是：采用不同样品平衡时间进行同一状态样品的分析，考察色谱峰面积随平衡时间变化的状态，以最终确定合适的顶空样品平衡时间。

5.1.3 顶空分析方法中样品加压压力应当如何设定？

问题描述 开发顶空分析方法时，样品的加压压力应当按照什么原则来设定？

定量环式的顶空进样器，需要设定略高于样品瓶内部压力的加压压力。

样品加压压力如果过高，可能会导致分析灵敏度下降。

样品加压压力如果过低，可能会导致顶空进样器产生污染。

解　答 色谱工作者较为常用的定量环式顶空进样器的结构如图 5-3 所示，工作过程可以分成四个步骤。

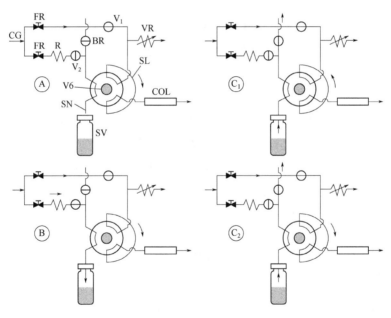

图 5-3　定量环式顶空进样器结构
COL—色谱柱；CG—载气；SV—样品瓶；V6—进样阀；SL—定量环；SN—取样针

第一步（图 5-3 中状态Ⓐ）：平衡。

此时将样品定量加入顶空瓶并加盖密封，之后按照设定的样品平衡温度和样品平衡时间进行加热。

第二步（图 5-3 中状态 Ⓑ）：加压。

将取样针扎入样品瓶之后，首先向瓶内注入气体，使瓶内气体压力升高到设定值，然后切断气体的注入。

第三步（图 5-3 中状态 Ⓒ₁）：取样。

打开定量环的出口，瓶内气体在压力的作用下注入定量环，多余部分放空，放空一段时间后，关闭定量环出口。

取样时间不宜设定过长，以免损失样品；也不宜设定过短，以免样品不能充分进入定量环，造成灵敏度降低。

第四步（图 5-3 中状态 Ⓒ₂）：进样。

将六通阀旋转 60℃，定量环中保存的样品被载气推动至气相色谱系统。

系统处于加压状态时，由于瓶内气体量的增加，加压过程显然是一个样品稀释过程。

样品加压压力不宜设定过高，否则会造成样品浓度的明显降低。此外过高的加压压力可能会导致进样针向顶空瓶内释放气体时的流速过大，导致样品产生搅动现象，造成目标组分的平衡状态发生变化，或者产生样品喷溅现象，从而导致进样针污染甚至堵塞。

样品加压压力也不宜设定太低，不可以低于顶空瓶内部压力——由于平衡温度和样品基质，顶空瓶内压力会有一定程度升高。如果使用过低的加压压力，样品瓶内样品可能会溢出，从而导致顶空进样器内部的污染。

可以根据样品的性质（主要是样品基质在样品平衡温度下的蒸气压），通过查阅相关资料或者理论计算，大致确定顶空瓶平衡温度下的内部压力，设置样品加压压力略大于顶空瓶内部压力即可。

5.1.4 顶空分析方法中的循环时间参数应当如何设定？

问题描述　顶空进样器或其他外接设备操作参数中循环时间的作用是什么，如何设定？

顶空进样器设置合适的循环时间参数，可以保证每次进样时样品平衡时间的一致，从而确保分析条件的重复性。

解　　答　在顶空进样器或其他外接设备的工作条件设定中，存在参数循环时间（Cycle time），用来实现外接设备和气相色谱仪间工作状态的"握手"。

顶空进样器序列进样时，每个样品瓶的样品平衡时间应当一致，以确保分析条件的重复性。顶空进样器每次启动进样的瞬间，气相色谱仪的状态应当是"准备就绪"，否则不能保证顶空和气相色谱分析条件的重复性。

气相色谱程序升温分析时，第一次进样完成且谱图采集结束之后，气相色谱需要一定时间降温至初始温度，那么顶空进样器在设定循环时间时，就需要考虑这个因素。

例如某分析方法，气相色谱柱温程序的总时间是 10min，柱温程序结束气相色谱降温恢复到初始状态的时间为 5min，那么顶空进样器的循环时间一定要大于 15min。色谱工作者在进行分析方法开发时，可以先提交单次进样实验并记录下气相色谱仪第二次达到"准备就绪"的时间间隔，最后将此时间间隔作为最小循环时间。

如果循环时间设定值过低，可能会造成顶空进样序列的不可执行或者丢失序列中某些数据。

一般情况下，循环时间值可能会低于顶空样品平衡时间，常见的自动顶空进样器会自动计算和分配样品瓶的装载时间，以提高分析效率，如图 5-4 所示。

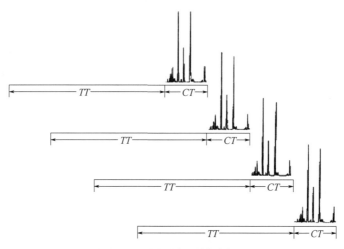

图 5-4 顶空分析进样时序图

TT—样品平衡时间；CT—循环时间

5.1.5 顶空分析方法中的样品量应当如何确定？

问题描述 开发顶空分析方法时，顶空瓶中的样品量会对分析方法的灵敏度造成一定影响，因此需要根据分析要求调整样品量。
提高样品量会延长样品平衡时间，未必一定会导致分析灵敏度的增加。

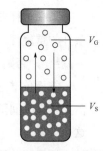

图 5-5 顶空瓶内样品状态
V_G—气相体积；V_S—液相体积

解 答 为解决这个问题，色谱工作者首先需要了解顶空分析的基本原理。如图 5-5 所示，当顶空体系达到平衡状态之后，目标组分分布于顶空瓶中的气相和液相两相之中。

定义 K 为分配系数，意义如下：

$$K = \frac{C_S}{C_G}$$

C_S：目标组分在液相或固相中的摩尔浓度；C_G：目标组分在气相中的摩尔浓度
另外定义 β 为相比，意义如下：

$$\beta = V_G / V_S$$

$$\beta = \frac{V_V - V_S}{V_S} = \frac{V_G}{V_V - V_G}$$

式中，V_V 为顶空样品瓶总体积。

样品溶解在原始溶液（尚未进行气液分配）时的浓度为 C_O，则公式如下：

$$C_O \cdot V_S = C_G \cdot V_G + C_S \cdot V_S = C_G \cdot V_G + K \cdot C_G \cdot V_S = C_G \cdot [K \cdot V_S + V_G]$$

$$C_O = C_G \left[\frac{K \cdot V_S}{V_S} + \frac{V_G}{V_S} \right] = C_G(K + \beta)$$

$$C_G = \frac{C_O}{K + \beta}$$

进而得出如下关系式：

$$A \propto C_G = \frac{C_O}{K + \beta}$$

由此公式可以得知，组分在气相中的浓度受相比和分配系数的综合影响。顶空瓶内样品量的增加，未必一定会显著增加色谱峰响应。

在 $K \gg \beta$ 的情况下，增加顶空瓶中的样品量，对色谱峰响应的影响比较小，峰面积的增加就不会太显著，例如乙醇-水的分析体系。

在 $K \ll \beta$ 的情况下，增加顶空瓶中的样品量，对色谱峰响应的影响比较大，峰面积的增大就会比较显著，例如正己烷-水的分析体系。

5.1.6 顶空分析方法中，样品中加盐或其他添加剂的原因是什么？

问题描述 开发顶空分析方法时，样品中添加盐或者其他添加剂（或称为盐析），会改变顶空瓶系统的分配系数，从而提高分析灵敏度。

对于不同物质，盐析法对顶空分析灵敏度提高的程度不同。

解 答 色谱工作者在很多顶空分析方法中都会向顶空瓶内水溶液样品中添加无机盐（如氯化钠），用以提高色谱分析的灵敏度。

不只是无机盐，向顶空体系中添加水、其他有机溶剂，或者用酸、碱以调节 pH 等都是在顶空分析中比较常见的。

灵敏度提高的原因显然是添加剂的加入使得目标组分的分配系数 K 发生显著变化，在此情况下，顶空系统的相比 β 变化并不显著。

顶空基础理论基于亨利定律、道尔顿定律和拉乌尔定律。其中拉乌尔定律的基本内容如下：

一定温度下，稀溶液溶剂的蒸气压等于纯溶剂蒸气压乘以溶液中溶剂的摩尔分数。

拉乌尔定律只适合理想溶液体系，实际在大部分溶液体系中存在偏差，为修正这一偏差，引入了活度系数（γ）的概念。

$$p_i = p_i^0 \cdot \gamma_i \cdot x_s(i)$$

式中，p_i 为稀溶液中溶剂的蒸气压；p_i^0 为溶剂的蒸气压；γ_i 为待测组分在系统中的活度系数；$x_s(i)$ 为溶液中溶剂的摩尔分数。

顶空系统中目标组分与样品相之间，总是存在分子间的相互作用，使得目标组分不易或更加容易逸出到气相中，活度系数用以描述目标物质逸出能力。

根据拉乌尔定律可以推导出，分配系数与组分蒸气压和活度系数成反比。

$$K \propto \frac{1}{p_i^0 \cdot \gamma_i}$$

活度系数的数值与目标组分分子性质、样品分子性质和组分物质的量有关。一般用目标物质与样品之间的分子间作用力来解释活度系数。

无机盐或者其他添加物的加入，改变了目标组分与样品的分子间作用力，即改变了目标组分的活度系数，进而改变了组分的分配系数。

由于较低浓度的盐对分配系数的影响较小，无机盐添加的浓度往往比较高（一般大于 5%），甚至采用饱和溶液。一般情况下，盐析作用对极性组分的影响远大于对非极性组分的影响。

如图 5-6 所示，不同组分在盐析作用下灵敏度增加的程度不同。

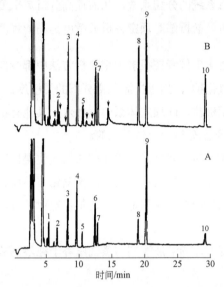

图 5-6　样品加盐与不加盐的色谱出峰比较
A—原始样品；B—原始样品加盐

5.1.7　如何抑制或者减弱顶空分析中的基质效应问题?

问题描述　基质的存在会影响目标组分在顶空体系中的分配系数，进而影响顶空定量方式的选择。

开发顶空分析方法时，定量方式的选择比较重要。在使用常规外标和内标定量方式时，需要特别注意标准品——样品基质的问题。

具体到实验方法设计方面，重要的是标准品组成的确定。

标准加入法可较好解决基质效应问题。

解　　答　色谱工作者在进行顶空分析方法开发时，样品基质的问题要特别加以注意，尤其是在采用外标或内标方式定量的情况下。

根据拉乌尔定律，待测组分的蒸气压与该组分在溶液系统中的活度系数有关，如下式所示：

$$p_i = p_i^0 \cdot \gamma_i \cdot x_s(i)$$

活度系数的大小与目标组分——样品的分子间作用力有关，样品组成的变化（如添加电解质或非电解质），会影响顶空的分配系数。如果标准品和待测样品的基质存在较大差异，那么就会导致在标准品体系和待测样品体系中，目标组分分配系数的不同，使得定量结果不准确。

在采用外标或者内标方式定量时，一定要保证标准品和待测样品基质的相同或相近。例如，食用油中溶剂残留的顶空分析中，标准品使用了空白食用油，以使标准品的基质与待测样品相同。

饮用水、酒精饮料等水基质样品的情况比较类似，容易得到相近或相同的样品基质。然而这种基质容易重现的情况并不太多，例如血液、牛奶等样品，基质较为复杂，目标组分与样品间存在较为复杂的分子间作用，导致目标组分在该体系下的分配系数 K 与纯水溶液体系下的分配系数 K 相比有较大差异。即使表面物理性质均一的样品也存在这个问题，例如聚合物或者无机盐的溶液样品。

色谱工作者在制备标准品时，就需要考虑基质效应的问题，不应采用纯水或纯溶剂作为标准品的溶剂。

如果顶空体系中存在不溶解的固体，那么目标组分将会在气-液-固三相间发生分配，标准品的处理就会更为复杂。

抑制或者减弱基质效应的方法：稀释、基质添加电解质或非电解质、调节 pH 值、粉碎和浸润固体样品。

稀释样品可以减小待测品与标准品性质间的差异，是顶空分析中比较常用的方法，不过需要注意：样品稀释会导致分析灵敏度的降低。

公安部标准《血液酒精含量的检验方法》（GA/T 842—2019）中即采用了样品稀释的办法：取 0.1mL 血液，加入 0.5mL 内标贮备液，用以减弱血液和标准溶液之间的基质差异。

烟草行业标准《烟用纸张中溶剂残留的测定　顶空-气相色谱/质谱联用法》（YC/T 207—2013）中，标准品采用了空白纸张加溶剂的办法，使得标准品与待测样品状态一致，此外加入三乙酸甘油酯也可以缩短顶空平衡时间。

另外可以考虑采用标准加入法定量，可以更好地解决顶空分析中的基质效应问题。

5.1.8 顶空分析方法中为什么要对样品瓶施加振荡?

问题描述 一般情况下,对样品瓶施加振荡会缩短顶空样品平衡时间,但对于不同分析体系的影响程度不同。

色谱工作者进行顶空分析方法的开发时,需要注意考察样品性质,是否需要给样品瓶施加振荡,以及确定施加何种程度的振荡频率。

解 答 自动顶空进样器一般都设置有振荡功能,可以在样品加热平衡的期间对样品瓶施加不同幅度和不同频率的振荡。对样品加以合适的振荡,是常见的缩短平衡时间的方法。

以某样品的顶空实验为例进行讲述。

顶空进样条件:样品温度为 60℃,样品体积为 5mL,甲苯浓度为 8μg/mL,丙酮浓度为 150μg/mL。

色谱工作者采用不同平衡时间多次试验,考察色谱峰面积与平衡时间的关系,如图 5-7 所示:

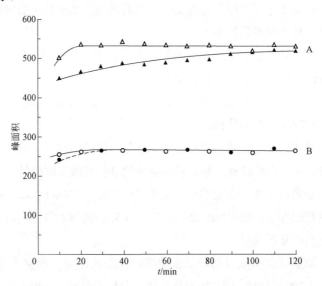

图 5-7 甲苯和丙酮顶空分析峰面积-加热时间的关系
A—甲苯;B—丙酮

图 5-7 中实心标记的曲线(实心三角和实心圆圈)表示对样品未加以振荡,空心标记的曲线为对样品施加振荡的结果。

对顶空瓶施加振荡缩短了平衡时间,但不同物质峰面积响应值受影响的程度不同。是否施加振荡对甲苯色谱峰响应的影响较大,对丙酮色谱峰响应的影响较小。一般情况下,顶空样品施加振荡对极性组分响应的影响不如对非极性组分响应的影响显著。

此外,振荡幅度和频率的选择也取决于样品的黏度,要根据样品的具体状态进行实验以确认合适的振荡频率和幅度。

5.1.9 顶空进样器的常见故障——取样针堵塞,应当如何处理?

问题描述 顶空分析常出现不能出峰的故障,首先需要考虑的是取样针是否堵塞。顶空耗材不良、样品状态不良、顶空操作方法不良都可能造成取样针堵塞。

解 答 色谱工作者在顶空分析过程中如果遇到顶空进样不能出峰、顶空分析灵敏度降低或者重复性不良等故障,首先需要确认取样针是否堵塞。

根据定量环式顶空进样器的硬件原理图可知,顶空进样器处于取样状态时,仪器硬件状态如图5-8所示。

此状态下样品气体通过定量环,在系统的出口逸出(一般自动顶空进样器会有专门的出口),如果此状态下取样针存在一定程度的堵塞,则定量环获取的样品量会偏少甚至不能获取到样品,从而造成顶空分析灵敏度下降或者不能出峰。

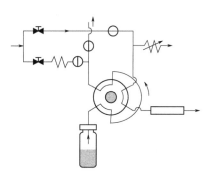

图 5-8 定量环式顶空进样器取样状态结构

色谱工作者可以在此状态下设法测量系统出口的气体流量,如果此流量比正常状态下偏小或者为0,那么取样针有可能堵塞。

可能造成取样针堵塞的原因如下。

① 不良的样品瓶垫。

② 不良的样品,固体粉末状态的样品可以考虑用溶剂浸润。

③ 不良的分析条件,过大的样品压力扰动样品,激荡起粉末或者盐;恒温平衡时振荡过于剧烈。

④ 不良的操作习惯,样品配制过程中过于剧烈地摇晃。

如果确认取样针堵塞,可以设法拆解并疏通取样针或者更换新的取样针。

5.1.10 顶空进样器的常见故障——进样器系统污染，应当如何处理？

问题描述 顶空分析出现组分残留、空白分析出现鬼峰时，需要考虑系统是否存在污染。

使用水蒸气清洗顶空系统是最常用的处理方法。

解   答 顶空分析中系统污染是顶空进样器比较常见的故障，一般表现为谱图出现鬼峰或者在空白测试时发现有某些组分残留等。

顶空进样器内部结构较为复杂（图 5-3 和图 5-8），样品在传输过程中可能接触到的部件（六通阀、定量环、加压电磁阀、放空电磁阀、阀附属管路和传输线等）较多，比较容易产生样品残留的问题。

药物分析中较为常用的二甲基亚砜、二甲基甲酰胺等高沸点、极性强的溶剂，会导致较多溶剂残留问题。

色谱工作者在设定顶空分析条件时，需要特别注意样品加压压力的设定。过低的样品加压压力，可能会造成加压电磁阀和附属管路等部件的污染。

顶空进样器污染的处理方法——水蒸气清洗。常见的顶空进样器都会有仪器生产厂家推荐的清洗程序，基本原理是使用高温水蒸气清洗整个顶空进样器系统。

常见的具体操作方法：将装有少量水的顶空瓶加热到较高温度（一般推荐大于 100℃），执行清洗程序，水蒸气将冲洗整个顶空系统以排除污染。

色谱工作者也可以考虑使用更为简单的方法：编辑一个专用的顶空方法，使用较高的样品温度，对少量纯水样品进行序列进样，将残留的污染物质缓慢清除（可以在气相色谱仪中安装一个报废的色谱柱）。

顶空进样器更为严重的污染，需要拆解取样针、进样阀、附属管路或传输线等部件，并用沸水进行处理。

5.1.11 顶空分析的常见故障——实验室环境污染，应当如何处理？

问题描述 高灵敏度的顶空分析实验中，空白实验非常重要，以用来确定是否存在实验环境引入的污染。

色谱工作者需要严格控制实验室的空气环境，注意标准品的配制方法和配制环境。

解　答　水质中卤代烃分析的顶空分析的条件比较简单，但实验难度比较大——此项分析中经常存在较大的背景干扰。最容易发生也最容易被色谱工作者忽略的干扰因素就是实验室的空气。

由于该分析项目灵敏度极高（目标组分样品量为 fg 级别），实验室环境、色谱系统、实验试剂、实验耗材的洁净需要特别加以控制。

色谱工作者在实验过程中经常会遇到空白分析中存在较强干扰峰的问题，可能的来源如下。

（1）实验室空气　色谱实验室空气中经常混杂有多种有机物（尤其是在实验室布局不合理或者通风设计不良的情况下），可能给高灵敏度的顶空分析带来干扰。尤其是三氯甲烷和四氯化碳，如果临近的实验室贮存有其高浓度样品，其微量的挥发就会导致严重的顶空空白干扰。

（2）水　某些实验用水中含有有机氯化合物，或者实验用水贮存不当引入干扰。

（3）顶空瓶和瓶垫　贮存于空气环境不良的实验室内，可能会造成污染物的吸附。

色谱工作站进行类似高灵敏度顶空实验时，一定要注意做空白实验，依次进样以确证气相色谱仪、实验室环境空气、实验用水、顶空瓶和耗材、顶空进样器是否存在污染。

色谱工作者在配制标准系列样品时，一定要选择空气较为清洁的实验室，实验室内避免贮存卤代烃类试剂。

5.1.12　连接外接设备后，什么原因导致进样口流量和压力不能控制？

问题描述　外接设备向气相色谱仪进样口输入了额外的流量，从而引起进样口压力和流量控制问题。

典型的故障现象是：气相色谱仪进样口的压力和流量值不能达到分析方法的设定数值。

此问题与外接设备的流量控制方式及与气相色谱仪的连接方式有关，使用时需要予以注意，一般情况下需要降低外接设备的输出压力或流量。

解　答　气相色谱仪的外接设备（顶空进样器、吹扫-捕集进样器、热解吸进样器、热裂解进样器以及进样阀等设备）连接至气相色谱仪进样口之后，会改变进样口的气体控制特性，从而带来流量控制方面的问题，下面以顶空进样器为例来说明。

根据流量控制方式的不同，顶空进样器与气相色谱仪的连接方式可以分成以下两种，第一种连接方式需要借用气相色谱仪的流量控制器；第二种连接方式中顶空进样器自身具有独立流量控制，其安装在进样口上的结构如图 5-9 所示。

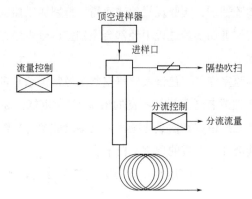

图 5-9　顶空进样器与气相色谱仪进样口的连接方式

进样口同时存在两个气源——色谱仪的载气流量输入和顶空进样器流量输入，气相色谱仪的载气流量控制特性变得比较复杂。

正常情况（没有顶空进样器接入）下，气相色谱仪的流量控制器向进样口注入预定的流量，分流控制器将适合流量的载气放空。两个流量控制器联合工作，使得进样口压力可以维持在正确数值。

如果顶空进样器向气相色谱仪进样口输入的流量过大，超出分流控制器可以调节的范围，进样口流量系统则不能正常工作。

在此情况下，色谱工作者可能会观察到进样口压力升高超过设定值甚至产生报警信息——"载气控制错误"。尤其是色谱分析中使用到较大内径毛细管柱的场合，较容易观察到类似的现象。

解决方法：一般情况下，色谱工作者需要降低顶空进样器的输出压力或者输出流量。

因此在使用此种形式的外接设备（顶空进样器、热解吸进样器、吹扫-捕集进样器等）开发分析方法时，需要特别注意顶空进样器输出流量或压力调节的问题。

5.1.13　连接外接设备后，什么原因导致进样口分流比发生异常？

问题描述　外接设备连接至气相色谱仪进行进样分析时，实际分流比与分析方法设定值不同。

外接设备向气相色谱仪的进样口输入了额外的气体，改变了进样口流量控制特性，进而影响分流比。

如果色谱分析中需要正确的分流比，则外接设备与气相色谱仪之间的连接方式需要进行更改。

解　答　外接设备连接至气相色谱仪进样口时，由于连接方式，分析方法实际的分流比可能与设定值不同。

气相色谱仪进样口流量控制方式主要有两种——压力输入和流量输入。下面以较为常见的流量输入方式为例来分析外接设备产生分流比问题的原因。

气相色谱仪分流/不分流进样口流量控制原理如图5-9所示。

载气经流量控制器调节向进样口输入合适流量，并且在分流控制器（机械阀或者电子流量控制）的协同作用之下，使得进样口压力达到设定值。这种流量控制方式，比较常见于具有自动流量控制的气相色谱仪和部分手动流量控制气相色谱仪。

某些型号的外接设备连接到气相色谱仪之后，会向进样口内增加额外载气，即图5-9中的方式，这种情况下输入进样口的载气总流量增大，系统会自动增加分流流量，以维持正确的进样口压力。

最终会造成分析实验过程中实际的分流比与色谱数据工作站设定的分流比数值不同。如果这种情况下，修改分流比数值进行实验，色谱峰面积的响应与分流比之间的对应关系会发生异常。例如分流比数值加倍，峰面积数值并不减半。

解决方法：如果真实分流比对分析方法非常重要，一般需要联系顶空进样器的厂家，修改顶空进样器的连接方式，改成串接方式——将顶空进样器串入气相色谱仪的载气流路当中。

5.1.14　外接设备进样后出现色谱峰峰形不良的原因是什么，如何解决？

问题描述　顶空进样器、热解吸进样器、吹扫-捕集进样器等外接设备适用于分析沸点较低、色谱保留较弱的物质，此类物质容易产生因聚焦不足导致的柱效较差、峰形不良等问题。

色谱工作者在进行分析方法开发时，建议选用柱长和液膜厚度更大的色谱柱，采用合适的分流比和初始柱温，增强分析方法的聚焦能力。

解　答　色谱工作者在采用顶空进样器、热解吸进样器、吹扫-捕集进样器进行色谱分析时，容易得到峰形不良的色谱峰——峰宽增大、拖尾严重、色谱峰平顶或者存在分叉，如图 5-10 所示。

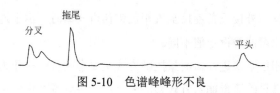

图 5-10　色谱峰峰形不良

顶空、吹扫-捕集、热解吸等进样手段常用于分子量较小的低沸点物质的色谱分析。此类物质一般都容易气化，在色谱柱上的保留较弱。

由于实际进样体积较大和顶空进样器存在传输线等大体积部件——顶空进样器带来的进样"死体积"比较大，样品进入色谱柱的起始谱带比较宽，如果色谱分析条件的聚焦能力不足，就会出现色谱峰峰形不良等问题。

以色谱工作者较多使用的定量环式顶空进样器为例，顶空进样器进样柱前体积增加，从而影响色谱峰形。即使是气密性注射器的顶空进样器，进样体积较大，也会导致进样峰形变差。

解决方法如下。

① 选择柱长和液膜厚度更大的色谱柱，例如 60m×0.25mm×1.4μm 的 624 毛细管柱，在 HJ 644—2013、HJ 608—2017、HJ 810—2016 等分析标准中经常可以见到。使用这类色谱柱，会增大小分子物质的保留，色谱峰峰形比使用柱长和液膜厚度小的色谱柱更加对称和尖锐。

② 选择较低的程序升温起始温度，此时色谱柱的聚焦能力更强，容易得到尖锐的色谱峰。

③ 采用分流方式进样，选择合适的分流比。分流进样时，流经进样器系统的样品流速会比较高，使得样品较快进入色谱柱，容易得到较高的柱效。即使分析灵敏度不足，也不太建议使用不分流进样方式，因为样品进入进样口的速度较低时会造成起始谱带较宽，靠色谱分析条件实现聚焦比较困难。

④ 可以考虑选择较大内径色谱柱、较小分流比的办法，此时进样口总流量仍然不太低，易于得到较高柱效。

5.1.15 进样阀的原理和使用注意事项是什么?

问题描述 气相色谱仪使用的进样阀结构原理和使用注意事项。

六通阀可用于气相色谱仪气体样品和液体样品的进样,分析重复性较好。

解 答 气体样品进样时,经常会采用气密性注射器和进样六通阀,采用进样六通阀会获得更好的重复性。

进样六通阀的结构见图 5-11。

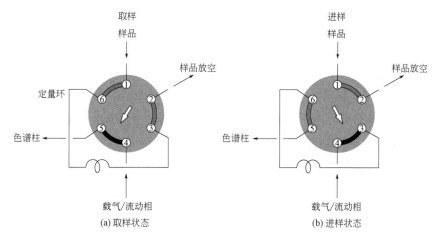

图 5-11 进样六通阀结构

进样六通阀工作于取样和进样两个状态之下,取样状态下阀位置如图 5-11(a)所示,气体样品经由阀端口 1、6、3、2 充满定量环,然后放空。进样状态下阀位置如图 5-11(b)所示,六通阀旋转 60℃,载气经由阀端口 4、3、6、5 将原先贮存于定量环中的样品注入色谱柱。

另外,内置有微量体积定量环的进样阀也可以进高压液体样品,常见于石油化工分析中。

进样阀的使用注意事项如下。

① 压力控制 取样状态下,将样品通入定量环时,需要注意样品气体压力的控制。如果定量环内压力不同,将导致分析重复性不良。

② 样品过滤 样品中如果含有固体颗粒或者高沸点杂质,可能会造成阀转子的磨损,所以样品必须过滤。

③ 充分置换定量环　注入六通阀的样品体积需要远大于定量环体积，以充分置换定量环，只有这样才能够获得满意的定量重复性。

④ 阀切换位置　阀处于取样和进样状态之间的位置时，气相色谱载气流路是阻断的，可能在进样之后造成色谱仪进样口压力和流量扰动，导致色谱图中可能出现进样色谱信号。

5.1.16　其他外接设备——热解吸进样器的原理和常见问题是什么?

问题描述　热解吸进样器的工作原理和常见使用问题。

热解吸进样器常用于气体中挥发性或某些半挥发性有机物的测定，是吸附和解吸技术的组合。

解　答　热解吸技术又称作热脱附技术，其实际上是一套技术组合，它将挥发物从复杂基质中萃取出来并浓缩，以用于 GC 或 GC/MS 分析。常用于气体中挥发性或半挥发性有机物的分析，如果与其他辅助仪器配合，热解吸进样器也可以用于固体和液体样品的分析测定。

热解吸进样器的工作原理如图 5-12 所示。

热解吸进样分析过程分为两部分：吸附过程和解吸过程。以空气为例，样品空气由特定装置驱动通过捕集管，目标组分被吸附于其中。然后加热捕集管，目标组分被解吸进入气相色谱仪，一般会在捕集管后加二级冷阱，此时更容易获得尖锐色谱峰。

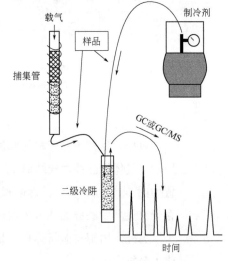

图 5-12　热解吸进样器工作原理

热解吸进样器的常见使用问题如下。

① 分析回收率低　气体样品吸附时间不足，吸附管内吸附剂选择错误，吸附管被污染或者失效，热解吸温度或者时间设定不良，气相色谱方法不良等都会导致分析回收率低。

② 污染　吸附管或者传输管路污染，进样阀以及附属管路污染。

③ 色谱峰理论塔板数较低

热解吸二级冷阱问题造成进样速率低，从而导致色谱峰理论塔板数下降。气相色谱方法不良。

5.1.17 吹扫-捕集进样器的原理和常见问题是什么？

问题描述 吹扫-捕集进样器的原理和常见使用问题。

吹扫-捕集进样又称动态顶空进样，常用于水、土壤等样品中挥发性有机物的测定，是吹扫、吸附和解吸技术的组合。

解 答 吹扫-捕集进样和静态顶空进样的适用范围一样，都用于分析液体或者固体样品中的挥发性组分，但其具有更高的分析灵敏度。吹扫-捕集进样器的原理如图 5-13 所示。

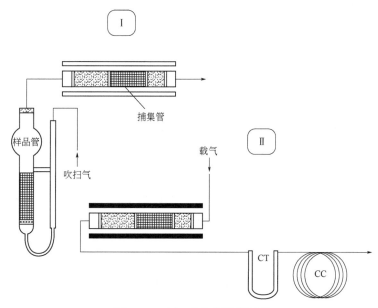

图 5-13 吹扫-捕集进样器原理
CT—二次冷阱；CC—色谱柱

吹扫-捕集进样分析过程分为两部分：捕集过程和解吸过程。

图中Ⅰ为捕集状态，气体吹扫样品管中的液体或固体样品，具有挥发性的目标组分被吸附在捕集管内。理论上大部分待测组分可被吸附到捕集管内，所以分析灵敏度要比顶空高得多。

状态Ⅱ为解吸状态，此时捕集管被迅速加热到合适温度，目标组分解吸后被气相谱的载气推动进入色谱柱。图中的 CT 为二次冷阱，作用为对目标组分做第二次吸附和解吸，使得色谱峰更加尖锐，状态Ⅱ与热解吸进样器是相同的。

常见问题如下。

① 捕集回收率较低　可能的原因有样品吹扫温度过高、吹扫流量过大和吹扫时间不足、捕集阱吸附剂选择错误、捕集阱的吸附和解吸温度不合适、水管理器故障（大量水蒸气进入捕集管，使捕集效率下降）、传输管线温度不良、捕集阱吸附能力下降、气相色谱分析条件不良等。

② 污染和残留问题　吹扫-捕集分析的灵敏度比较高，但容易产生污染和残留问题。样品在装入样品容器之前需要考察一下其状态，确定是否需要采取稀释、过滤等措施。

由于结构复杂，吹扫-捕集进样器的清洗处理（主要是样品容器和传输管线的清洗）较为困难。

5.2　色谱数据工作站常见问题

5.2.1　色谱峰的峰面积和保留时间是如何获得的?

问题描述　常见的色谱数据工作站，一般采用一阶导数法确定色谱峰的起点、终点和顶点。利用积分法获得色谱峰起点至终点的峰面积，通过确定一阶导数值发生正、负变化的时间点来确定保留时间。

解　答　在色谱分析中，待测物质的含量与色谱峰响应在一定物质的量范围内相关。色谱峰面积或峰高可以作为定量的依据。

在色谱分析中，峰面积的准确测定非常重要。剪纸称重法、色谱记录仪、读数显微镜、积分仪、色谱数据处理机等手段和仪器现在已经很少能见到了，色谱工作者在实际工作中大量接触到的是基于现代计算机技术的色谱数据工作站。

色谱数据工作站获得色谱峰面积的手段是"积分"，根据高等数学的基础知识——定积分方法可以计算某段区间曲线下的阴影面积，如图 5-14 所示。

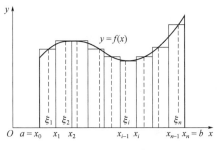

图 5-14　积分原理

图 5-15 是典型的色谱图示例，色谱工作者需要注意色谱峰上重要的数据点——峰起点、峰终点和峰顶点。

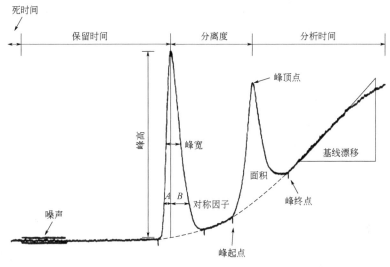

图 5-15　典型色谱图

确认某个色谱峰的起点和终点，即可确定该色谱峰的面积。确认色谱峰的顶点，即可确定色谱峰的保留时间。

色谱峰起点和终点的获取方式比较多，如幅值门限法、面积灵敏度法、基线灵敏度法、导数法等，目前使用较多的为一阶导数法。当色谱峰内某个数据点的斜率值，即一阶导数值，大于色谱数据工作站给定的判定阈值时，该数据点就被确认为色谱峰的起点。色谱峰终点的确认方式是相同的。

色谱峰顶点的确定一般也是通过一阶导数法。色谱峰前半部分数据点的斜率值（一阶导数值）是正值，后半部分数据点的斜率值（一阶导数值）是负值，当某数据点的斜率由正变负或者斜率为零时，此数据点即峰顶点，此数据点对应的时间点即该色谱峰的保留时间。

不同仪器厂家色谱数据工作站积分参数中给出的斜率或者阈值即一阶导数值。

5.2.2 色谱峰积分不正确的原因可能是什么，如何解决？

问题描述 进行色谱图积分时，色谱工作者需要按照不同的情况区别对待，选择合适的色谱数据积分参数或者积分程序以获得正确的积分结果。

首先需要检查和确认的是色谱数据工作站参数中的积分阈值（斜率）、峰宽、最小峰面积等。

解　答 处理色谱峰积分时需要具体问题具体分析，色谱峰积分不良的现象和原因各有不同。

如果某个"孤立"的色谱峰，没有被成功积分或者没有被正确积分，那么首先要考察该色谱峰的特点，是否强度较低、峰宽较小或者塔板数较低；然后再去考察色谱数据工作站的积分参数设定是否合理，需要重点考察积分阈值（斜率）、峰宽、最小峰面积；另外需要考察积分时间程序内是否有禁止积分、峰删除等影响色谱峰识别的命令。

如果与其他色谱峰存在部分或者全部重叠，那就需要考虑更多因素，表 5-1 中常见积分不良谱图仅供参考。

总之要根据谱图自身的特点进行解析，修改对应的积分参数或者积分程序。色谱图的情况千差万别，见表 5-1。

实现谱图积分修改的方法也多种多样，但是最终需要保证积分的正确。

表5-1　常见积分不良谱图

问题	相关参数	谱图
拖尾峰的处理不正确	强制拖尾	
负峰影响之后色谱峰的积分	积分开关	

问题	相关参数	谱图
负峰临近峰积分不正确	负峰禁止	
峰前伸部分积分不正确	强制前伸	

5.2.3 色谱分析采用峰高定量与峰面积定量有什么区别？

问题描述　峰面积或者峰高都可以作为色谱定量的依据。

两种定量方式各有利弊，随着现代电子技术和计算机的发展，峰高定量的分析方法逐渐被淘汰。

解　答　常见的分析方法中，首选峰面积定量。原则上讲，峰面积是两维（包含时间和信号强度信息）数据，比峰高包含更多的信息，用以定量更加可靠。实验中不管峰形如何（高斯峰或者非高斯峰），峰面积和样品量之间总存在线性关系（使用某些特殊检测器的场合除外）。

峰高是可以用来定量的，但一般情况下，相对于采用峰面积定量，采用峰高定量时的线性范围比较窄。峰高与样品量的关系如图 5-16 所示。

在检索比较传统的分析文献时，经常能见到使用峰高定量的分析方法，尤其是分析方法中使用到 TCD 或 ECD 时。

其主要原因有以下两个。

第一，TCD、ECD 是浓度型检测器，柱流量发生微量波动时对色谱峰峰高的影响比较小。

第二，色谱记录条件的限制。

由传统记录仪或者积分仪得到的谱图，需要手工测量峰高或者峰面积。测量

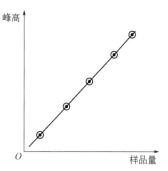

图 5-16　峰高与样品量的关系

峰高只需要用到刻度为 mm 级别的直尺，测量峰面积则另外需要读数显微镜来确定峰宽，另外还需要考虑峰的对称因子、基线漂移等诸多因素，显然峰高的获得要比峰面积容易和准确。尤其是对保留时间短、峰宽较小的组分，手工测定峰面积是比较困难的。

现在实验室基本采用色谱数据工作站的方法来测量色谱峰，因此色谱记录条件不再成为限制，目前人们看到的分析方法，就比较少采用峰高来定量了。

此外，如果相邻的两个或多个色谱峰分离度较小，并且各个色谱峰强度差异较大，峰高定量法会使分析结果更加准确。

如果某色谱峰信噪比较低，由于基线位置不容易准确确定，则用峰高定量会使分析结果更加准确。

如果色谱峰对称性较差，采用峰面积定量会使分析结果更加准确。

5.2.4 色谱数据工作站积分参数中的斜率，应如何设定？

问题描述 色谱数据工作站积分参数中的斜率一般用于确定色谱峰的积分起点和终点，以及滤除基线噪声的积分。

色谱数据工作站的斜率阈值不宜设定过高，否则可能导致某些色谱峰不能被正确积分；也不宜设定过低，否则可能导致基线噪声信号错误地被识别为色谱峰。

解　答 首先要区分两个概念，色谱峰上某点的斜率和工作站给定的斜率阈值。

色谱图上某个数据点的一阶导数值为该数据点的斜率（图 5-17），数据点斜率一般是用差分法获得的。

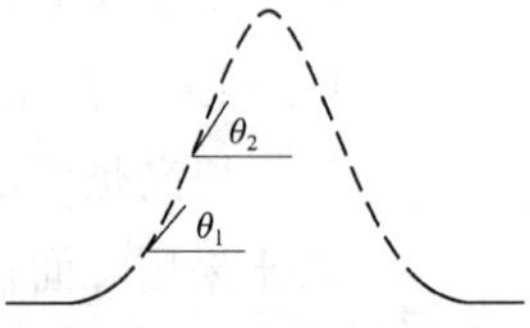

图 5-17　斜率的意义

$$斜率 = \frac{x_{i+1} - x_i}{t_{i+1} - t_i}$$

式中，x_i 为第 i 个数据点；t_i 为采集第 i 个数据点的时间。

工作站积分参数给出的斜率是斜率的阈值。

理想情况下，色谱图基线斜率为 0，随信号强度的递增，色谱数据点的斜率逐渐增大，如图 5-17 中的 θ_1，当其数值大于给定的斜率阈值时，色谱数据工作站即认为该点为色谱峰的起点。

从色谱峰起点开始，色谱数据点斜率逐渐变大，斜率值最大的数据点为拐点，然后斜率逐渐减小为 0，此点为色谱峰顶点。色谱峰的后半部分，斜率为负值，色谱峰后延的拐点，斜率最小。当后半部分色谱数据某点的斜率值小于给定阈值时，工作站即认为该点为色谱峰的终点。

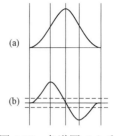

图 5-18 色谱图（a）和
一阶导数曲线（b）

图 5-18 为色谱图和斜率（一阶导数）曲线。

实际由于基线存在噪声，色谱数据工作站一般会连续测量多个数据点，当连续多个数据点的斜率值都大于给定斜率阈值时，色谱数据工作站才会判定色谱峰的起点。

如果设定的斜率阈值较大，则色谱峰积分的起点和终点会发生变化。图 5-19 为使用较小斜率阈值获得的积分结果。

使用较大斜率阈值获得的积分结果，如图 5-20 所示，色谱峰的起点延后、终点提前，最终积分获得的峰面积比图 5-19 的偏小。

图 5-19 采用较小斜率阈值　　　　　　图 5-20 采用较大斜率阈值

如果给定斜率阈值大于色谱峰拐点处的斜率，则该色谱峰不能被积分成功，即该色谱峰积分被删除。当色谱峰某个单独色谱峰没有被积分时，要考虑是否斜率阈值设定过大。

另外，如果斜率阈值设定过低，系统也会将基线的噪声积分成色谱峰，这是需要避免的现象（图 5-21）。

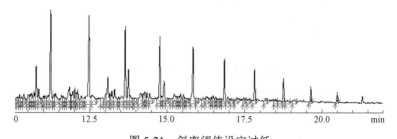

图 5-21 斜率阈值设定过低

斜率阈值增大之后结果如图 5-22 所示。

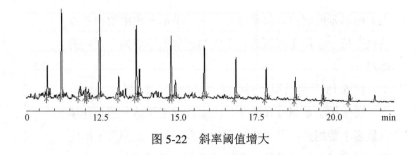

图 5-22　斜率阈值增大

5.2.5　色谱数据工作站积分参数中的斜率测试，应如何设定？

问题描述　色谱数据工作站的斜率测试功能一般用来确定合适的色谱积分斜率设定值。

色谱数据工作站根据获得的色谱基线情况，计算出斜率阈值的最小值。

斜率测试，也可以作为色谱系统是否洁净和稳定的判定依据。

解　答　色谱工作者在进行色谱方法开发时，需要选择合适的"斜率阈值"，以用来判定色谱峰积分起点和终点以及去除不必要的噪声积分，从而实现正确的积分。

斜率阈值不能设定太低，以避免将基线噪声的扰动积分成色谱峰。那么就需要首先考察基线噪声的状态，同一台色谱仪，使用不同色谱柱、不同检测器、不同操作条件时都会使得基线噪声的幅度不同。

常见的 FID、TCD 分析获得的基线往往噪声幅度较低，那么就应当使用较小的斜率阈值；而 FPD、NPD 一般基线噪声幅度较大，那么就应当使用较大的斜率阈值。

色谱分析方法中如果柱温较高、色谱柱固定相耐温较低、色谱柱固定相含量较高、系统存在一定程度的污染，则基线噪声幅度可能较高，那么合适的斜率设定值就应当较大。

此外，外部气源、电源环境等都会影响基线噪声。

复杂的情况下，如何确定设定的斜率值呢？某些仪器厂商色谱数据工作站中的"斜率测试"就是一个比较方便的工具。

斜率测试的意义：

在色谱仪稳定工作并且色谱基线平稳时，点击"斜率测试"按钮，工作站自动测量一段时间内基线的波动情况，计算出基线的推荐斜率最小值。

实验中一般不直接使用这个数值，需要把这个数值略微增加之后，设定到色谱数据工作站积分参数中。使用这个斜率值，可以保证基线的波动不会作为色谱峰被积分。或者说，斜率测试得到的斜率值是可以使用的最小斜率阈值。注意在执行斜率测试的期间，一定确保基线不能存在漂移或者出峰现象，否则工作站就会计算出很大的推荐设定斜率值。

斜率测试还有另外的作用，人们可以将斜率测试值作为判定色谱系统是否稳定的标志——斜率测试值越小，表明系统越稳定。

5.2.6 色谱数据工作站积分参数中的峰宽，应如何设定？

问题描述　色谱数据工作站积分参数中的峰宽可以用来滤除较尖锐色谱峰和基线噪声的积分，人们需要根据实际色谱图的具体情况，选择合适峰宽。

解　答　峰宽的本质是将色谱图中相邻的多个数据点组合成为数据处理单元（数据簇）的处理方法，某些厂家的色谱数据工作站将此参数命名为 bounch。

峰宽的主要作用是去除谱图本底噪声或者"毛刺"信号的影响，以确认某色谱峰是否可以被成功积分。

色谱图数据是一系列间隔均匀的数据点，色谱数据工作站指定某宽度的"窗口"，将其中的多个数据点作为同一个数据点进行处理，此"窗口"的时间宽度，即峰宽，如图 5-23 所示。

此数据处理方式，类似于数据平滑或改变数据采样频率。但是，峰宽的修改，并不像平滑技术或者采样频率那样会改变实际色谱数据点的值，整个色谱图数据在计算机内的存储空间也不变化。

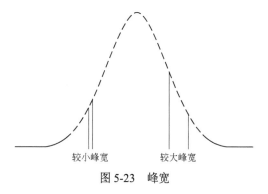

图 5-23　峰宽

修改峰宽，再次处理数据后，由于数据簇宽度的问题，可能会使色谱柱工作站判定的保留时间产生微小的变化。

① 峰宽值不宜设定过高，否则会丢失"尖锐"色谱峰的积分；也不宜设定过低，否则可能使得"矮胖"色谱峰分裂或者将基线噪声的扰动误积分成色谱峰。

例如，原始色谱图如图 5-24 所示。将峰宽修改为较大值后再次进行积分处理，结果谱图中实际宽度较小的色谱峰将不被积分（图 5-25）。

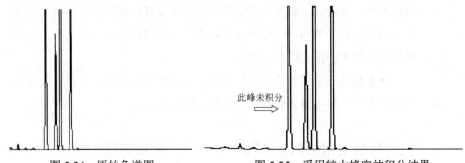

图 5-24　原始色谱图　　　　　图 5-25　采用较大峰宽的积分结果

对于本身半峰宽较小的色谱峰来说，当峰宽设定值增大到一定程度时，色谱峰的特征将不能被辨识（用斜率的办法，不能辨识色谱峰起点、顶点、终点、拐点），于是该色谱峰不能被积分。

② 峰宽也不宜设定过小，否则可能会使一个色谱峰分裂成多个，例如图 5-26 所示。对于实际的色谱峰，需要选择合适的峰宽值，以实现正确积分的目的。总之，如果色谱峰比较"尖锐"，积分时就适合设定较小峰宽；如果色谱峰比较"矮胖"，积分时就适合设定较大峰宽。

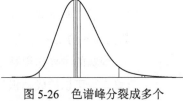

图 5-26　色谱峰分裂成多个

一般，由毛细管柱获得的色谱图，峰宽应当设定比较小，由填充柱获得的色谱图，峰宽应当设定比较大。

可以利用峰宽参数的设定处理色谱图中的"毛刺"信号。"毛刺"信号一般会比正常色谱峰信号"尖锐"，设定较大的峰宽，即可去除掉"毛刺"信号的积分，不至于将其误判为色谱峰。

此外还可以利用峰宽的设定，禁止噪声信号的积分。如前所述，噪声信号一般频率较高，或者可以说噪声信号可以看作是宽度极小的色谱峰。如果设定峰宽值大于噪声信号的宽度，噪声信号就不会被错误地积分成为色谱峰了。

5.2.7　色谱数据工作站积分参数中的平滑，应如何设定？

问题描述　利用色谱数据工作站的平滑功能，可以减小色谱数据中的基线噪声，提高信噪比。

避免对色谱数据进行强度过大的平滑处理，否则可能会导致柱效降低、分离度下降和信噪比降低。

解　答　平滑技术是提高色谱峰响应信噪比的工作站手段。

色谱工作者总是希望得到高信噪比的色谱信号，高信噪比标志着分析方法具有良好的检出能力。然而实际工作中信噪比不能总是满足要求，色谱数据工作站的平滑技术（主要是抑制噪声），就显现出其必要性了。

常见的平滑技术是基于经典数字滤波理论的。根据数字滤波理论，任何一个满足一定条件的信号，都可以被看成是由无限个正弦波叠加而成的。或者说，色谱信号可以看作是由不同频率的多个信号叠加而成的。

噪声信号大多分布在高频段，有用的色谱峰信号大部分分布在较低频段。那么采取一定的数学算法，将高频段的噪声信号加以滤除或者抑制，就可得到较好的信噪比。

图 5-27 为原始信号时域图，其中加和曲线是由曲线 1、曲线 2、曲线 3 叠加而成的。曲线 1 信号，可以视为噪声信号。

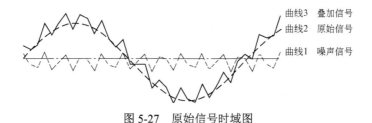

曲线3　叠加信号
曲线2　原始信号
曲线1　噪声信号

图 5-27　原始信号时域图

图 5-28 为原始信号频域图。采用低通滤波的办法，抑制噪声高频信号，就可以得到如图 5-29 所示的平滑谱图。

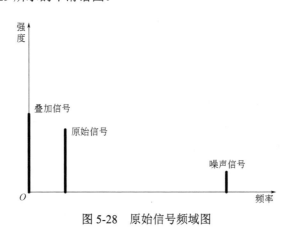

图 5-28　原始信号频域图

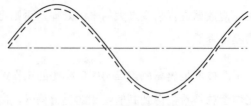

图 5-29　平滑之后的信号

不同的工作站有不同的平滑方式，通常采用如下所述方法。

① 响应时间法　岛津色谱仪检测器中有响应时间参数，不同响应时间对基线的影响如图 5-30 所示。

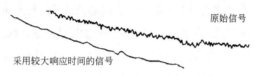

图 5-30　响应时间对基线的影响

由图 5-30 可以看出，采用较大响应时间时，噪声信号得到明显的抑制。

响应时间对色谱峰信号也有一定的影响，如图 5-31 所示。可以看到，类似于使用较低的采样频率，色谱峰也发生了峰高降低、峰宽增大的现象。不同于较低采样频率，色谱数据的大小没有发生变化。

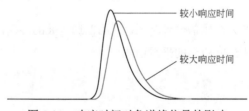

图 5-31　响应时间对色谱峰信号的影响

响应时间是一种简单的平滑，类似于一个低通滤波器（响应时间的单位是 s，即数字低通滤波器的时间常数）。噪声信号中含有的较多高频成分被滤除掉，基线变得平滑，同时色谱峰也变得不太尖锐。

峰高和噪声都会发生一定程度的衰减，但是噪声相对衰减得更多，因而信噪比得到提升。

响应时间的意义：色谱数据点被分成间隔固定的区间（响应时间越大，此区间越大），工作站自动将区间内的数据平均处理。

根据定积分的几何意义，人们也可以理解响应时间不同时，峰面积变化不大的原因，如图 5-14 所示。

采用不同的响应时间，就是改变了 Δx 的大小。在响应时间远小于色谱峰峰宽的情况下，Δx 的一定变化对峰面积的影响不太大。

② 移动平均法　原理：确定一定的窗口（间隔），对窗口内的数据点取平均值，接着移动到下一个点，然后重复此过程，直至完成全谱图的处理。

例如设定间隔为 7，图中的第 1 至第 7 点进行平均，替换第 4 点。然后窗口向后移动，从第 2 点至第 8 点，重复此计算过程，直至数据结束（图 5-32）。

窗口选择越大，滤波效率越好，但会造成较大的色谱峰畸变。窗口一般小于峰宽的 1/10。

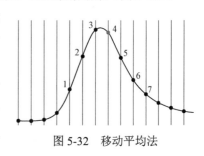

图 5-32　移动平均法

有些工作站也提供加权的移动平均平滑法，如图 5-32 所示，距离第 4 点越远的数据点，对平滑的贡献越小，计算中赋予越低的权重。同时考虑数据点强度权重的方法，也称双边法平滑。

LCsolution 的平滑功能，就是使用了移动平均法。滤波效果如图 5-33 所示。

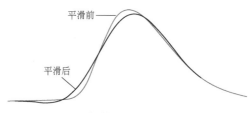

平滑前

平滑后

图 5-33　色谱信号平滑前后的比较

③ 最小二乘法　最小二乘法（Savitzky-Golay 方法）是采用构造多项式来拟合色谱信号的方法。

假设一组数据点服从一个多项式，根据最小二乘法的原理，定出多项式中各项系数。然后用多项式的值代替实验值，实现平滑。

常用的办法是五点二次平滑和七点三次平滑。算法如下。

七点三次平滑：

$$y_i = \frac{7x_i + 6 \times (x_{i+1} + x_{i-1}) + 3 \times (x_{i+2} + x_{i-2}) - 2 \times (x_{i+3} + x_{i-3})}{21}$$

五点二次平滑：

$$y_i = \frac{-3x_{i-2} + 12x_{i-1} + 17x_i + 12x_{i+1} - 3x_{i+2}}{35}$$

总体上最小二乘法的滤波效果要好于移动平均法。

GC-MSSolution 的设定方法见图 5-34。

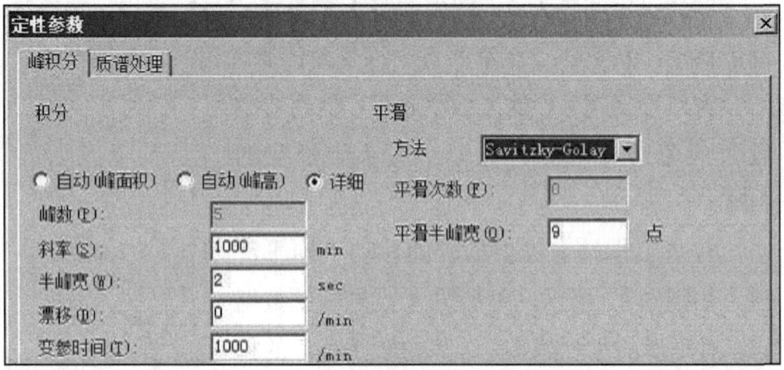

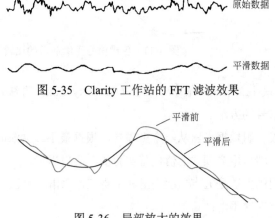

图 5-34　GC-MSSolution 的设定方法

④ FFT 滤波　利用快速傅里叶变换方法，将色谱信号由时域信号转变成为频域信号。如图 5-27 和图 5-28 所示。然后在频域信号上进行噪声的平滑处理。

FFT 滤波效果理论上是比较好的，但计算量较大。图 5-35 是 Clarity 工作站的 FFT 滤波效果。图 5-36 是局部放大的效果。

原始数据

平滑数据

图 5-35　Clarity 工作站的 FFT 滤波效果

平滑前

平滑后

图 5-36　局部放大的效果

5.2.8 色谱数据工作站积分参数中的采样频率，应如何设定?

问题描述 色谱数据的采样频率不可以设定得太低，否则可能会损失色谱图细节；也不可以设定得太高，否则可能导致基线噪声幅度增大。

解 答 采样频率实质上是一种硬件的平滑技术，不同于软件的平滑，采样频率的修改会改变色谱原始数据的大小。

现在色谱工作者一般使用色谱数据工作站获得色谱图，不同于老式的记录仪或者积分仪，不能获得时间和强度上都连续的信号（模拟信号），色谱数据工作站和数据处理机给出的信号都是数字信号，即在时间轴和强度轴上是不连续的，其是由一系列的数据点构成的。

采样频率用来描述数据点在时间轴上的距离。一般的色谱数据工作站，其采样频率是固定的。工作站得到的实际色谱图如图 5-37 所示。

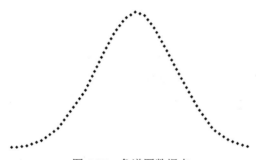

图 5-37　色谱图数据点

常见的色谱工作站可以指定不同的采样速率。一般在几赫兹至数百赫兹之间。不同采样频率对色谱图的影响如图 5-38 和图 5-39 所示。

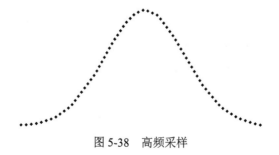

图 5-38　高频采样

图 5-39　低频采样

由图 5-38 和图 5-39 可以看到，采样频率越高，工作站获得的色谱图细节越丰富，或者说色谱工作站得到的色谱峰和真实的情况越吻合。

一般情况下，较低的采样频率不影响色谱峰面积，但是在极端情况下（采样频率过低），可能使色谱峰面积重复性变差，峰面积发生变化，甚至会丢失色谱峰。

如图 5-40 所示，使用较低的采样频率时，色谱峰的特性发生了一定变化，该色谱峰变得"矮胖"了。

表 5-2 为不同采样频率下获得的色谱数据结果，降低采样频率获得的色谱峰的理论塔板数、分离度、峰高都有一定程度的下降，保留时间也发生一定的延后（有些类似采用平滑技术之后的谱图）。

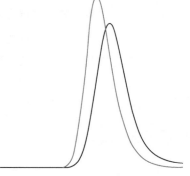

图 5-40　不同采样频率获得的谱图

表 5-2　不同采样频率下的色谱数据结果

保留时间	理论塔板数	拖尾因子	分离度
3.01	2255	1.15	5.04
3.05	2013	1.21	4.54

色谱工作者应当避免使用过高的采集频率，否则会使基线噪声变大（过量采样噪声），并且数据在计算机内的存储会变大，使得数据处理速度变慢。一般习惯上认为保证色谱峰内有 10～20 个数据点即可。

常见气相色谱仪的硬件技术指标里高达数百赫兹的采样频率，一般没有机会用到。什么时候需要较大的采样频率呢？显然是色谱峰比较"尖锐"的场合，在超高速气相色谱（色谱柱内径小于 0.1mm）或者超高效液相色谱（uPLC）的分析场合下，才需要增大采样频率。

5.2.9　色谱数据工作站积分参数中的变参时间，应如何设定？

问题描述　在气相色谱填充柱恒温分析和液相色谱等度洗脱时，色谱的峰宽和斜率一般随时间变化而变化，此时可能需要使用参数变参时间。

解　　答　变参时间（time of double，T. DBL），即数据处理过程中参数（峰宽和斜率）开始发生变化的时间。色谱数据处理过程中斜率阈值和峰宽自动发生变化，以实现色谱图的正确积分。

在气相色谱恒温分析（尤其是填充柱分析）或液相色谱等度洗脱时，往往会得到如图 5-41 所示的色谱图。

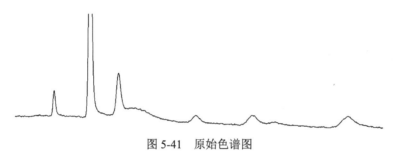

图 5-41　原始色谱图

保留时间较短的色谱峰，比较"尖锐"；保留时间较长的色谱峰，比较"矮胖"。使用相同的一套积分参数（峰宽和斜率），想要同时完成对"尖锐"和"矮胖"色谱峰的正确积分，可能会比较困难。

如果使用较大斜率，较小峰宽，则可能会使保留时间长的色谱峰不能被积分；如果使用较小斜率，较小峰宽，则可能会使保留时间长的色谱峰被分裂成多个；如果使用较小斜率，较大峰宽，则可能会使保留时间长的色谱峰不能被积分。

当然可以使用程序积分的办法，在不同的保留时间段内设定不同的峰宽和斜率，不过使用变参时间可能会更加简便。

变参时间设定为 0，在色谱数据时间段内，系统会自动地增加峰宽和减小斜率，以适应色谱峰形状的变化。

如果变参时间设定为固定值，峰宽参数按照图 5-42 方式加倍，斜率减半。

在程序升温或者梯度洗脱的谱图中，色谱峰的宽度和斜率不存在明显时间相关性，不适合采用变参时间来处理数据。

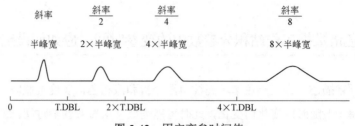

图 5-42　固定变参时间值

类似图 5-43 的色谱峰，峰宽和斜率与保留时间不存在线性变化的，也不适合采用变参时间。

图 5-43　不适用变参时间的谱图

5.2.10　色谱数据工作站积分参数中的漂移，应如何设定？

问题描述　色谱图基线存在漂移时，可利用工作站积分参数中的漂移进行处理。漂移参数会影响发生部分重叠色谱峰的积分切割方式，也会影响多重色谱峰间基线的确定。

解　答　当色谱图基线存在漂移时，工作站中的漂移参数，可以对色谱峰的积分予以修正和补偿。

如图 5-44 所示，色谱峰起点与两个色谱峰峰谷之间连线的正切值如果大于设定的漂移值（图中虚线所示），那么两个色谱峰就会按照垂直方式切割，反之则按照峰谷连线方式切割。漂移的单位与斜率是相同的。

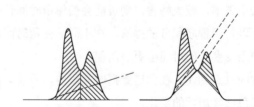

图 5-44　漂移值设定不同时对色谱峰切割方式的影响

如图 5-44 所示的两个色谱峰，如果孤立地去看，似乎左侧的积分更正确，但如果真实的色谱基线存在漂移，那么情况可能就会有所不同。

如图 5-45 所示，如果漂移值设为 0，那么案例一系列色谱峰中第三和第四个色谱峰的切割，取决于 T_1 与 T_2 的关系。

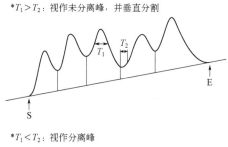

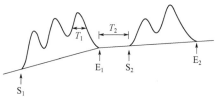

图 5-45　漂移值设定为 0 的谱图切割方式

当漂移设定值大于第一个峰起点到第三个峰谷的斜率时，就要对积分作出调整（图 5-46）。

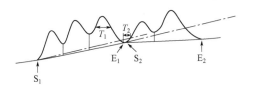

图 5-46　漂移值较大时的切割方式

5.2.11　色谱数据工作站积分参数中的锁定时间、最小峰面积, 应如何设定?

问题描述　利用锁定时间或积分开关命令可以对较为复杂的谱图进行有效处理。可以利用最小峰面积或峰高命令滤除掉色谱图中的噪声或其他干扰信号。锁定时间和最小峰面积参数的意义虽然比较简单，但是需要注意其可能与其他积分参数互相制约。

解　答　在色谱图处理过程中，如果希望删除掉某一段时间内的色谱峰积分，就需要使用积分开关的命令，不同厂商工作站此功能的名称不同，或者叫作锁定时间、积分禁止/开启等。

锁定时间的意义和命令编制较为简单，只需要确定积分锁定的时间起点和终点。命令生效之后，处于该区间的色谱图就不被积分。

需要注意的是，锁定时间的设置会影响其他积分参数的功能，如图 5-47 所示。

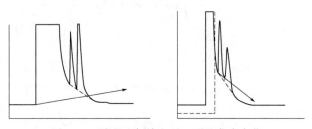

图 5-47　锁定溶剂峰之后，漂移发生变化

对于图 5-47 左侧的色谱图，如果执行了锁定时间操作，将溶剂峰积分删除掉，则溶剂峰拖尾部分的两个色谱 "漂移" 设定就发生了变化，原先存在的正向漂移变成了负向漂移。

另外如果原先谱图数据设定了固定值的变参时间，谱图进行锁定溶剂峰操作之后，变参时间的起点就变成了锁定点而不是零点。

最小峰面积/峰高的意义最为简单，色谱图上存在强度较小的色谱峰时，可以将其积分滤掉，利用这一点可以滤除噪声的积分。

最小峰面积这个参数还会影响手工积分的设定，某些工作站在执行手工积分的添加色谱峰命令时，如果待添加的色谱峰面积小于最小峰面积，那么该色谱峰就无法手工添加成功。

5.2.12　噪声、漂移、信噪比的意义和计算方法是什么?

问题描述　色谱数据噪声、漂移、信噪比的意义和计算方法。

解　答　色谱图的基线总是存在一定程度的波动，不论如何光滑、平直的基线，将其适度放大也会观察到基线扰动。

短时间的基线扰动为噪声，长时间的基线扰动趋势为漂移。

现代的色谱数据工作站可以自动计算色谱图信号的噪声和漂移值，接下来看一下美国试验材料学会（ASTM）方法中噪声的计算方法（图 5-48）。

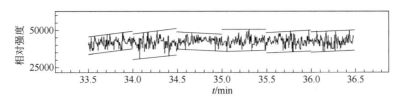

图 5-48 噪声计算方法

将色谱信号按照固定宽度分成若干区间（图 5-48 中的时间宽度为 0.5min），然后在每个区间内利用最小二乘法拟合出一条直线，之后平行移动此直线（囊括所有数据点），得到两条包络线。所有区间的包络线幅值再取平均值，即噪声。

将选定区间内（一般取 30min 左右）的所有数据点利用最小二乘法拟合，获得的曲线斜率值即漂移。

色谱峰高值为信号值，信号与噪声的比即信噪比。信噪比是确定方法检出限和定量限的重要依据。信噪比的意义见图 5-49。

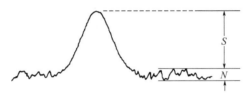

图 5-49 信噪比的意义

5.2.13 哪种状态的色谱峰被称为肩峰，应当如何正确积分处理?

问题描述 肩峰的定义和色谱数据工作站正确的积分处理方法。

肩峰的积分是比较困难的，普通的斜率判别法无法识别肩峰的存在，需要使用工作站的专门功能。

解　答 色谱工作者经常会接触到肩峰的提法，但是往往对肩峰的具体概念不甚清楚——肩峰并非是指两个或者多个部分重叠的色谱峰。

色谱数据工作站依靠一阶导数法或斜率来判定色谱峰的起点、终点和顶点。斜率为 0 或者斜率由正值变成负值的点，即色谱峰的顶点。例如在某个强度较大色谱峰的后延部分，存在斜率值由负变正而后再次变负的情况，如图 5-50 所示，该谱图表示强度相差较大、部分重叠的两个色谱峰，但并非是肩峰。

图 5-50 部分重叠色谱峰

如图 5-51 所示的主色谱峰前半部分叠加
强度较低的色谱峰，即典型的肩峰，主色谱峰
前伸部分各数据点的斜率值都是正值，并不存
在斜率值由正到负的变化。如果将一阶导数值
作为依据，则难以判定主峰前伸部分存在其他
色谱峰。或者说用普通的积分参数，色谱峰前
沿上的小峰是不容易被积分到的。

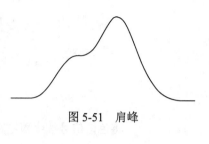

图 5-51　肩峰

肩峰的识别是通过色谱数据工作站对谱图数据点的二阶导数计算来实现的。

如图 5-52 所示，色谱图的二阶导数曲线四次通过了零点，那么就意味着该图
中的复杂色谱峰内包含两个色谱峰。

岛津的 Labsolution 系列工作站，分别使用了 L.Slope、B.Slope、T.Slope 参数
去处理色谱峰前伸部分肩峰、基线部分肩峰、拖尾部分肩峰的积分问题。某些厂
家的工作站内置有肩峰识别功能，可以实现相同的积分目标。如图 5-53 所示，修
改积分参数之后，肩峰峰面积积分比较准确。

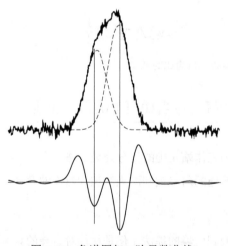

图 5-52　色谱图与二阶导数曲线

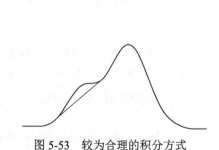

图 5-53　较为合理的积分方式

5.2.14　如何用胶带法构造色谱基线?

问题描述　采用实际的色谱图案例，对胶带法的应用予以说明。

解　答　胶带法（the elastic band technique）这个术语已经不太容易见到了，在
比较经典的色谱参考书中还偶尔能看到，胶带法是确定连续重叠色谱峰峰底切割

线的积分方法。

如图 5-54 所示的色谱图中，同时存在基
线漂移和多个色谱峰部分重叠现象，如果简单
地将第一个色谱峰起点与最后一个色谱峰的
终点连线作为峰底，显然是不合理的。第二个
至第四个色谱峰的峰谷低于峰底切割线，这明
显是存在积分错误的现象。

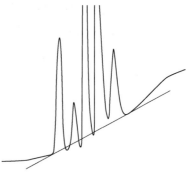

图 5-54　原始色谱图

色谱数据工作站依照胶带法的原则，调整
峰底切割线，使用第一个色谱峰起点和第一、
二个色谱峰的峰谷点构造峰底。如图 5-55 所示，色谱积分得到部分修正。

然后重复这一步骤，直至所有色谱峰组的峰谷均处于峰底以上，如图 5-56 所
示——最终就好像色谱峰的底部连接了一条有弹性的胶带，此种积分处理方式是
相对比较正确的。

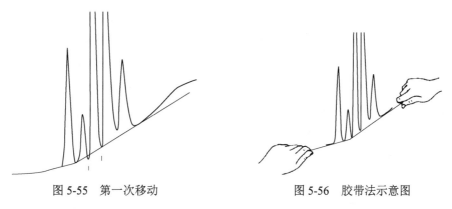

图 5-55　第一次移动　　　　　　　　　　图 5-56　胶带法示意图

5.2.15　发生部分重叠的两个或者多个色谱峰，应当如何正确切割？

问题描述　一般情况下，峰高相近的两个或者多个存在部分重叠的色谱峰，色谱
积分时应当优先考虑采用垂直切割方式。

峰高差异较大的两个色谱峰发生部分重叠时，采用垂直切割的方式会导致较
大的积分误差，建议使用切线方式（或称拖尾方式、撇去方式）分割两个色谱峰。

解　　答　色谱峰积分最为重要的原则是积分正确。色谱工作者面对复杂样品分
析时，无论如何调节分离条件，色谱图中总是可能存在两个或多个色谱峰分离不
良的问题。如何在色谱峰组中正确切割、分离单个色谱峰是至关重要的问题。下

面以发生部分重叠的两个色谱峰为例进行说明，如图 5-57 所示，谱图中"似乎存在"两个部分重叠的色谱峰。

可以根据色谱图的总体情况，近似地"绘制"出两个部分重叠的原始色谱峰，如图 5-58 所示。如果采用垂直切割方式处理两个峰，峰面积的偏差情况如图 5-59 所示。

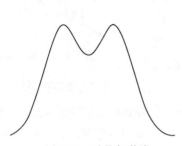

图 5-57　重叠色谱峰

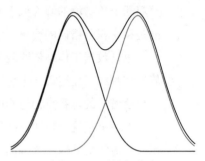

图 5-58　原始色谱峰

对于保留时间较短的色谱峰而言，区域 A 是采用垂直切割方式之后峰面积比原始值增加的部分，区域 B 是垂直切割之后，峰面积比原始值减少的部分。如果这两个相邻色谱峰的峰高相同，则这两个区域的面积可以相互抵消，那么垂直切割处理的两个色谱峰的峰面积与原始峰面积的误差值为 0。

如果采用图 5-60 所示的峰谷连线方式进行色谱峰切割，同样考察区域 A 和区域 B，由图可知这种切割方式会造成积分面积偏小。峰谷/峰高的比值越大，积分误差就会越大。并且需要注意的是采用峰谷连线方式时，会造成两个色谱峰的总峰面积明显偏小。

以此类推，一般情况下三个或者多个分离度较低的、峰高差异较小的色谱峰的切割，应当采用垂直切割方式。

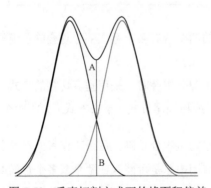

图 5-59　垂直切割方式下的峰面积偏差

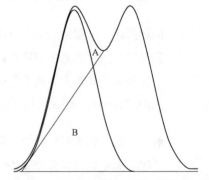

图 5-60　峰谷连线方式下的峰面积偏差

如果两个相邻色谱峰的峰高差异比较大，那么采用垂直切割方式会带来较大的误差，尤其是对于峰高较小的色谱峰。一般相邻峰高比大于 5 时，就要考虑采用切线方式切割。

另外还需要注意，如果两个色谱峰的拖尾或者前伸比较显著，那么采用垂直或者切线切割方式都会带来较大误差。

除了常见的垂直切割、峰谷切割、切线切割等方式外，还可以利用解卷积的方法模拟出原始谱图，此一般需要专用工具软件，普通商用的色谱数据工作站一般无此功能。

5.2.16 如何进行多个色谱峰峰面积的合并处理?

问题描述 分析方法中如果需要合并相邻多个色谱峰的总面积，常用的工作站方法有 3 个：利用时间带（窗）、峰面积叠加以及手工定义色谱峰。

解 答 某些情况下，色谱工作者需要对多个色谱峰的面积进行合并处理，以获取某个分析区间内色谱峰的总面积。

例如，《土壤和沉积物 石油烃（C_{10}—C_{40}）的测定 气相色谱法》（HJ 1021—2019）中，要求将 C_{10}—C_{40} 之间的所有色谱峰加和，使用面积建立标准曲线进行计算。石油烃分析色谱图见图 5-61。

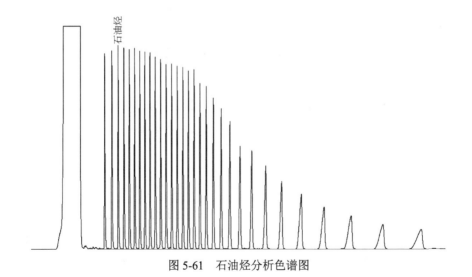

图 5-61 石油烃分析色谱图

《汽油中芳烃含量测定法 气相色谱法》（SH/T 0693—2000）中，色谱分析得到的 C_9 以上的重芳烃色谱峰组，要求合并为一个色谱峰来计算。芳烃分析色谱图见图 5-62。

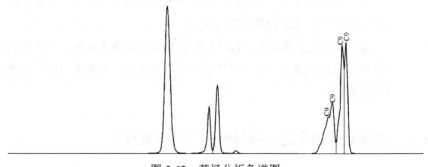

图 5-62　芳烃分析色谱图

不同厂家的工作站，具体的操作有所不同，不过大致可以采用以下三种方法。

① 利用时间带或时间窗　可以将组分校正表中目标组分保留时间的允许误差加大，即使用较大的时间带（窗），使所有需要色谱峰保留时间均处于时间带（窗）内。

② 峰面积叠加　利用工作站的峰合并功能，指定合并的区间，将区间的色谱峰积分成单个，峰面积进行叠加。

③ 手工定义色谱峰　利用工作站强制定义色谱峰功能，手工指定色谱峰组的起点、终点和顶点，作为单一色谱峰进行处理。

5.2.17　色谱数据工作站如何分组处理色谱峰？

问题描述　利用分组功能处理和定量多个色谱峰，与合并峰不同，参与分组的色谱峰可能是不相邻的。农药残留分析中具有异构体的目标组分较多，可以利用分组处理的方法进行定量分析。

解　答　某些分析方法要求给出多个组分多色谱峰总和的计算结果，例如待测物质有多个异构体，这种情况下可能需要用到分组校准的办法。

首先要区分一下具体情况，如果可以获得单个异构体确定浓度的标准品，那么计算时可以采用组分单独校准，最后累加浓度的方法；如果只能获得所有异构体合计浓度的标准品，那么计算时则需要采取分组校正的办法，即先累加峰面积再进行标准曲线的校准。

例如农残分析中常见的 DDT、六六六分析和氯氰菊酯分析,情况就有所不同。色谱工作者可以获得的六六六或 DDT 农残标准品,一般会标注单个异构体的浓度,例如 100ug/mL 的 α-六六六。可以将其稀释成合适的标准溶液,绘制组分的标准曲线。进样之后用各自组分校准曲线计算目标组分浓度,然后将浓度结果进行累加,最后可以给出六六六和 DDT 的总浓度。

色谱工作者获得的氯氰菊酯、溴氰菊酯之类的标准品,可能只标注异构体的总和浓度,在气相色谱分析时一般会得到多个色谱峰。那就需要生成各组分总面积与标准品浓度的组校准曲线,工作站利用此工作曲线,直接给出各异构体的总和浓度。

在色谱数据工作站的操作方面,一般需要在编辑完成组分校准表之后,再编辑分组校准表,将氯氰菊酯的总体浓度输入到分组表中。图 5-63 即岛津 Labsolution 的组校准曲线和分组结果:

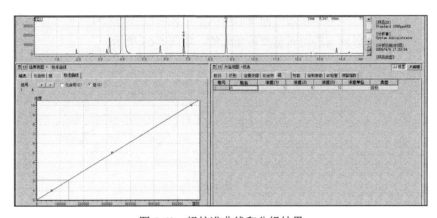

图 5-63　组校准曲线和分组结果

不建议使用手工积分的办法累加峰面积,然后再制作校准曲线,如果各物质峰有重叠现象或者色谱峰区间内存在其他杂质峰,就会造成计算结果偏差。

5.2.18　如何使用色谱数据工作站定性参数中的时间窗和时间带功能?

问题描述　色谱定性操作时,时间窗和时间带参数的区别。

时间窗是多次进样同一组分保留时间的相对偏差允许范围,保留时间不同,时间窗则不同。

时间带是多次进样同一组分保留时间的绝对偏差允许范围,保留时间不同时,时间带相同。

解　答　色谱法依靠保留时间来定性,同样分析条件下,物质的保留时间是确定的。一般在相同分析条件下分别进标准品和未知样品时,保留时间相同或者相近的色谱峰会被确认为同种物质。

之所以引入"相近"这个判定依据,是因为保留时间会受样品浓度、色谱峰对称情况、操作条件等诸多因素的影响,即使在同一个样品的多次平行进样中,目标组分的保留时间也不会完全相同。

但是色谱数据工作站不能接受"相近"这样模糊的描述,必须给定一个确定的保留时间允许偏差范围,工作站有两种保留时间允许偏差的描述方式:时间窗和时间带。时间窗即相对偏差允许范围(单位%),时间带是绝对偏差允许范围(单位 min)。

定性参数设定为时间窗的情况下,保留时间的允许变化范围随保留时间不同而异,时间窗的绝对宽度是变化的,如图 5-64 所示。

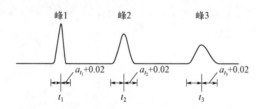

图 5-64　时间窗的意义

定性参数设定为时间带的情况下,保留时间的允许变化范围不跟随保留时间变化,时间窗的绝对宽度是固定的,如图 5-65 所示。

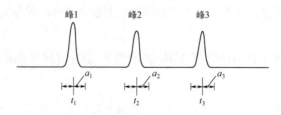

图 5-65　时间带的意义

实际分析中要根据样品出峰情况来确定。如目标组分较少，组分浓度变化较大，造成保留时间波动较大时，建议采用时间窗的方式；如目标组分较多，各个色谱峰保留时间差距较小时，建议采用时间带的方式。

5.2.19　什么是背景扣除或者柱补偿功能，如何执行？

问题描述　色谱数据操作时，背景扣除或柱补偿的意义。

背景扣除或者柱补偿可以消除或者减弱基线漂移对保留时间和色谱峰面积造成的偏差。

解　答　在使用程序升温或梯度洗脱进行色谱分析时，往往会观察到具有一定幅度漂移的基线，如果基线漂移的幅度低于色谱峰强度，不至于严重响应色谱峰的积分时是不需要进行处理的。

当基线漂移幅度与色谱峰强度接近时，则需要色谱工作者加以注意，一定幅度漂移的基线，会影响色谱峰的保留时间判定和色谱峰的积分。如图 5-66 所示，基线严重的漂移导致色谱峰积分面积偏低；如图 5-67 所示，基线严重的漂移，导致保留时间延后。

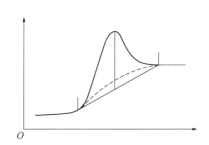

图 5-66　基线漂移对色谱峰积分的影响

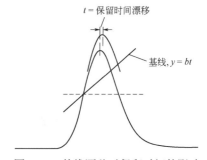

图 5-67　基线漂移对保留时间的影响

色谱工作者除在色谱分析条件和硬件方面予以处理之外，也可以在工作站软件方面对漂移的基线给予一定的补偿，这个功能叫作背景扣除或者柱补偿。

背景扣除的原理比较简单，在正常样品分析之前，需要在完全相同的条件下运行仪器空白，采集具有漂移的空白基线，然后将其设定为工作站的背景文件。再进样品时，系统自动将样品数据和基线数据进行差减，最终得到不带有漂移的色谱数据，如图 5-68 所示。

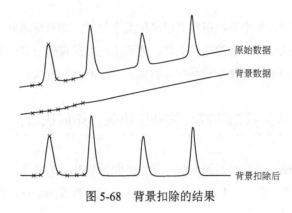

图 5-68　背景扣除的结果

　　需要注意的是：在进行背景扣除时，首先一定要确保条件相同，其次在作为背景数据的空白基线谱图中不允许存在鬼峰，否则最终数据中可能会出现不希望的倒峰。

5.2.20　什么是加权标准曲线?

问题描述　使用权重因子建立多点标准曲线，可以减弱低浓度端数据偏离标准曲线的程度。采用平方权重因子可以获得更加满意的结果。

解　　答　色谱工作者经常会使用外标或者内标标准曲线，标准曲线是基于最小二乘法原理获得的，可以使所有的数据点与标准曲线之间偏差最小，但是如果色谱工作者更加关注低浓度区间数据的准确性，那么使用加权标准曲线是更好的选择。

　　例如，在某次色谱测定中获得 5 个实验数据，峰面积和浓度如表 5-3 所示。

表 5-3　标准样品峰面积和浓度

系列	浓度/（mg/L）	峰面积
标准 01	0.062	700553
标准 02	0.158	2611574
标准 03	1.086	19159953
标准 04	1.610	27761399
标准 05	0.432	7254288

用色谱数据工作站的默认参数建立无加权标准曲线，然后将标准 01、标准 02、标准 03、标准 04、标准 05 各个数据作为控制样品回代入标准曲线进行计算，考察控制样品点和标准曲线对应点的相对误差。无加权标准曲线结果如表 5-4 所示。

表5-4　标准品数据点的偏差

系列	偏差
标准 01	−9.15%
标准 02	−1.27%
标准 03	0.28%
标准 04	−0.37%
标准 05	3.41%

可以看出，低浓度标准点的相对误差较大，或者说该点偏离标准曲线较多（当然需要排除标准品浓度不良的问题）。为什么会出现这个现象呢？再次考察标准曲线的原理可知，数据点和标准曲线对应点的偏差平方和最小，即所有的数据点都比较逼近标准曲线。但是对于每一个数据点来说，总体偏差较小，并不意味着每个数据点的相对偏差最小。

如果分析的样品总是分布在较低浓度点附近，采用加权标准曲线就比较重要了。分别使用 $1/A$（峰面积值的倒数）、$1/C$（浓度值的倒数）、$1/A^2$（峰面积平方值的倒数）、$1/C^2$（浓度平方值的倒数）作权重因子，重新构造标准曲线，可以发现低浓度点数据与标准曲线的偏差减小，以 $1/C^2$ 或 $1/A^2$ 为权重因子偏差会更小，如表 5-5 所示。

表5-5　以 $1/A^2$ 为权重因子的偏差

系列	偏差
标准 01	−0.61%
标准 02	2.88%
标准 03	−2.03%
标准 04	−2.99%
标准 05	2.74%

可以看出，使用权重因子之后，低浓度数据点和标准曲线之间的偏差明显减小。实际上，使用权重因子之后，标准曲线发生了转动，标准曲线更加"逼近"低浓度数据点。图 5-69 是标准曲线的比较，注意低浓度点的区别。

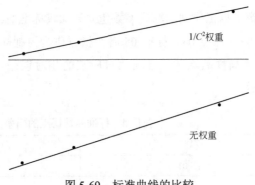

1/C²权重

无权重

图 5-69　标准曲线的比较

　　利用标准曲线定量时，如果比较关注低浓度区域的分析结果，使用加权标准曲线是良好的选择。

5.2.21　峰面积为什么会出现负值，如何处理具有负值的峰面积的色谱图？

　　问题描述　峰底（峰切割线）以下的部分，色谱数据工作站将其计算为负面积。色谱图中的倒峰，可能会导致积分错误，出现具有负值的峰面积。

　　解　答　在进行色谱数据积分的时候，由于积分参数或者积分程序的错误，有时候会观察到峰面积为负值的现象，如图 5-70 所示。

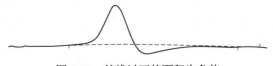

图 5-70　基线以下的面积为负值

　　图中的实线为色谱图，虚线为工作站构造的峰底或称切割线，工作站定义峰底之上的面积为正值，峰底之下的面积为负值，如果负面积值大于正面积值，那么总峰面积就是负值。峰面积为负值时，是不可以进行定量处理的，必须设法予以解决。

　　首先，色谱出现负峰未必存在异常，有些检测器本身可以输出双极性信号，例如 TCD 和双路的 FID；外接设备引起的基线干扰，这些干扰信号可能呈现为倒峰。

　　其次，负峰一般会影响正常的色谱积分，此时可以利用简单的积分开关或者禁止负峰等命令，将负峰禁止积分，就不会影响负峰附近正向色谱峰的积分了。

有些"正常的"负峰，需要在工作站中利用"负峰翻转"命令后按照正向峰来计算，给出正值峰面积来定量，如图 5-71 所示。

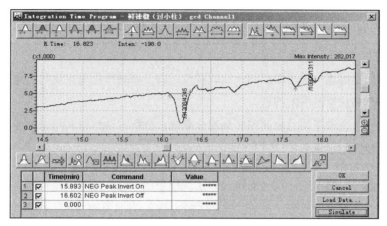

图 5-71　负峰翻转积分

5.2.22　什么是仪器检出限和方法检出限，两者之间的关系如何？

问题描述　仪器检出限和方法检出限有什么不同，有什么关系？

色谱工作者更加关注的是方法检出限，检出限的数值与分析环境和分析条件有关。仪器检出限取决于色谱仪器性能，与测定条件无关。良好的仪器检出限是获得良好方法检出限的前提。

解　答　检出限的定义和计算方法比较多，最常见的是信噪比法，一般的分析方法定义当信噪比为 3 时，对应的样品浓度为最小检出浓度。

也可以根据标准曲线在浓度轴的截距的标准偏差或者校准曲线自身的标准偏差计算出检出限。

方法检出限的大小与分析方法参数有关，例如分流比、进样量、样品前处理方式，仪器检出限则与实验采用的具体方法无关，仅与色谱检测器本身的性能有关。

例如,检测某化合物 X 时,方法中规定取样 100mg,经提取处理后定容为 10mL 分析,此时方法的检出限为 1μg/g。若改变方法使取样量增加至 1g,则方法检出限为 0.1μg/g。若改变方法使取样量增加至 1g 且经提取处理后定容为 1mL,则方法检出限为 0.01μg/g。

方法检出限和仪器检出限之间没有简单的对应关系，但是如果仪器检出限比较小，就更容易得到更好的方法检出限。

5.2.23 使用归一法定量做含量分析时需要注意什么问题？

问题描述 采用面积归一法或者校正归一法进行色谱定量时，需要注意色谱峰积分和线性范围的问题。

色谱图的总峰面积必须积分准确，分析方法尽量利用全部线性范围，否则可能产生定量偏差。

解　答 归一法（面积归一法或校正归一法）定量的原理相对简单，对实验条件的要求比较低（包括试剂和实验人员），并且具有方便、快捷的优点，在分析要求比较低的场合中使用较多，常见于分析化学品的纯度分析。

色谱工作者采用归一法定量时需要注意以下两个问题，否则可能影响分析结果的准确性。

（1）要注意积分准确，尤其是总峰面积　例如，某样品色谱分析获得的色谱图如图 5-72 所示，注意观察 2.50min 附近的两个重叠色谱峰，虽然两个部分重叠的色谱峰没有被分割开来，但是这两个峰的总峰面积是正确的。如果最终需要定量的是 4.50min 处的大峰，那么采用此种积分方式，是不影响定量的。

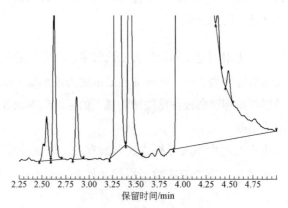

图 5-72　积分不良色谱图

再考察一下 3.40min 处的两个重叠色谱峰，采用峰谷连线的方式积分是不可以的，不仅使这两个色谱峰面积积分错误，也造成了总峰面积的错误，最终会影响主峰的定量。修改积分为垂直切割方式，如图 5-73 所示。

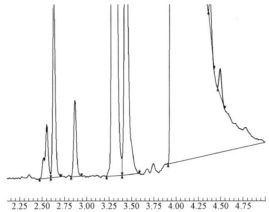

图 5-73　积分修改

（2）要注意线性范围　调整分流比、进样量、检测器衰减等分析条件，使得所有色谱峰均处于检测器的线性范围之内，这对于线性范围较窄的检测器（例如 TCD）更加重要。如果分析方法的灵敏度太低，可能不能检出某些杂质，造成最终主峰定量结果偏高，如图 5-74 所示。

如果分析方法的灵敏度过高，可能会使主成分信号饱和，发生色谱峰平头、圆头等峰形形状不完整等问题，最终造成定量结果偏低，如图 5-75 所示。

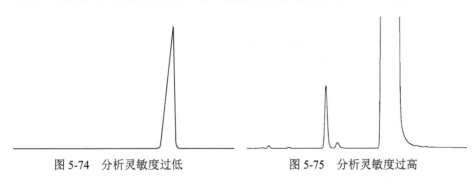

图 5-74　分析灵敏度过低　　　　　　　图 5-75　分析灵敏度过高

5.2.24　什么是保留时间锁定功能和保留时间校正功能？

问题描述　保留时间锁定功能和保留时间校正功能有何作用，两个方法的原理有何不同？

解　答　色谱工作者开发或者使用需要长期运行或需要进行重现的色谱分析方法的时候，可能需要处理两个问题。

① 分析方法长期运行过程中,随着色谱柱的不断维护,色谱柱长度将会缩短,目标组分的保留时间也会逐渐减小。色谱工作者可能面临着需重新建立标准曲线的问题,复杂样品分析场合下,工作量可能会比较大。

② 人们经常希望用一台色谱仪开发完成的完整分析方法可以移植到另一台色谱仪上,但这往往难以实现,因为色谱柱即使规格参数完全一致,也会存在保留特性的差异。

保留时间锁定功能或者保留时间校正功能就是为了解决上述问题而开发的,但是这两种方法的基本原理完全不同。

保留时间锁定功能,是基于保留时间与柱前压力有关的原理,预先通过不同柱前压力下的多次进样实验,获得保留时间与柱前压力的函数关系。

当色谱柱条件发生变化时,例如维护之后长度缩短,通过保留时间锁定功能,修改柱前压力,使保留时间恢复原始值。

保留时间校正功能,是利用了保留指数不变的原理。一根确定固定相的色谱柱,在确定的分析条件之下,物质的保留指数就是固定值,即使色谱柱长度发生了变化。例如,某物质在一根 30m 长的色谱柱上,保留时间介于正辛烷和正壬烷中间,保留时间为 5.8min,保留指数为 850;色谱柱使用一段时间之后,柱长经维护变成了 25m,保留时间变为 5.4min,但是保留指数是不变的——在分析条件不变的情况下,保留指数仅与固定相有关。

如果色谱柱经过维护之后长度缩短了,那么只需要进正构烷烃的混合标样,重新建立保留时间-保留指数的关系,即可校正所有目标组分的保留时间。

5.2.25　峰纯度及峰纯度计算的原理是什么?

问题描述　峰纯度的意义,峰纯度计算的原理。

峰纯度用来判定色谱分析条件是否良好,色谱图中的某个色谱峰内是否存在完全未分离的组分。

解　答　峰纯度这个概念,常见于液相色谱分析和气质联用的分析场合。峰纯度与物质纯度是两个完全不同的概念。

峰纯度用来评价色谱分离条件的优劣,色谱工作者通过考察色谱图的特征或者二阶导数曲线判定某个色谱峰内部是否存在未分离组分,例如明显的部分重叠、存在肩峰、二阶导数有多个极小值等,但是如果两个色谱峰的分离度低于一定程度，色谱图会表现为单个色谱峰，如图 5-76 所示。

使用专业的谱图解卷积软件，可以拟合出原始的两个或者多个色谱图，但是如果两个峰几乎完全重合，就无能为力了。图 5-76 中，色谱峰外观表现良好，实际纯度比较低。液相色谱的紫外和荧光检测器可以获得双波长或者多波长的数据，可以利用比例色谱的方法，来判定色谱峰的纯度，但功能较弱。

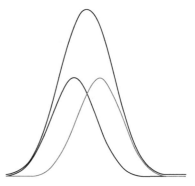

图 5-76　分离度较低的色谱图

液相色谱的二极管阵列检测器和气相色谱-质谱联用仪可以获得三维数据，可以更好地解决峰纯度判定的问题。

以液相色谱二极管阵列检测器为例进行说明：峰纯度判定的常见方法是夹角余弦法，色谱数据工作站在色谱图上选择多个数据点，然后比较这多个不同数据点的光谱图相似程度。夹角余弦法的原理如下。

色谱数据工作站将某个数据点的吸光度光谱图数据 S_1 和 S_2 表示为向量 $\boldsymbol{S}_1$ 和 $\boldsymbol{S}_2$，如图 5-77 所示：

$$\boldsymbol{S}_1 = [a_1(\lambda_1), a_1(\lambda_2), \cdots, a_1(\lambda_n)]$$
$$\boldsymbol{S}_2 = [a_2(\lambda_1), a_2(\lambda_2), \cdots, a_2(\lambda_n)]$$

$a(\lambda_1)$ 表示波长 (λ_1) 的吸光度。

如果两个光谱形状完全一样，向量 $\boldsymbol{S}_1$ 和 $\boldsymbol{S}_2$ 应该指向相同的方向，尽管吸光度不同，图 5-58 中的角 θ 也会变成 0。由于角 θ 越小，两个光谱之间的相似度越大，所以可通过计算 $\cos\theta$ 获得两个光谱（SI）的相似度。$\cos\theta$ 越接近 1，峰纯度越高。

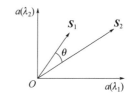

图 5-77　两个数据点表示为向量

在进行峰纯度计算时，需要注意色谱工作站检测器的选定波长范围参数和线性范围的问题，否则不容易得到正确的结果。

5.2.26　什么是 AMDIS 自动解卷积方法？

问题描述　自动化质谱图解卷积和鉴定软件（AMDIS）的意义和作用。

采用 AMDIS 技术，可以在复杂 GC-MS 谱图中提取单独组分的色谱和质谱信息以及抑制基线背景干扰。

解　答　对于分离度较低甚至外观上表现为单一峰的色谱峰，可以用鉴别峰纯度的方法确认是否存在双峰或者多峰，但是如果想要获得色谱峰中的单独色谱和质谱信息，就需要采用 AMDIS。

AMDIS 软件由美国国家标准技术研究院（NIST，National Institute of Standards and Technology）提供。AMDIS 是 the automatic mass spectral deconvolution and identification system 的缩写。

用 AMDIS 对文件中每个离子的质量色谱图进行分析，不同的峰选取 1～2 个模型离子（model ion），比较其他离子与模型离子峰在保留时间和峰形上的相似度，决定该离子是否归属于此峰。整个文件扫描后，将所有具有相同保留值和峰形的离子组合成一张新的质谱图。

AMDIS 的实质是利用数据中的质谱信息结合色谱信息，将组成混合峰的各个色谱-质谱数据解析出来，注意不单单是色谱信号，质谱信号也得到重现，基本原理如图 5-78 所示：

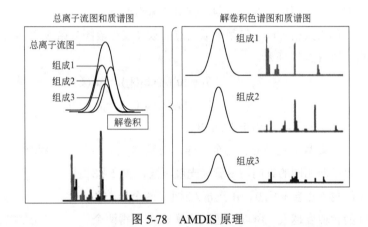

图 5-78　AMDIS 原理

AMDIS 主要用于 GC-MS 数据中多个重叠组分的解析和噪声的去除，在液相色谱的 PDA（二极管阵列）检测器中也有类似的手段，可以获取混合峰中单一峰的色谱和光谱信号。

5.2.27　什么是检测器的动态范围？

问题描述　检测器动态范围的意义。

检测器的动态范围是检测器可以定量工作的范围。

解　答　在一定浓度范围内，大部分检测器响应是线性的。随着样品浓度的增加，色谱峰的响应会线性增强。当样品浓度超过一定限度之后，检测器响应呈现非线性的状态。浓度增加，响应也会增强，但是递增的关系不再是线性的。这两个范围之和叫作动态范围。在动态范围之内，检测器都是可以定量的。

浓度再次递增，检测器信号不再发生变化，即检测器呈饱和状态，是色谱分析不能利用的区域。

如图 5-79 所示，线性和可用区域之和即检测器的动态范围。

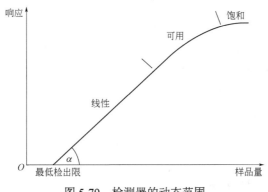

图 5-79　检测器的动态范围

不同的仪器，对于线性范围的扩展有不同的手段，例如采用非线性的放大器，或者软件对信号给予非线性的放大，有些软件还可以利用第三维的数据信息予以补偿——如液相色谱的 PDA 数据。

5.3　气相色谱其他相关技术

5.3.1　什么是热裂解色谱法？主要应用于什么场合？

问题描述　什么是热裂解色谱法，主要应用于哪些场合？

解　答　热裂解指的是只通过热能将一种样品转变为另外一种或者几种物质的化学过程，包含热分解反应和热降解反应。裂解往往使分子量降低，但也可以通过分子间反应使得分子量增加。使用高效气相色谱仪分析和鉴定样品裂解产物的方法为热裂解色谱法，其主要应用范围如下。

① 聚合物分析　热裂解气相色谱法最常应用的领域,而且直到今天仍然是最重要的领域。

热裂解色谱法可以进行聚合物(橡胶、塑料、纤维等)样品的定性鉴定、组成分析、结构表征、降解研究等工作。先将聚合物样品置于热裂解器中,在严格控制的操作条件下,使之迅速高温热裂解,生成可挥发的小分子产物,然后将热裂解产物送入气相色谱仪中进行分离分析。因为热裂解碎片的组成和相对含量与待测高分子的结构密切相关,每种高分子的热裂解色谱图都有其特征,故热裂解色谱图又称热裂解指纹色谱图。

② 能源和地球化学　热裂解色谱法可以进行能源勘探中的源岩分析、沥青质和油母质分析、沉积岩挥发性有机物分析、煤炭分析、固体废物回收等工作。

③ 医药和生物大分子分析　热裂解色谱法可以进行氨基酸和多肽定性鉴定、蛋白质鉴定、糖类化合物鉴定、药物鉴别、临床分析等工作。

④ 司法检验　热裂解色谱法可以进行交通肇事痕迹鉴定、刑侦鉴定等工作。热裂解器主要有管式炉热裂解器、热丝热裂解器、居里点热裂解器、激光热裂解器等。

5.3.2　什么是冷柱头进样口?

问题描述　冷柱头进样口的原理和适用样品范围。

解　答　冷柱头进样口或称柱上进样(on column injector,OCI),是解决物质热不稳定或样品沸点范围较宽问题的良好手段。使用 OCI 时,样品直接注入处于室温或者更低温度下的色谱柱内,然后再逐步升高色谱柱温度,使样品组分依次气化,通过色谱柱分离分析。

冷柱头进样口的结构如图 5-80 所示。

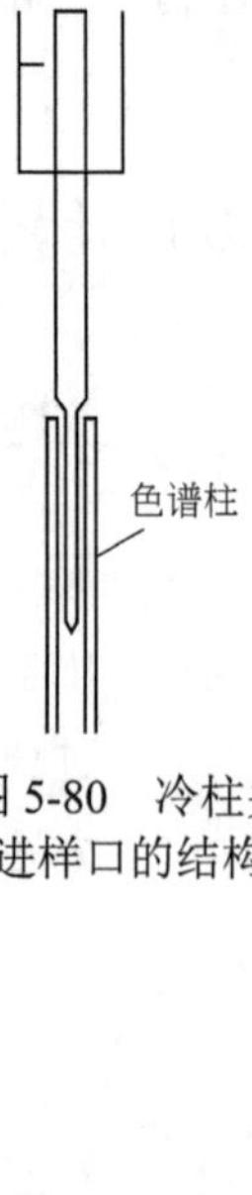

与常见的分流/不分流进样口不同,冷柱头进样口内没有衬管,色谱柱(一般是大口径色谱柱或者保留间隙管)直接深入到进样口的顶部。进样时使用冷柱头注射器(针头较细)将液体样品直接注入色谱柱内。

冷柱头进样口的优点如下。

① 消除了进样口的歧视效应(包括进样歧视和分流歧视)。

② 避免了样品受热分解或者结构变化。某些物质本身稳定性不强或者加热之后会产生化学结构变化(例如分解、异构化

色谱柱

图 5-80　冷柱头进样口的结构

等)。冷柱头进样模式下,样品不会接触进样口惰性可能不佳的金属或者石英表面,也不经受高温,对于这类物质的分析,是比较合适的选择。

生物柴油的组成分析和油品的模拟蒸馏都采用了冷柱头进样方式。

③ 由于样品进入色谱柱时处于低温,容易实现早流出色谱峰的溶剂聚焦。

④ 冷柱头进样方式的分析准确度、精密度比分流进样要好。

冷柱头进样方式的缺点如下。

① 与分流/不分流进样方式相比,冷柱头进样方式的进样体积比较小,以免色谱柱超载。

② 冷柱头进样操作较为复杂,色谱分析条件选择比较重要,需要使用特殊注射器。

③ 毛细管柱容易受到污染,样品记忆效应比较明显。

④ 不适合测定沸点较低、色谱保留较弱的组分。

5.3.3　什么是气相色谱反吹技术?

问题描述　气相色谱反吹技术的基本定义和使用范围。

解　答　色谱法本质上是一种分离技术。混合物分离成单一组分才可以予以定性和定量。人总是希望有一根可以分离所有组分的色谱柱,但实际上并不存在,那么人们就会面临使用多根色谱柱协同工作的问题,色谱柱切换和色谱柱反吹都是常见的技术。

另外,有时人们只关心待测样品中的某些组分,其他组分可以放弃掉或者只需要考察其他组分的总量时,就会经常用到色谱柱的反吹技术。

反吹的基本原理如图 5-81 所示。初始状态下,样品由左向右流动,首先在预分离色谱柱得到部分分离,当部分组分进入色谱柱时,流动切换成下面的状态,预分离色谱柱流速反向,将剩余组分由排空端口反吹掉(排空端口以后还可以连接其他色谱柱和检测器,以实现不同的分析)。

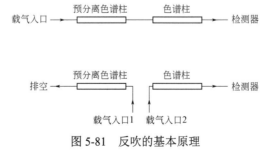

图 5-81　反吹的基本原理

气相色谱反吹的方式有以下四种。

① 十通阀反吹　如图 5-82 所示。

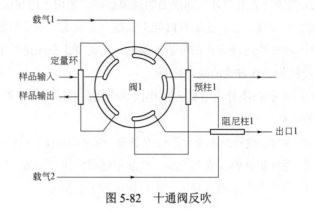

图 5-82　十通阀反吹

② 六通阀反吹　如图 5-83 所示。

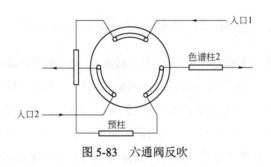

图 5-83　六通阀反吹

③ 四通阀反吹　如图 5-84 所示。

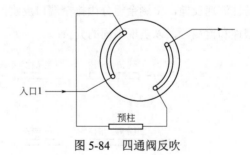

图 5-84　四通阀反吹

④ 无阀反吹技术　如图 5-81 所示。

5.3.4 什么是多维色谱技术?

问题描述　多维色谱技术的原理和使用范围。

多维色谱技术的应用,扩展了色谱技术的应用范围。

解　　答　组成非常复杂的混合物样品(例如石油、香料、食品等产品),仅用一根色谱柱往往不能达到完全分离的目的,那么就需要第二根甚至更多的色谱柱,乃至多检测器的组合来实现完全分离和鉴别,这就是多维色谱技术的基本原理。

GC-GC、GC-LC(液相色谱)、GC-MS、GC-FTIR(傅里叶变换红外光谱)等联用技术都可以被认为属于多维色谱技术,这些分析手段除提供色谱保留信息之外,还可以同时提供质荷比或者光谱信息,是目前应用较多的二维分离技术。

多维色谱技术的目的:提高峰容量;提高选择性;提高工作效率;提高定量精度。

二维色谱(GC+GC)是一种部分多维技术,来自第一维仪器 GC 的流出物只有部分组分进入第二维仪器 GC 中进行分析,原理如图 5-85 所示。

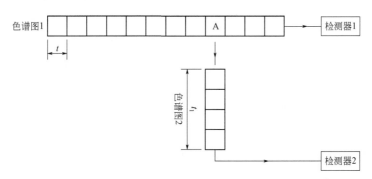

图 5-85　二维色谱(GC+GC)原理

样品进入色谱柱 1,在检测器 1 获得色谱图 1,如果色谱图中 A 区域(区域宽度为 t)的色谱分离不良,则可以设法将 A 部分转移到色谱柱 2(一般情况下其与色谱柱 1 有不同的分离特性),再次进行分离,在检测器 2 获得色谱图 2,从而提高了整个系统的分离能力。

需要注意的是,时间 t 和 t_1 的长度可以是不同的(与全二维色谱系统不同),色谱图 2 的出峰总时间可能会大于 A 区域的时间宽度,如果需要分析色谱图 1 中的更多组分,可能需要多次进行转移,分析操作可能需要执行多次。

实际多维色谱的分析情况比较复杂，系统中可能会有多于两个的检测器和色谱柱。二维色谱结构如图 5-86 所示。

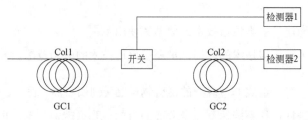

图 5-86　二维色谱硬件结构

5.3.5　常见的色谱联用技术有哪些?

问题描述　色谱技术和固相（微）萃取、膜分离等分离技术与质谱等鉴定检测仪器联用可能获得更加丰富的信息与准确的结果。

解　答　复杂样品组成分析时，色谱法一般是首选的方法，其最大特点在于能将一个复杂的混合物分离为各自单一组分，但它定性、确定结构的能力较差。

而质谱（MS）、红外光谱（IR）、紫外光谱（UV）、电感耦合等离子体发射光谱（ICP-AES）和核磁共振波谱（NMR）等技术对一个纯组分结构的确定变得较容易。因此，将色谱、固相（微）萃取、膜分离等分离技术与质谱等鉴定检测仪器联用就可能获得更加丰富的信息与准确的结果。

常见的气相色谱与其他分析手段联用方式如下。

① 气相色谱-气相色谱（GC-GC）联用　属多维色谱技术，在复杂样品分析时，采用多柱多检测的办法，可以更加灵敏和高效地完成分析。在石油化工、化学反应研究、燃料电池、环境工程等诸多场合得到日益广泛的应用。

② 气相色谱-原子光谱联用　原子光谱仪对于金属元素及部分非金属元素的分析，具有简单、快速、准确、灵敏的特点。如原子荧光对 As、Se、Sn、Sb、Hg 等元素有非常高的灵敏度；电感耦合等离子体光谱（ICP）使多元素同时测定成为可能，极大地促进了元素分析的发展与进步。

气相色谱-火焰原子吸收光谱、气相色谱-电感耦合等离子体原子发射光谱也是常见的联用形式，此外原子发射检测器（AED）即可认为是气相色谱和原子发射光谱仪的联用系统。

以色谱为分离手段的各种联用技术不断被推出，在元素化学形态分析中发挥重要作用。Kolb 等人于 1966 年首先提出原子吸收可作为气相色谱的金属特效检测器，并测定了汽油中的烷基铅。

③ 气相色谱-质谱（GC-MS）联用　GC 和 MS 联用技术得到快速发展，是联用技术中最完善、应用最广泛的技术，其最早实现商品化，可以在分析结果的同时提供样品的色谱保留信息和质谱信息，定性能力强。

GC-MS 联用在分析检测和科研的许多领域起着重要作用，特别是在许多有机化合物的常规检测工作中成为一种必备工具，广泛应用于环保、卫生、食品、农业、石油、化工等行业。

④ 气相色谱-电感耦合等离子体-质谱（GC-ICP-MS）联用　用 ICP-MS 联机仪器作为 GC 的检测器时可测量痕量和超痕量有机金属污染物。ICP-MS 作为 GC 的检测器可测定 $10^{-6}g$ 级的金属元素，如 Cr（VI）、Cu、Cd、Pb、Hg、Ti、Ba、Be、Ni、Mn、As 等，选择不同质量数进行测定，还能大大提高其选择性，即使 GC 不能把干扰成分完全分离，也不会对 ICP-MS 的测定产生影响。GC-ICP-MS 装置通过接口将 GC 与 ICP-MS 相连接，GC 将待测成分分离后，通过 ICP-MS 得到测定元素的有关信息。

⑤ 气相色谱-傅里叶变换红外光谱（GC-FTIR）联用　红外光谱法可以提供丰富的分子结构信息，是非常理想的定性鉴定工具，GC-FTIR 联用是具有很高价值的分离鉴定手段。

GC-FTIR 系统已在水质、废气等环境污染分析中得到广泛应用，主要检测多环芳烃、醚类、酯类、酚类、氯苯类、有机酸、有机氯农药、除莠剂和氯代芳香化合物等。

⑥ 其他联用技术　文献中还可以见到液相色谱-气相色谱（LC-GC）联用、气相色谱-核磁共振波谱（GC-NMR）联用、超临界流体色谱-气相色谱（SFC-GC）联用、凝胶渗透色谱-气相色谱-质谱（GPC-GC-MS）联用、热重-红外光谱-气相色谱-质谱（TG-FTIR-GC-MS）联用等技术。

5.4　其他实际应用问题

5.4.1　遇到对积分要求很高的谱图时，如何积分更加合理？

问题描述　色谱峰积分方法，最为重要的是确保色谱峰面积的积分正确。

较为复杂的色谱图，一般存在拖尾、前伸、相邻色谱峰发生部分重叠、肩峰等现象。调整积分方法，采用正确的切割方式分割色谱峰，以获得准确的积分结果是非常重要的。

解　答　随着计算技术的发展，色谱峰面积的获得变得更加容易——色谱工作者已经不再使用读数显微镜、剪纸称重等低效率的手段。色谱数据工作站可以在分析结束后数秒钟内，甚至分析过程中给出色谱峰面积。

　　如何判定色谱数据工作站计算出的峰面积准确是色谱工作者面临的新问题。尤其是面对较为复杂的色谱峰（例如两个或者多个色谱峰发生重叠、色谱峰拖尾或者前伸、肩峰等现象）时，势必面临色谱峰积分切割的问题，如何判定色谱峰切割正确至关重要。

　　不论采取何种手段，确保色谱峰积分正确是最为重要的原则。

　　色谱分析过程中，一般要求调整分析条件，以使得样品中各个组分的色谱峰尽可能完全分离。色谱峰分离不良、色谱峰前伸或者拖尾严重等现象往往会带来不同程度的峰面积积分误差。但实际工作中，因为具体样品组成复杂，并非总可以满足分离度大于 1.5，即完全分离的情况，色谱工作者就会面临处理复杂色谱图的问题。

　　某复杂色谱图如图 5-87 所示。

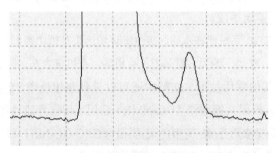

图 5-87　复杂色谱图

　　谱图看上去是由三个色谱峰组成的。那么应该采用什么方式来切割呢？色谱数据工作站可能会给出两种解决方案（图 5-88 和图 5-89），哪一种方案更加准确呢？

　　色谱数据信号本质上是电气信号，电气信号本质上是可以叠加的，那么复杂色谱信号也可以视为由简单色谱信号叠加而成的。或者说，某一个较为复杂的色谱峰信号，是两个或者多个较为简单的色谱峰信号的加和，如果可以模拟出简单色谱信号，那么就可以积分得到相对准确的色谱峰面积。

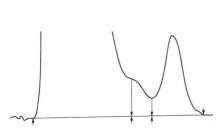

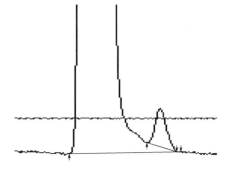

图 5-88　色谱数据工作站解决方案 1　　　　图 5-89　色谱数据工作站解决方案 2

借助简单的数学工具，可以模拟一下该色谱图的原始信号，在 excel 数据表格中输入不同的两个正态分布数列（该数据明显的特征是，发生重叠的两个色谱峰的峰高差异较大，excel 两个数列的强度比值为 10∶1）。将此两个数列加和，并对此三列数据建立拟合曲线，如图 5-90 所示。

图 5-90 中的色谱图由两个色谱峰叠加而成。通过该计算，如果采用图 5-88 所示的积分方式，会带来较大的积分误差。

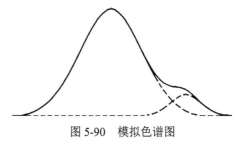

图 5-90　模拟色谱图

发生部分重叠的两个色谱峰，如果峰高差异较大，应当采用切线方式切割，获得的峰面积更为准确。

5.4.2　在连续多个色谱峰叠加的情况下，如何选择色谱峰积分方法?

问题描述　在进行复杂样品的气相色谱分析时，经常会遇到连续多个色谱峰分离度较低的情况，某些情况下会严重干扰色谱峰积分时峰底（色谱峰积分切割线）的确定，如何判定峰底的正确切割对于分析结果的正确性至关重要。

解　答　色谱工作者在进行复杂样品分析时，难以实现对所有组分基线的分离，可能会遇到如图 5-91 所示的色谱峰形，色谱数据工作站在处理这些色谱峰积分切割时，可能会采用方法 1 或者方法 2，那么采用哪种方式定量更加合理呢?

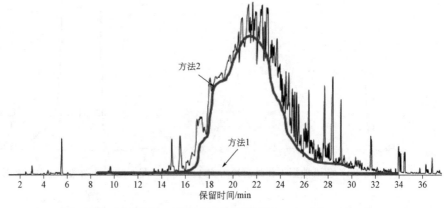

图 5-91　复杂色谱图

色谱工作者一般感到困惑的是图 5-91 中 18～22min 基线起伏的来源，接下来用两个色谱峰的情况加以说明，当两个理想色谱峰（正态分布）的分离度小于 0.6 时，两个重叠色谱峰的峰谷部分就会消失，如图 5-92 所示。

设想一下多个色谱峰发生更为复杂的重叠，最终的色谱图就会变成如图 5-91 所示的较宽的基线起伏。

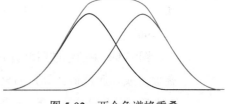

图 5-92　两个色谱峰重叠

如果相邻的两个色谱峰发生部分重叠（分离度大于 0.6），并且峰高差距不大，采用垂直切割的方式误差较小，即图 5-91 中的方法 1。

尤其是某些分析方法，例如面积归一法和校正归一法，要求对色谱图峰面积总和的积分正确，采用垂直切割的方式，可以保证多个色谱峰的积分总面积正确。

5.4.3　顶空分析方法中，样品应该如何处理？

问题描述　开发顶空分析方法时，首先要对分析方法的目的有比较明确的认识，然后才可以确定适合的样品处理方法。

顶空分析的样品，是否一定需要完全溶解，是否需要在其中加入盐类或者其他添加剂，是否需要粉碎、剪切、振荡？

解　答　顶空分析本质上是一种间接分析方法，通过分析样品基质上方的气体成分测定这些组分在原始样品中的含量。顶空分析方法常用于液体或者固体中较低沸点组分的测定。

例如，现今世界通用的血液中乙醇的分析，顶空-气相色谱分析法被用以测试酒后驾车司机血液中的乙醇浓度，符合法庭举证的要求。

在顶空分析方法中经常可以见到对样品（尤其是固体样品）的处理手段，例如溶解、粉碎、切片、振荡等。人们需要根据分析方法的基本原理对样品施加合适的处理。

对某些样品，顶空实验的目的是测定原始样品中目标组分的含量，那么样品的溶解、粉碎、振荡等处理方式是提高分析效率的重要手段。

对某些样品，顶空实验的目的是测定原始样品释放目标组分的含量，那么样品的处理方式就需要给予注意。

接下来以两个具体事例来说明上述问题。

① 测定聚苯乙烯中的单体苯乙烯　根据《 聚苯乙烯和丙烯腈-丁二烯-苯乙烯树脂中残留苯乙烯单体的测定　气相色谱法》（GB/T 16867—1997），精确称取2g 样品，溶解于 20mLDMF 或者 DMAC 溶剂中，顶空方法测定。

该分析方法的目的是测定聚合物样品中的单体，因此需要将样品粉碎以便于重复溶解，使得样品更加均匀，并且在顶空操作中建议对样品瓶施加振荡，以缩短顶空的平衡时间。

② 测量包装材料释放的乙醛　根据 PET 瓶乙醛标准按照乙醛测定法（YBB00282004—2015），将样品（聚对苯二甲酸乙二醇酯小瓶或者瓶片）放置在充满氮气的密封容器内，于室温条件下放置 24h，取顶空气体定量注入色谱仪中分析。该分析方法考察 PET 瓶的乙醛释放量，是不需要对样品瓶进行粉碎等处理的。

5.4.4 标准曲线建立完毕之后，用标液反标误差较大时如何处理?

问题描述　标准曲线建立完成之后，需要考察标准曲线的准确性。即将标准品峰面积的数据代入标准曲线的回归方程,考察回归方程计算出的浓度与标准品真实浓度的偏差。如果偏差较大，需要做哪些实验条件的检查、修改或者如何进行数据处理?

解　答　在色谱分析方法开发过程中，对标准曲线线性的考察较为重要，常用的方法是将已知浓度的控制样品或者使用某标准系列样品数据，代入标准曲线的回归方程，考察回归方程计算出的浓度与已知浓度的偏差，如果偏差较大，需要考虑如下几个方面。

① 分析方法的线性范围　首先要确认分析方法是否存在线性。

例如,色谱工作者需要使用气相色谱仪的FPD测定某有机溶剂中的微量硫化氢。色谱工作者首先要在原理上确认硫化物在FPD上的响应是非线性的(近似二次方响应),如果分析时建立了二元一次标准曲线$y = ax + b$,是不会得到较好的线性的。

其次要确认分析中使用的标准品浓度是否处于检测器的线性范围之内。

常见的选择型检测器(例如ECD、FPD、NPD)的线性范围都比较窄,并且不同待测物质有其各自不同的线性范围。

由于灵敏度,TCD线性范围也比较窄。

在配制标准系列样品时,需要予以考虑。

② 重复性　即使是采用内标法进行定量,重复性不良的实验数据一定会导致回归曲线线性的不良。

气相色谱仪分析系统的气路和电路环境如果存在不稳定的现象,可能会导致分析数据重复性不良。

气相色谱仪进样器、进样口、色谱柱、检测器等各个部件存在泄漏;不良的进样器、错误的色谱柱安装方式;不合适的分析温度,不稳定的样品都会导致数据重复性不良。

③ 标准品问题　由于存贮、运输或者配制过程中发生污染、挥发、分解等,标准品的浓度不正确。

④ 标准品配制问题　标准品配制过程中,操作人员的不良习惯及容量器皿的误差。

⑤ 空白考察　气相色谱分析中,空白运行实验较为重要,分析样品之前需要确认不存在空白的干扰。

以顶空分析为例,在测定标准品之前,建议先运行气相色谱仪的程序升温空白、实验室空气空白、顶空瓶空气空白、顶空溶剂空白等实验,确认无明显干扰。

对于高灵敏度分析,空白实验尤为重要。

⑥ 积分和权重因子　错误的色谱峰积分会导致数据不良;如果标准曲线低浓度区域的误差较大,建议采用加权标准曲线的方法修正分析方法。

5.4.5　FID出现负峰,应当如何处理?

问题描述　FID在分析测定中出现负峰的可能原因和处理方法。

气相色谱仪系统的进样口、色谱柱、检测器或者气源发生污染问题时,都可能导致色谱图中负峰的出现。

解　答　FID 是利用氢气火焰作电离源，使有机物电离产生微电流而响应的检测器。其几乎对所有的有机化合物有响应，线性范围宽，结构简单，维护方便，使用范围较为广泛。无机物（如氢气、氧气、氮气、一氧化碳、二氧化碳等）和某些有机化物（如二氯化碳、四氯化碳、羰基硫、甲醛、甲酸等）在 FID 上响应较小，不适合采用 FID 来定量。

图 5-93 为 FID 的电气原理，样品在火焰中发生电离，产生的带电荷离子被收集极以微电流的形式传送到放大器，转换成输出电压。

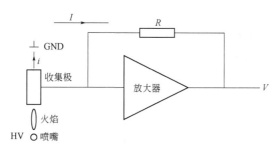

图 5-93　FID 的电气原理

仅有载气流过检测器时，即在待机状态下时，系统微电流的来源主要是载气和检测器中的痕量杂质，放大器输出较低电平，即本底信号。色谱工作者在进行 FID 实验操作时，需要特别注意对系统本底信号的考察。如果考虑更加全面的话，FID 火焰熄灭情况下的本底信号也需要予以注意。

样品流过检测器之后发生电离，产生较大电流，在色谱数据工作站上可以观察到较大色谱峰信号。

如果色谱系统污染较为严重，则可能产生较大的本底电流，当目标组分流过检测器时，目标组分产生的电流（例如氧气、氮气等无机物）有可能低于检测器的本底电流，此时会出现负峰。

如果色谱系统的绝缘下降，也会导致检测器本底信号的上升，也会有负峰问题的出现。

色谱分析中如果出现负峰，首先需要考察 FID 熄火状态下的输出电压或电流是否过大。如果存在上述问题，则检测器存在严重污染甚至积水。

然后再考察 FID 火焰点燃状态下的输出电压或电流是否过大。如果存在上述问题，那么需要重点考虑气源污染或者色谱柱等部分的污染。

如果分析过程中大量使用二硫化碳、二氯甲烷、苯等不良溶剂——此类溶剂在氢火焰燃烧时会产生腐蚀性物质或者积碳严重，则检测器的清理和检查非常重要。

5.4.6 气相色谱分析图中出现毛刺信号的原因可能是什么，应当如何处理？

问题描述 气相色谱分析时出现毛刺信号的可能原因和处理方式。首先需要了解毛刺信号与正常色谱峰的区别。单方向毛刺信号和双方向毛刺信号的产生原因不同，需要区别对待。此外还需要考虑毛刺信号是否存在周期性。

解 答 某些情况下，色谱工作者会在色谱图中观察到极端窄峰宽，或者说极为"尖锐"的信号，一般称之为毛刺信号（图 5-94），其有时会给色谱工作者的谱图处理带来困扰。

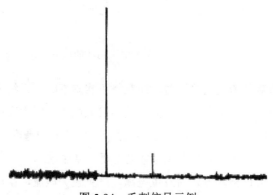

图 5-94 毛刺信号示例

首先要在色谱图上确认，哪些信号是正常的色谱峰，哪些信号是毛刺，毛刺信号有哪些不同于色谱峰的特征？将谱图尽量放大仔细观察，可以得到如下结论。

首先，毛刺信号的宽度极窄，并且毛刺信号的宽度与在谱图中出现的时间无关。

此外，正常的色谱峰信号，总会呈现出正态分布或者不太对称的正态分布的特性，仔细观察谱图，总可以识别出色谱峰起点、终点、拐点、顶点等。而毛刺信号则不具有正态分布特性，如图 5-95 所示，右侧的信号即毛刺信号。

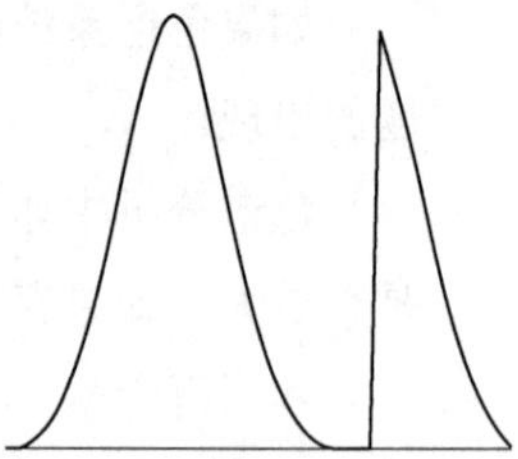

图 5-95 色谱峰和毛刺信号的比较

毛刺信号产生的可能原因如下。

首先要确认毛刺信号的方向，在谱图中是只存在正方向的毛刺还是正、负方向的毛刺均存在。一般情况下，双方向的毛刺信号与电气环境问题相关，例如系统电源不稳定，接地不牢靠，或者同一电路上存在其他电气设备的干扰。

考察 FID、FPD、NPD 时，可以观察氢气、空气关闭和开启之后的状态，如果毛刺信号出现的概率几乎不变，那么毛刺信号很可能来自电气环境。

考察 TCD、ECD 时，可以修改检测器电流或者检测器尾吹流量，如果毛刺出现概率不变，那么毛刺信号可能来自电气环境。

单方向的毛刺信号往往来自气路、色谱柱或者检测器系统中的微量固体颗粒物，例如气路中的微小固体颗粒（可能来自不良的气体管路、气体净化装置或者气源本身），检测器中的积碳或者样品、固定相燃烧生成的粉末，PLOT 类色谱柱的固定相脱落物。

单方向毛刺信号也可能与检测器（如 ECD 和 TCD）出口堵塞有关。

此外需要考察毛刺信号的周期性，如果毛刺信号存在较为固定的周期，则需要重点考察仪器气源（尤其是氢气和空气发生器）是否不良。

5.4.7 气相色谱分析过程中基线出现周期性波动的原因可能是什么?

问题描述　气相色谱分析过程中，基线出现周期性波动的主要原因是系统环境或者色谱仪硬件系统内部存在周期性变化。

重点需要确认环境温度、环境电源、环境气源、色谱仪的温度控制系统或色谱仪的流量控制系统是否存在不稳定现象。

气相色谱仪的检测器出口是否存在堵塞问题。

解　答　周期性的基线波动，必然存在周期性的干扰因素，其中最值得怀疑的是气源。

色谱分析中接触到呈周期性波动的基线时，首先需要对基线的具体形状和波动的周期（频率）性特征予以考察，以用来确定发生故障的位置。

一般需要考察以下几个方面：色谱图基线的波动状态表现为正弦波、三角波或者是脉冲型状态？色谱图基线波动的周期是数秒还是数分钟甚至数十分钟？

一般来说，来自电气部件的波动可以发生瞬间变化，那么基线波动的周期可能会比较短；来自环境温度、压力流量的波动不易发生瞬间变化，那么基线波动的周期可能会比较长。

基线出现周期性波动的可能原因如下。

① 环境温度不稳定 实验室环境温度的变化,可能会导致浓度型检测器的基线发生正弦波状态的波动,波动周期一般比较长,达十几或者数十分钟以上。仪器安装时应该避免空调或者排风口的直吹,可以通过修改空调温度或者关闭空调来确认故障。

② 环境电源不稳定或者接地不良 因为知识结构,色谱工作者对电源是否稳定的确认可能相对较为困难,可以通过考察同一实验室线路上的其他仪器状态予以确认。例如同一实验室线路上的两台或者多台仪器,同时出现相同或者相近的基线波动,此时就需要怀疑实验室环境电源的问题。

③ 环境气源不稳定 气源是最值得怀疑的部分。

需要检查载气气路上的减压阀,检查时可以仔细观察其输出压力是否稳定,或者将耳朵贴近减压阀,仔细听其释放气流的声音是否稳定。减压阀调节压力、流量动作惯性较小,往往会导致周期为数秒的正弦波状基线波动。

气体发生器一般是间歇工作的,在确定的分析条件之下,气体发生器会定时开启和停止产气工作,此时可能影响其输出压力和流量的稳定。发生器工作间歇时间在几分钟至十几分钟之间,往往会导致周期为数分钟或者十几分钟的三角波状基线波动。

采用修改某气源压力或者流量的方法,通过观察基线波动周期是否变化,来确认气体发生器的问题。

④ 色谱仪的硬件故障 色谱仪的温度或者流量控制系统发生问题时,也会产生正弦波状的基线波动,周期在数秒左右。

如果色谱系统安装有自动流量控制器,则可以在色谱数据工作站或者色谱仪监视面板上同时观测到色谱硬件系统温度或者流量的波动。分流进样条件下,维护不足可能会造成分流出口堵塞,进而造成进样口压力和流量振荡。

如果色谱系统安装有手工流量控制器(常见的原因是压力或流量调节阀内存在污染物),则需要通过调节流路调节阀,轻轻敲击外壳等动作来确认故障和维修。

⑤ 检测器出口堵塞 TCD、ECD 的出口,一般需要用管路连接到实验室外,管路老化或者由样品凝结造成的堵塞,也会产生基线周期性的波动。

参考文献

[1] 徐明全，李仑海. 气相色谱百问精编. 北京：化学工业出版社，2013：174-243.

[2] 刘虎威. 气相色谱方法及应用. 北京：化学工业出版社，2000：48-53.

[3] 李浩春，卢佩章. 气相色谱法. 北京：科学出版社，1993：236.

[4] 许国旺. 现代实用气相色谱法. 北京：化学工业出版社，2004：321.

[5] 傅若农. 色谱分析概论. 北京：化学工业出版社，1999：56.

[6] 齐美玲. 气相色谱分析及应用. 2 版. 北京：科学出版业，2018：55.

[7] 布鲁诺·科希尔，莱斯利 S. 埃特雷. 静态顶空-气相色谱理论与实践. 王颖，范子彦，等译. 北京：化学工业出版社，2020：38.

[8] 许国旺，侯晓莉，朱书奎. 分析化学手册 ⑤气相色谱分析. 3 版. 北京：化学工业出版社，2016：73.

[9] 薛慧峰. 气相色谱及其联用技术在石油炼制和石油化工中的应用. 北京：化学工业出版社，2020：48.